1+X 职业技能

安全防范系统建设与运维

中、高级

上海海盾安全技术培训中心　组织编写

黄　镇　江　雪　主　编

罗　晖　孙　宏　副主编

张自强　刘晓勇　主　审

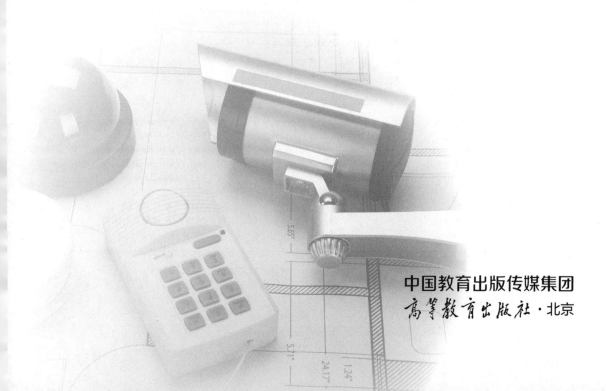

中国教育出版传媒集团

高等教育出版社·北京

内容简介

本书为安全防范系统建设与运维 1+X 职业技能等级证书配套系列教材之一，以《安全防范系统建设与运维职业技能等级标准》为依据，由上海海盾安全技术培训中心组织编写。

本书结合安全防范技术的发展趋势，从实际岗位需求出发，介绍安全防范系统建设与运维的相关知识、技术与应用。全书采用项目任务编写模式，共分为 4 部分，主要内容包括视频监控系统业务配置与运维、入侵和紧急报警系统业务配置与运维、出入口控制系统业务配置与运维、安全防范综合系统部署与运维。

本书配有微课视频、课程标准、电子课件（PPT）、习题解答等数字化学习资源。与本书配套的数字课程"安全防范系统建设与运维"在"智慧职教"平台（www.icve.com.cn）上线，学习者可登录平台进行在线学习，授课教师可调用本课程构建符合自身教学特色的 SPOC 课程，详见"智慧职教"服务指南。教师也可发邮件至编辑邮箱 1548103297@ qq.com 获取相关资源。

本书可作为安全防范系统建设与运维 1+X 职业技能等级证书（中、高级）认证的相关教学和培训教材，也可作为高等职业及应用型本科院校安全防范类课程的教学用书，还可以供安全防范领域的技术人员、管理人员自学使用。

图书在版编目（CIP）数据

安全防范系统建设与运维：中、高级 / 上海海盾安全技术培训中心组织编写；黄镇，江雪主编． --北京：高等教育出版社，2023.6
ISBN 978-7-04-060344-6

Ⅰ．①安… Ⅱ．①上… ②黄… ③江… Ⅲ．①智能化建筑-安全防护 Ⅳ．①TU89-39

中国国家版本馆 CIP 数据核字（2023）第 071356 号

Anquan Fangfan Xitong Jianshe Yu Yunwei（Zhong、Gaoji）

策划编辑　刘子峰	责任编辑　刘子峰	封面设计　于　博	版式设计　于　婕
责任绘图　易斯翔	责任校对　胡美萍	责任印制　赵　振	

出版发行	高等教育出版社	网　　址	http://www.hep.edu.cn
社　　址	北京市西城区德外大街 4 号		http://www.hep.com.cn
邮政编码	100120	网上订购	http://www.hepmall.com.cn
印　　刷	河北鹏盛贤印刷有限公司		http://www.hepmall.com
开　　本	787 mm×1092 mm　1/16		http://www.hepmall.cn
印　　张	19.5		
字　　数	430 千字	版　　次	2023 年 6 月第 1 版
购书热线	010-58581118	印　　次	2023 年 6 月第 1 次印刷
咨询电话	400-810-0598	定　　价	52.50 元

本书如有缺页、倒页、脱页等质量问题，请到所购图书销售部门联系调换
版权所有　侵权必究
物 料 号　60344-00

"智慧职教" 服务指南

"智慧职教"（www.icve.com.cn）是由高等教育出版社建设和运营的职业教育数字教学资源共建共享平台和在线课程教学服务平台，与教材配套课程相关的部分包括资源库平台、职教云平台和 App 等。用户通过平台注册，登录即可使用该平台。

● 资源库平台：为学习者提供本教材配套课程及资源的浏览服务。

登录"智慧职教"平台，在首页搜索框中搜索"安全防范系统建设与运维"，找到对应作者主持的课程，加入课程参加学习，即可浏览课程资源。

● 职教云平台：帮助任课教师对本教材配套课程进行引用、修改，再发布为个性化课程（SPOC）。

1. 登录职教云平台，在首页单击"新增课程"按钮，根据提示设置要构建的个性化课程的基本信息。

2. 进入课程编辑页面设置教学班级后，在"教学管理"的"教学设计"中"导入"教材配套课程，可根据教学需要进行修改，再发布为个性化课程。

● App：帮助任课教师和学生基于新构建的个性化课程开展线上线下混合式、智能化教与学。

1. 在应用市场搜索"智慧职教 icve" App，下载安装。

2. 登录 App，任课教师指导学生加入个性化课程，并利用 App 提供的各类功能，开展课前、课中、课后的教学互动，构建智慧课堂。

"智慧职教"使用帮助及常见问题解答请访问 help.icve.com.cn。

安全防范系统建设与运维（中、高级）
编写委员会

编委会主任：

陈敬华　　公安部科技信息化局副局长

编委会副主任：

赵　源　　公安部科技信息化局安全技术防范与视频应用管理处处长

张　巍　　公安部第三研究所副所长

黄　镇　　上海海盾安全技术培训中心校长

委　员：

刘晓京　　中国安全防范产品行业协会

陶俊杰　　公安部第三研究所

齐　力　　公安部第三研究所

何晓霞　　公安部第三研究所

洪丽娟　　国家安全防范报警系统产品质量监督检验中心

李　欣　　中国人民公安大学

罗　晖　　华东交通大学

严浩仁　　浙江警官职业学院

孙　宏　　浙江警官职业学院

黄圣琦　　上海公安学院

金之杰　　上海科学技术职业学院

孔庆仪　　北京政法职业学院

张　钟　　扬州大学广陵学院

霍敏霞　　泰山科技学院

前　言

　　安全防范（简称"安防"）行业是集光电转换、音/视频传输、计算机、网络通信、自动化、电子信息工程、大数据、云计算、人工智能等技术为一体的综合性高新技术行业。随着"互联网+"的不断发展，行业跨界融合逐步加深，安防企业通过加大对智能识别、数据挖掘、深度分析等核心技术的投入，不断满足市场的需求。

　　党的二十大报告中指出，要推进国家安全体系和能力现代化，坚决维护国家安全和社会稳定。其中，提高公共安全治理水平是一项重点工作，包括完善公共安全体系，推动公共安全治理模式向事前预防转型，以及加强重点行业、重点领域安全监管等与安防技术密切相关的内容。近年来，我国安防行业在视频监控、出入口控制、防暴安检、实体防护、入侵报警、服务运营等各个领域获得了全面发展，相关技术人员主要从事安防系统设计、建设、运营、评估、咨询等方面工作，主要就职于安防企业、系统集成公司、工程商以及安防系统的用户单位、科研机构、检测机构、认证机构和行业管理部门等。随着我国"平安城市"和"智慧城市"建设全面开展，安防呈现出大数据化、智能化、高清化、应用场景定制化等新技术趋势，新型安防人才已成为急需紧缺人才，很多学校也开设了安防相关的专业课程。

　　为推进党的二十大精神进教材、进课堂、进头脑，进一步加快网络强国、数字中国建设，推动战略性新兴产业融合集群发展，在关系安全发展的领域加快补齐短板，落实现代化产业体系建设要求，同时深入实施科教兴国战略，提高人才自主培养质量，上海海盾安全技术培训中心以《安全防范系统建设与运维职业技能等级标准》为依据，组织编写了本套 1+X 职业技能等级证书配套系列教材。为适应 1+X 证书制度试点工作需要，本套教材将职业技能等级标准的有关内容及要求融入教材，推进书证融通、课证融通；全套教材遵循"任务驱动、项目导向"的教学理念，以安防岗位的实际工作任务为主线，设置了一系列学习任务，深入浅出、层次分明，便于教师采用项目教学法引导学生快速消化知识、掌握技能，并最终通过相应等级证书考核；联合国内知名安防企业一线实战专家及相关院校一线教师，共同组成产学研融合的编写团队，突出科技自立自强、人才引领驱动特色，力争培养造就德才兼备的高素质技术技能人才，落实人才强国战略要求。

本书分为视频监控系统业务配置与运维、入侵和紧急报警系统业务配置与运维、出入口控制系统业务配置与运维、安全防范综合系统部署与运维4部分，主要内容包括视频监控系统业务配置与应用、视频监控系统基础运维与故障处理、入侵和紧急报警系统业务配置与应用、入侵和紧急报警系统基础运维与故障处理、出入口控制系统业务配置与应用、出入口控制系统基础运维与故障处理、安全防范综合系统规划与配置、安全防范综合系统运维共8个项目。

建议授课教师采用48学时进行理论与实践讲解，还可安排1周的综合实训进行巩固练习，具体学时分配见表0-1。

表 0-1

序号	内　　容	分配学时建议	
		理论	实践
1	第1部分：视频监控系统业务配置与运维	3	10
2	第2部分：入侵和紧急报警系统业务配置与运维	3	8
3	第3部分：出入口控制系统业务配置与运维	3	8
4	第4部分：安全防范综合系统部署与运维	3	10
5	安全防范系统建设与运维综合实训	—	1周
合计		12	36+1周

本书由黄镇、江雪任主编，罗晖、孙宏任副主编，洪丽娟、陶俊杰、齐力、翁煜、黄圣琦、金之杰、徐慧、徐晟、季婷、阮鸿、王三优、宋兵、伍小明、王志权、陈玲娟、何云飞、羊华曦、水新星、陈思思、张映薇参与了编写工作。全书由张自强、刘晓勇主审。

在本书的编写过程中，公安部科技信息化局、中国安全防范产品行业协会、公安部第三研究所、国家安全防范报警系统产品质量监督检验中心、中国人民公安大学、华东交通大学、浙江警官职业学院、上海公安学院、上海科学技术职业学院、北京政法职业学院、扬州大学广陵学院、泰山科技学院、浙大城市学院、浙江建设职业技术学院、浙江安防职业技术学院、安吉技师学院、义乌工商职业技术学院、南京机电职业技术学院、湖州市清泉职高、广州市公用事业技师学院、广西机电职业学院、浙江大华技术股份有限公司等单位、企业和院校提供了许多宝贵的建议和意见，对编写工作给予了大力支持及指导，在此郑重致谢。

由于安全防范技术发展日新月异，加之编者水平有限，书中不妥之处在所难免，敬请广大读者批评指正。

编　者
2023 年 5 月

目　录

第 1 部分　视频监控系统业务配置与运维

项目 1　视频监控系统业务配置与应用 ……………………………………………… 2

学习情境 …………………………………………………………………………………… 2

学习目标 …………………………………………………………………………………… 2

相关知识 …………………………………………………………………………………… 3

任务 1-1　网络摄像机 Web 端业务配置与应用 ………………………………………… 4

任务 1-2　NVR 业务配置与应用 ……………………………………………………… 26

任务 1-3　IVSS 业务配置与应用 ……………………………………………………… 42

任务 1-4　ICC 视频监控系统业务配置与应用 ……………………………………… 102

项目实训 ………………………………………………………………………………… 118

项目总结 ………………………………………………………………………………… 119

课后习题 ………………………………………………………………………………… 119

项目 2　视频监控系统基础运维与故障处理 …………………………………… 121

学习情境 ………………………………………………………………………………… 121

学习目标 ………………………………………………………………………………… 121

相关知识 ………………………………………………………………………………… 122

任务 2-1　IPC 基础运维与常见故障处理 …………………………………………… 122

任务 2-2　NVR 基础运维与常见故障处理 ………………………………………… 135

任务 2-3　IVSS 基础运维与常见故障处理 ………………………………………… 143

任务 2-4　ICC 基础运维与常见故障处理 …………………………………………… 151

项目实训 ………………………………………………………………………………… 155

项目总结 ………………………………………………………………………………… 155

课后习题 ･･ 155

第 2 部分　入侵和紧急报警系统业务配置与运维

项目 3　入侵和紧急报警系统业务配置与应用 ･････････････････････････ 158

学习情境 ･･･ 158

学习目标 ･･･ 158

相关知识 ･･･ 159

任务 3-1　Web 报警业务配置 ･･･････････････････････････････････ 159

任务 3-2　ICC 报警业务配置 ･･･････････････････････････････････ 167

任务 3-3　键盘报警业务配置 ･･･････････････････････････････････ 170

项目实训 ･･･ 177

项目总结 ･･･ 178

课后习题 ･･･ 178

项目 4　入侵和紧急报警系统基础运维与故障处理 ･･････････････････ 180

学习情境 ･･･ 180

学习目标 ･･･ 180

相关知识 ･･･ 181

任务 4-1　报警主机系统维护 ･･･････････････････････････････････ 181

任务 4-2　报警主机故障处理 ･･･････････････････････････････････ 185

项目实训 ･･･ 187

项目总结 ･･･ 187

课后习题 ･･･ 188

第 3 部分　出入口控制系统业务配置与运维

项目 5　出入口控制系统业务配置与应用 ･････････････････････････････ 192

学习情境 ･･･ 192

学习目标 ･･･ 192

相关知识 ･･･ 193

任务 5-1　ICC 出入口控制系统业务配置与应用 ･･･････････････ 194

任务 5-2　人脸门禁设备本地配置 ･･･････････････････････････････ 204

任务 5-3　人脸门禁设备 Web 配置 ･･････････････････････････････ 213

项目实训 ･･･ 216

项目总结 ･･･ 217

课后习题 ………………………………………………………… 217

项目 6 出入口控制系统基础运维与故障处理 ……………… 219

学习情境 ………………………………………………………… 219
学习目标 ………………………………………………………… 219
相关知识 ………………………………………………………… 220
任务 6-1 ICC 出入口控制系统基础运维 ……………………… 220
任务 6-2 人脸门禁一体机人脸识别相关故障排查 …………… 224
项目实训 ………………………………………………………… 227
项目总结 ………………………………………………………… 227
课后习题 ………………………………………………………… 228

第 4 部分 安全防范综合系统部署与运维

项目 7 安全防范综合系统规划与配置 …………………… 232

学习情境 ………………………………………………………… 232
学习目标 ………………………………………………………… 232
相关知识 ………………………………………………………… 233
任务 7-1 安全防范综合系统技术解决方案撰写 ……………… 235
任务 7-2 安全防范综合系统勘测 …………………………… 239
任务 7-3 安全防范综合系统配置（基于 ICC 管理平台）…… 258
项目实训 ………………………………………………………… 267
项目总结 ………………………………………………………… 267
课后习题 ………………………………………………………… 267

项目 8 安全防范综合系统运维 …………………………… 269

学习情境 ………………………………………………………… 269
学习目标 ………………………………………………………… 269
相关知识 ………………………………………………………… 270
任务 8-1 安全防范综合系统维护 …………………………… 270
任务 8-2 安全防范综合系统周期巡检 ……………………… 287
项目实训 ………………………………………………………… 296
项目总结 ………………………………………………………… 296
课后习题 ………………………………………………………… 297

参考文献 ……………………………………………………… 299

第1部分
视频监控系统业务配置与运维

项目1 视频监控系统业务配置与应用

 学习情境

在完成所有视频监控设备的安装和接线后，设备能够正常上电，并且已经完成了基础配置（相关内容见本套书初级教材），但是还不足以完全满足企业实际的应用需求，所以往往需要技术支持工程师根据企业需求，对系统进行业务配置，满足各模块功能。

本项目共分为 4 个学习任务，分别对前端采集（IPC、球机）、后端存储（NVR、IVSS）以及管理平台（ICC）等模块的业务配置进行介绍，带领读者完成视频监控系统的业务配置，确保系统能满足企业实际业务需求并在各行各业得到应用。

PPT：项目 1
视频监控系统
业务配置与应
用

学习目标

知识目标

1）了解视频监控系统智能功能相关知识。

2）了解视频监控系统 POE 供电相关知识。

3）熟悉视频监控系统智能功能配置方法。

4）熟悉视频监控系统管理平台相关操作与配置。

技能目标

1）能够在前端网络摄像机完成智能方案及联动配置，实现相应智能功能，并完成功能验证与演示。

2）能够掌握球机云台相关参数配置及控制操作。

3）能够在后端（NVR、IVSS）完成系统智能方案以及联动配置，实现相应智能功能，并完成功能验证与演示。

　　4）能够使用管理平台完成人脸相关智能功能配置，并完成功能验证与演示。

相关知识

　　视频监控技术按照主流设备发展过程，可以分为 4 个大的阶段，分别为模拟视频监控阶段、数字视频监控阶段、网络视频监控阶段以及智能高清视频监控阶段。与视频安防技术从"看得见"到"看得清"再到"看得懂"的发展路线一脉相承，当前社会对视频监控的需求已处于"看得懂"阶段，越来越多智能高清网络摄像头的出现，也在人们的生产生活过程中发挥了越来越重要的作用。视频监控的发展历史见表 1-1。

表 1-1　视频监控发展历史表

20 世纪 70 年代	模拟视频监控阶段
20 世纪 90 年代	数字视频监控阶段
2000 年起	网络视频监控阶段
2010 年到现在	智能高清视频监控阶段

　　视频监控系统一般由前端、传输、存储、显示、控制及管理等核心部分组成，如图 1-1 所示。

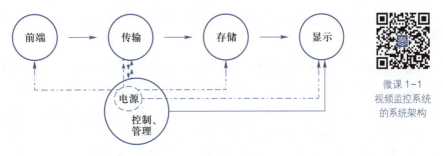

微课 1-1
视频监控系统
的系统架构

图 1-1　视频监控系统基本构成

　　前端采集部分负责视频图像和音频信号的采集，即把视频图像从光信号转换成电信号，把声音从声波也转换成电信号。常见的前端设备有摄像机、云台、视频编码器等，可根据现场环境和功能需求进行设备选配。

　　信号传输部分负责视音频信号、云台、镜头控制信号的传输。常见的传输设备有视频光端机、介质转换器、网络设备（如交换机、路由器、防火墙等）、宽带接入设备和无线传输设备等。

　　视音频存储部分负责视音频信号的存储，以作为事后取证的重要依据。常见的视音频存储设备有数字硬盘录像机、网络视频录像机、大容量网络存储设备等。存储设备应根据管理要求合理选择，设备自身应有不可修改的系统特征信息（如系统"时间戳"、跟踪文件或其他硬件措施），以保证系统记录资料的完整性。

显示部分负责视频图像的显示，常见的设备有电视机、监视器、拼接屏和投影屏幕等。显示设备在系统中的配置数量应满足现场监视用摄像机数量和管理使用的要求，即应该合理确定视频输入/输出的配比关系，显示设备的屏幕尺寸应满足观察者监视要求。

控制部分负责完成图像切换、云台镜头控制、告警联动等功能，常见的设备有视频综合平台、解码器、控制键盘等。控制设备中的视频切换器与云台镜头控制器等可以是分离的，通常在稍大的系统内切换器、云台镜头控制器等采用集成式设备。

中央管理系统是网络视频监控的管理中心，其主要功能是资源的管理、媒体的分发、存储管理、告警服务、用户服务等。在迷你型或者小型系统中，中央管理系统一般功能比较简单，主要实现集中视频管理。在中型或大型行业系统中，中央管理系统一般会加载更多复杂的业务功能，以适用于用户的业务需求。

本项目重点介绍视频监控系统设备的业务配置，即前端网络摄像机、后端存储（NVR、IVSS）、管理平台（ICC）的业务配置与应用，能够满足企业不同应用场景下的业务需求。视频监控系统相关设备的安装与接线以及基础配置内容请参考初级教材。

任务 1-1　网络摄像机 Web 端业务配置与应用

任务描述

摄像机是视频监控系统的核心组成部分，其业务配置会直接影响到视频监控系统的效果。某施工单位接到一个智慧社区的前端采集系统安装调试项目，该单位的现场实施工程师小张负责完成所有网络摄像机的业务配置工作。已掌握通用调试方法的小张，需要按照不同应用场景，对网络摄像机进行行业配置，具体要求如下。

1）熟悉 IPC 各类事件（动检、智能动检、IVS（周界部分）、人脸检测、人数统计）的联动功能，并能正确配置。

2）掌握 IPC 各类事件的配置方式，并能正确完成配置工作。

3）掌握云台知识，掌握云台的操作方法。

知识准备

1. 云台简介

球机通过云台的控制可以实现水平及垂直方向的转动，而云台系统最关键的组成部分包括驱动电动机和导电滑环。

1）驱动电动机：设备驱动，又分为水平和垂直电动机，驱动摄像机云台可以水平或垂直方向转动。

2）导电滑环：产品能实现水平 360°任意转动而不扭线中断信号传输，主要就是靠导线滑环来实现。

2. IVS

IVS（通用行为分析）支持绊线入侵、区域入侵、物品遗留、徘徊检测、穿越围栏、快速移动、停车检测、人员聚集和物品搬移等检测规则。

例如，绊线入侵是行为分析系统中应用最多而且技术最成熟的分析模式，主要是针对一定场景区域定义一块区域建立防区，一旦有物体触碰该区域，系统自动进行探测并跟踪轨迹，同时发送报警信息给安保人员。此智能规则广泛应用在各类严格限制出入的场所，如监狱、高档小区、机场周界等。相对于传统的定焦 IPC 枪机，利用云台可转动的优势，球机的视频分析绊线入侵无须安装过多的现场设备，能够覆盖更大的范围，形成立体空间防范系统。本任务将主要介绍周界部分（绊线入侵、区域入侵）。

3. 人脸识别

人脸识别是基于人的脸部特征信息进行身份识别的一种生物识别技术，用摄像机采集含有人脸的图像和视频流，并自动对图像检测和跟踪人脸，进而对检测到的人脸进行脸部识别的一系列相关技术。

4. 报警联动

（1）报警联动简介

在设置报警事件时，选择报警联动相关配置（如录像、抓图等），当在布/撤防时间段内触发相应的报警（抓图、录像、灯光报警、音频报警等）时，系统根据用户设置的报警联动动作进行报警，可以满足大多数监控系统报警方案的要求，例如：

1）报警后上报报警信息，并附上抓图（录像），客户可以通过报警信息了解具体报警时间，还可以通过抓图及录像了解具体报警原因。

2）报警后输出本地报警信号，或联动灯光或声音报警。例如，周界报警检测到有人翻墙，设备可以输出本地报警，或是联动报警灯关，发出报警声以警告触发人员或是告知客户。

（2）报警联动说明

具体智能事件中的联动项请以设备实际界面为准，此处介绍常用的报警联动相关操作以及报警联动项，如图 1-2 所示。

1）设置布/撤防时间段。设置报警的布/撤防时间段，当设置完成后，系统仅在设置的时间范围内执行相应的联动动作。具体操作步骤如下：

① 在功能配置界面，单击"布撤防时间段"后的"设置"按钮，如图 1-2 所示。

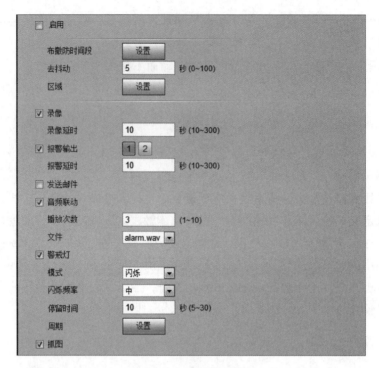

图 1-2 常见报警联动项

② 设置布/撤防的时间段。时间轴上的绿色区域表示该时间段已布防，如图 1-3 所示。然后在时间轴上按住左键拖动选择时间段，单击"确定"按钮。或者单击星期对应的"设置"按钮，在弹出的"设置"界面中选择星期数或者"全部"，选择时间段，再输入该时间段的起止时间，最后单击"确定"按钮。

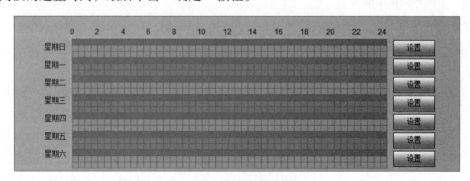

图 1-3 布/撤防时间段配置界面

2）联动录像。设置联动录像后，当报警发生时系统会联动录像通道进行录像，并且在报警结束后根据设置的"录像延时"延长一段时间后停止录像。该录像可以存储在 SD 卡中，或是 FTP、NAS 服务器中。当在录像中设置动检录像计划，在录像控制中开启自动录像后，联动录像功能才能生效。

① 设置录像计划。开启录像通道的普通、动检、报警等录像计划后，该录像通道才

支持联动录像。

选择"设置"→"存储管理"→"时间表"→"录像"命令，打开录像计划界面，如图 1-4 所示。

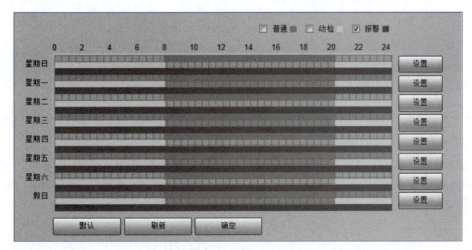

图 1-4　录像计划界面

绿色表示普通录像计划（如定时录像），黄色表示动检录像计划（如智能事件触发的录像），红色表示报警录像计划（如报警输入触发的录像）。选择录像类型，如"普通"，在时间轴上按住左键拖动设置普通录像的时间段，再单击"确定"按钮。单击星期对应的"设置"按钮，在弹出的"设置"界面选择星期数或者"全部"选项，选择录像类型，如"普通"，输入该时间段的起止时间，再单击"确定"按钮。

② 设置录像控制。录像控制用来设置录像长度、预录时间、硬盘满时录像策略、录像模式和录像码流等参数。

选择"设置"→"存储管理"→"录像控制"命令，打开录像控制界面，如图 1-5 所示。

设置录像控制的相关参数，见表 1-2。

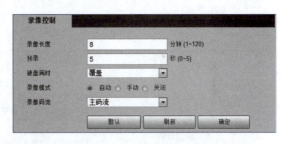

图 1-5　录像控制界面

表 1-2　录像控制参数说明

参　　数	说　　明
录像长度	每个录像文件打包的时长
预录	报警发生时，提前录像的时间，如当设置预录时间为"5"时，系统将报警发生前 5 秒的录像存储到录像文件中 📖 **说明** 当报警或动态检测联动录像时，如果当前没有开启录像，系统将开始录像前的预录时间内的视频数据存储到录像文件中

续表

参　数	说　明
硬盘满时	硬盘满时的录像策略。 ● 停止：工作盘满时停止录像 ● 覆盖：工作盘满时循环覆盖最早的录像文件
录像模式	● 选择"手动"模式时，系统开始录像 ● 选择"自动"模式时，系统在设置的录像计划时间段录像 ● 选择"关闭"，则系统不录像
录像码流	选择录像的码流，包括主码流和辅码流

设置完成后，单击"确定"按钮。

③ 设置联动录像。在报警事件的配置界面（如动态检测界面）选中"录像"复选框并设置录像延时，当检测到报警事件时会联动录像，并在报警结束后根据录像延时时间延长一段时间后停止录像，如图 1-6 所示。

3）联动抓图。设置联动抓图后，当报警发生时系统会自动联动抓图。该抓图可以传输给后端（NVR 等）或是存储在设备端的SD 卡中。当在抓图中先设置动检抓图计划后，联动抓图功能才能生效。

图 1-6　联动录像设置界面

① 设置抓图计划。设置抓图计划后，系统将按照设定的抓图计划，在对应时间启动或停止抓图。具体操作步骤如下：

选择"设置"→"存储管理"→"时间表"→"抓图"命令，打开抓图计划设置界面，如图 1-7 所示。

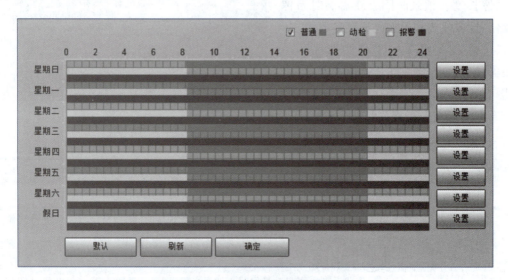

图 1-7　抓图计划设置界面

绿色表示普通抓图计划（如定时抓图），黄色表示动检抓图计划（如智能事件触发的抓图），红色表示报警抓图计划（如报警输入触发的抓图）。选择抓图类型，如"普通"，在时间轴上按住左键拖动设置普通抓图的时间段，再单击"确定"按钮。单击星期对应的"设置"按钮，在弹出的"设置"界面选择星期数或者"全部"选项，选择抓图类型，如"普通"，输入该时间段的起止时间，再单击"确定"按钮。

②设置联动抓图。在报警事件的配置界面（如动态检测界面）选中"抓图"复选框，设置报警联动抓图，如图1-8所示。

图 1-8　设置报警联动抓图

4）联动报警输出。在报警事件的配置界面（如动态检测界面）选中"报警输出"复选框并设置报警延时，当检测到报警事件时会联动设备尾线的报警输出口报警输出，并在报警结束后根据报警延时时间延长一段时间后停止报警。外接报警方式设置可以参考设备说明书，本书中不展开介绍。

5）联动发送邮件。设置联动发送邮件后，当报警发生时系统会自动发送邮件给指定用户。

注意只有在设置SMTP后，报警联动发送邮件才能生效，设置SMTP的操作可在设备Web端网络设置处进行设置，本书中不展开介绍。

6）联动灯光。设置联动补光灯或联动警戒灯后，当报警发生时系统会自动开启补光灯或警戒灯。

7）联动音频。设置联动音频、播放次数并选择播放文件，当报警发生时系统会播放选择的报警音频文件。用户可以在"设置"→"相机设置"→"音频"→"报警音频"中设置报警音频文件。

任务实施

1. 动检功能

（1）动态检测

登录Web界面，选择"设置"→"事件管理"→"视频检测"→"动态检测"命令，打开动态检测设备端功能配置界面，如图1-9所示，具体配置步骤如下：

1）选中"启用"复选框，开启动态检测功能。

2）设置动态检测区域，如图1-10所示。不同颜色的色块可以设置不同的灵敏度和阈值，可以通过选择色块为不同区域设置不同的检测参数。波形图中的黑色实线代表当前设置的阈值，超过阈值的红色线表示触发动检，绿色线表示未触发动检，可以参考波形图调整灵敏度和阈值的取值。

3）设置布/撤防时间段和报警联动动作。当设置"去抖动"时间后，在上个事件结束后的去抖动时间段内若再触发事件，则只记录一次事件，可以避免报警次数过于频繁。

4）单击"确定"按钮。

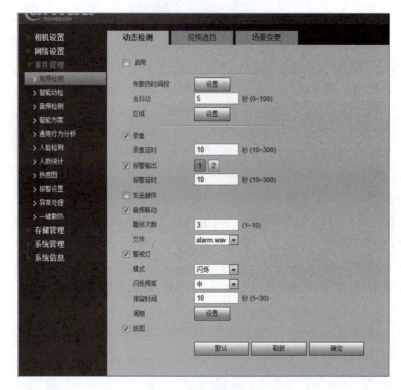

图 1-9　动态检测配置界面

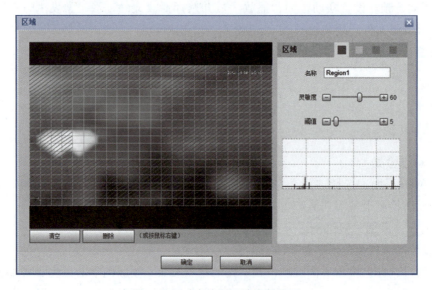

图 1-10　动态检测区域设置界面

（2）智能动检

智能动检功能是在普通动检功能基础上做的功能叠加，沿用动态检测除灵敏度以外的所有其他参数，包括布/撤防时间段、检测区域设置、联动配置等，因此在开启普通动检功能后，选中智能动检功能的"启用"复选框，再单击"确定"按钮即可开启。登录Web界面，选择"设置"→"事件管理"→"智能动检"命令，打开智能动检配置界面，如图1-11所示。配置智能动检应注意以下几点：

图1-11 智能动检配置界面

1）动态检测未启用时，启用智能动检会同时开启动态检测和智能动检；动态检测和智能动检均启用时，关闭动态检测会同时关闭动态检测和智能动检。触发智能动检并联动录像时，后端设备可以通过智能搜索功能，对智能动检录像中涉及人或车标识的录像过滤出来。

2）报警目标支持"人"和"机动车"两种类型，非机动车归为"人"类型，默认"人"和"机动车"均选中。

3）人和机动车选项同一时间至少选择一个类型，若两个均想取消，Web界面会提示"报警目标至少选择一项"。

4）灵敏度指目标检测的灵敏度，支持高、中、低3个选项，默认为"中"。灵敏度越高，越容易触发报警。

2. 智能方案

智能相机支持多种智能功能，如人脸检测、人脸识别、通用行为分析、人数统计等。不同的相机会支持不同的智能功能，相机支持的智能功能在相机Web端会有不同的智能方案图标显示。如图1-12所示为智能相机常见智能方案图标汇总。

图标	说明	图标	说明	图标	说明
	人脸检测		立体视觉		热度图
	立体行为分析		通用行为分析		人脸识别
	人数统计		视频结构化		人群分布图
	卡口		智能补货		车位管理

图1-12 常见智能方案图标

（1）IVS

IVS（周界部分）最常见的包括绊线入侵和区域入侵，下面以绊线入侵这一典型场景进行配置举例介绍。具体操作步骤如下：

1）登录 Web 界面，选择"设置"→"智能方案"→"通用行为分析"命令，开启功能使能，如图 1-13 所示。

2）再通过选择"事件管理"→"通用行为分析"命令，进入通用行为分析配置界面，在其中绘制规则线，具体步骤如图 1-14 所示。

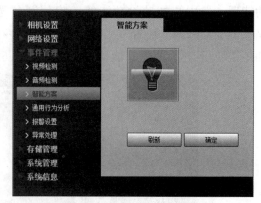

图 1-13　智能方案开启界面

图 1-14　通用行为分析配置界面

① 添加规则。

② 修改规则名称和类型（周界功能，类型需要选择"绊线入侵"或"区域入侵"）。

③ 单击"绘制规则"按钮，绘制报警规则线，单击鼠标左键绘制，右击鼠标结束。

④ 设置布控方向及目标。

● 绊线入侵方向（可选）：包括 A→B、B→A、A↔B（A↔B 代表线的两边，绘制规则时在画面中会有展现）3 个参数，如图 1-15 所示。

● 区域入侵动作（可选）：包括"出现"（指出现在框选区域内）和"穿越区域"（穿过区域边界）两个参数，选中"穿越区域"复选框后会出现报警方向的下拉框（包括"进入""离开"以及"进出"），如图 1-16 所示。

微课 1-2
绊线入侵
功能效果

图 1-15　绊线入侵方向　　　　　　图 1-16　区域入侵动作

微课 1-3
区域入侵
功能效果

● 报警目标支持"人"和"机动车"两种类型,非机动车归为"人"类型,默认"人"和"机动车"类型均选中。若"人""机动车"均不选中,设备仍然能识别人车进行报警,只是上报后端时不会附人车的相关字段(不区分具体报警的是人还是车)。

⑤ 配置联动功能。

⑥ 单击"确定"按钮。

(2)人脸检测

人脸检测是人脸相机的核心功能,掌握人脸检测相关配置非常重要。人脸检测配置步骤如下:

1)首先登录 Web 界面,选择"设置"→"事件管理"→"智能方案"命令,在打开的界面中启用"人脸检测"功能,如图 1-17 所示。

微课 1-4
IPC 人脸
检测配置

图 1-17　人脸检测智能方案开启界面

2)选择"设置"→"事件管理"→"人脸检测"命令,在打开的界面中选中"启用"复选框并进行参数配置,如图 1-18 所示。

① 检测过滤。在检测阶段可以对目标做一些抓拍过滤,主要包括检测区域(检测区和排除区)过滤、目标尺寸(最大和最小)过滤、目标(水平)角度过滤和非活体过滤。其中的设置项可能由不同型号的人脸摄像机分别支持或者部分支持,需要根据对应型号实际支持的设置项配置。

● 区域过滤。在场景较为复杂的情况下,针对部分区域人脸检测效果差(景深外或补光不足)的情况,可以通过绘制检测区域和排除区域来提升人脸检测效果,默认检测区域为全局检测。

检测区：单击检测区后的"绘制"按钮，在监视画面绘制人脸检测的区域。

排除区：单击排除区后的"绘制"按钮，在监视画面绘制排除人脸检测的区域，排除区可绘制多个。

● 目标过滤。在场景较为复杂的情况下，针对抓拍到的人脸像素不满足要求以及像素不统一的情况，可以通过设置目标过滤最大最小尺寸来避免，即大于最大尺寸和小于最小尺寸的人脸目标会被过滤。选中"最大尺寸"或"最小尺寸"单选按钮，单击目标过滤后的"绘制目标"按钮，在监视画面针对此规则绘制过滤目标的大小模型。

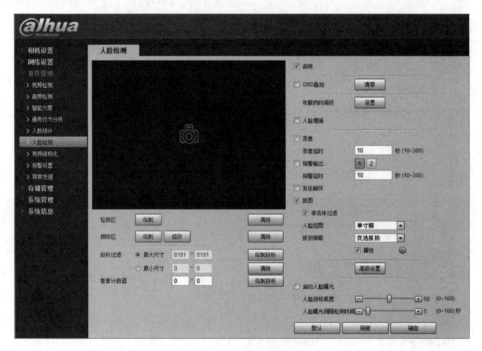

图 1-18　人脸检测配置界面

● 抓图策略。以下的设置项可能由不同型号的人脸摄像机分别支持或者部分支持，请根据对应型号实际支持的设置项配置，本书中所用设备界面如图 1-19 所示。

抠图类型：在"人脸抠图"下拉框中选择，包括人脸和单寸照。

抓拍策略：包含优选抓拍、质量优先和实时抓拍，其中优选抓拍表示设备检测到人脸后的设置时间（高级设置中可设置优选时长）内，抓拍最清晰的图片，该策略抓拍图片质量最好，但实时性较

图 1-19　抓图策略界面

低，常应用于公安布控也是人脸识别摄像机特有的策略；质量优先表示设备检测抓拍到的人脸图像质量高于质量阈值（高级设置中可设）后才会抓拍，该策略图片质量较好，实时性较高，很多时候应用于人脸检测摄像机的门禁场景；实时抓拍表示设备检测到人脸时立即抓拍照片，一般不用。

高级设置：包含参数如图 1-20 所示，其中抓拍角度过滤表示在抓拍图片中存在较多侧脸需要过滤的情况下，可调整抓拍角度过滤值过滤侧脸，默认 90° 即不对侧脸做过滤，0° 即表示只抓拍完全正对相机的人脸；抓拍灵敏度越高越灵敏，但相对可能会导致部分误抓拍；质量阈值表示在使用质量优先抓拍策略时，算法会根据图片质量的多维度计算的值配合属性进行识别，对质量低于阈值的图片不会进行属性识别，有利于减少错误的属性识别数量，配合质量优先策略使用时，质量达到阈值，便会进行抓拍，一般为 70；优选时长可设置为 1~300 秒，即在检测到人脸的第一时间算起，在设置时长内会进行图片优选，若人脸在时长内就消失，则以实际目标持续出现的时长为准，一般为 10 秒。

② 人脸属性。目前可识别的属性包括年龄、性别、表情、眼镜、口罩和胡子等，具体是否支持及支持的属性个数和类型需要参见设备具体型号。

③ 人脸曝光。根据检测到人脸区域内的图像亮度，摄像机会自适应调节画面整体亮度，以保证人脸处于一个最佳的视觉效果，人脸曝光结束后画面会恢复原亮度。该参数可用于中小人流量的一般逆光场景，大流量情况下不建议使用，因其可能会造成曝光不及时、部分人脸亮度不足或者过曝、画面频繁闪烁的情况，界面如图 1-21 所示。

微课 1-5
人脸检测
配置效果

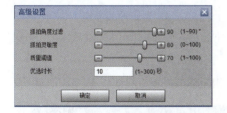

图 1-20 高级设置界面

图 1-21 人脸曝光设置界面

（3）人数统计

1）人数统计。当开启人数统计功能时，系统会统计检测区域中进出的人流量，当统计的人流量超过预设的人数时，系统将执行报警联动动作。以下为人数统计功能配置的具体操作步骤：登录 Web 界面，选择"设置"→"事件管理"→"智能方案"→"开启人数统计"命令，如图 1-22 所示。

图 1-22 人数统计智能方案开启界面

若使用的相机是双目相机，在使用前还须进行标定配置，具体步骤如图 1-23 所示。

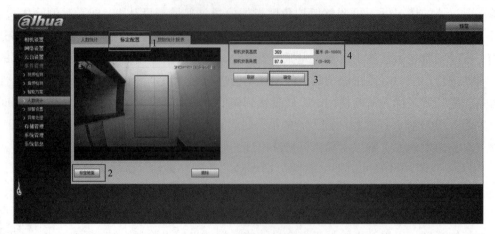

图 1-23 标定配置的步骤

① 选择"设置"→"事件管理"→"人数统计"命令，进入人数统计界面。

② 选择"标定配置"页签。

③ 单击"标定地面"按钮，在布控画面的水平地面中间，画一个尽可能大的矩形框。

④ 单击"确定"按钮，设备会计算出自身相对于地面的高度和角度。

⑤ 核对"相机安装高度"和"相机安装角度"值，若其和实际值存在误差，重复步骤 3 和步骤 4。

⑥ 完成选择智能方案及标定配置后，进行人数统计相关参数配置，具体步骤如图 1-24 所示。

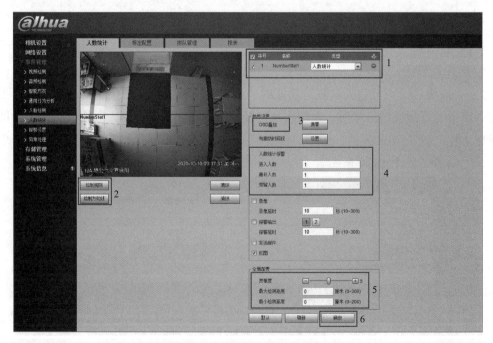

图 1-24 人数统计配置的步骤

步骤 1：在"事件管理"中选择"人数统计"页签，在打开的界面中选择"人数统计"页签，在右上角"NumberStat1"下拉列表框中选择"人数统计"选项。

步骤 2：绘制相应的检测区域以及方向线，其中客流方向与方向线一致的数据为进入人数，反之为离开人数。

步骤 3：根据实际需求选择 OSD 是否叠加进入人数或者离开人数。

步骤 4：可根据现场需求，设定人数统计报警的具体数值。

步骤 5：设置灵敏度等级，另外双目客流产品还可根据实际需求设定最大检测高度以及最小检测高度，单目客流产品暂无此功能。

步骤 6：单击"确定"按钮，保存设置。

2）区域内人数统计。当开启区域内人数统计功能以后，系统会统计检测区域内部的人流量和人员滞留时间，当统计的内部人数超过预设的人数或人员停留时间超过预设的滞留时长时，系统将执行报警联动作。以下为区域内人数统计功能配置的具体操作步骤：

① 选择"设置"→"事件管理"→"智能方案"→"开启人数统计"命令。

② 双目相机在使用前还需要进行标定配置，具体参照人数统计的标定步骤。

③ 完成选择智能方案及标定配置后，进行区域人数统计相关参数配置，如图 1-25 所示。

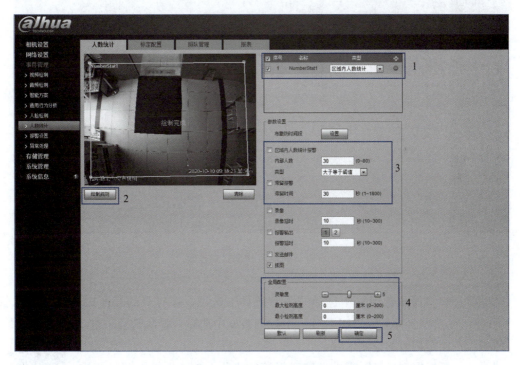

图 1-25　区域人数统计配置的步骤

步骤 1：在"事件管理器"中选择"人数统计"选项，在打开的界面中选择"人数统计"页签，在其右上角"NumberStat1"下拉列表框中选择"区域内人数统计"选项。

步骤 2：绘制相应的检测区域。

步骤 3：可根据现场实际需求，确定报警人数、报警类型以及报警时间。

步骤 4：设置灵敏度等级，另外双目客流产品还可根据实际需求设定最大检测高度以及最小检测高度，单目客流产品暂无此功能。

步骤 5：单击"确定"按钮，保存设置。

3）排队管理。当开启排队功能以后，系统会对检测区域中排队的人数进行统计，当统计的人数超过预设人数或排队滞留时间超过预设时间时，系统将触发报警并联动设置的动作。以下为排队管理功能配置的具体操作步骤：

① 选择"设置"→"事件管理"→"智能方案"→"开启人数统计"命令。

② 双目相机在使用前还需要进行标定配置，具体参照人数统计的标定步骤。

③ 完成选择智能方案及标定配置后，进行排队管理相关参数配置，如图 1-26 所示。

图 1-26 排队管理配置的步骤

步骤 1：在"排队管理"中选择"人数统计"选项，在打开的界面中选择"排队管理"页签，在其界面右上角"QUE-1"下拉列表框中选择"排队管理"选项。

步骤 2：绘制相应的检测区域。

步骤 3：可根据现场实际需求，确定报警的排队人数、报警类型以及排队时间。

步骤 4：设置灵敏度等级，以及最大检测高度和最小检测高。

步骤 5：单击"确定"按钮，保存设置。

微课 1-6
人数统计效果

3. 球机云台配置

本任务中的云台配置以球机 Web 端配置为例，球机云台还可以通过
NVR、ICC 等方式进行配置，若本书中所示的配置界面因产品型号与客户实际产品存在区别，请以实际界面为准。

（1）预置点

预置点是指摄像机当前所处的位置坐标，可以通过调用预置点迅速将云台和摄像头调整至该位置坐标。具体操作步骤如下：

① 使用 Web 端登录球机，选择"设置"→"云台设置"→"功能"→"预置点"命令，在打开的配置界面左下角使用方向键调节云台的方向、步长及变倍、变焦和光圈大小，以将摄像机调整至合适的监控位置。

② 单击"+"按钮，添加预置点。在列表中将该位置添加为预置点，此时在预置点列表中会显示，如图 1-27 所示。

③ 单击"保存"按钮，保存该预置点；单击"删除"按钮，则会删除预置点。

微课 1-7
球机云台
配置（1）

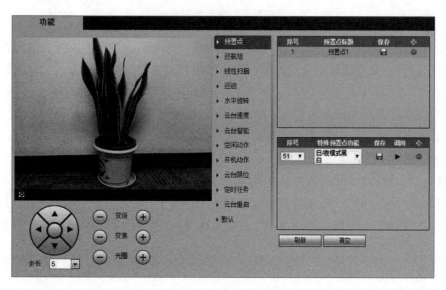

图 1-27　预置点配置界面

（2）巡航组

巡航组是指根据设定的预置点进行自动运动。具体操作步骤如下。

① 选择"设置"→"云台设置"→"功能"→"巡航组"命令，打开巡航组配置界面，如图 1-28 所示。

② 选择巡航模式，可选择"原始路径"或"最短路径"模式，默认模式为"原始路径"。

● 原始路径：按照添加预置点的顺序进行巡航。

图 1-28　巡航组配置界面

● 最短路径：以水平、垂直、变倍最大的预置点为起点，将巡航中所有的预置点都走过去，以保证巡航路径最短。最短路径可以使摄像机到达对应的预置点，又保证转动圈次最少。

③ 单击界面右上角列表下方的"添加"按钮，添加巡航路线。

④ 单击界面右下角列表下方的"添加"按钮，添加若干预置点。

⑤ 对巡航组进行相关操作。

● 双击"巡航名称"，可修改该巡航路线的名称。

● 双击"停留时间"，可设置该预置点停留的时间。

● 双击"速度"，可修改巡航速度。默认值为 7，取值范围为 1~10。数值越大，速度越快。

⑥ 单击"开始"按钮，开始巡航。

（3）线性扫描

线性扫描是指摄像机在左右边界范围以一定的速度来回扫描。具体操作步骤如下：

① 选择"设置"→"云台设置"→"功能"→"线性扫描"命令，打开"线性扫描"配置界面，如图 1-29 所示。

② 在"线扫号"下拉列表框中选择线扫号。

③ 拖动进度条，设置线性扫描速度。

④ 单击"设置"按钮，在打开的界面中调节摄像机的方向，使其达到合适的位置。

微课 1-8
球机云台
配置（2）

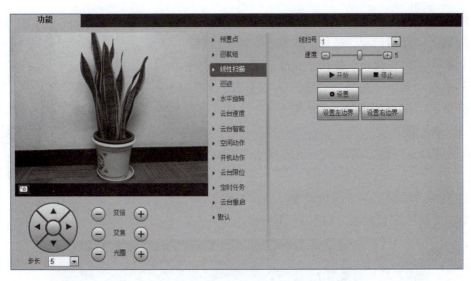

图 1-29　线性扫描配置界面

⑤ 分别单击"设置左边界"及"设置右边界"按钮，设置摄像机的左/右边界位置。

⑥ 单击"开始"按钮，开始线性扫描。

⑦ 单击"停止"按钮，停止线性扫描。

（4）巡迹

巡迹能够连续记录用户对摄像机的水平运动、垂直运动、变倍、预置点调用等操作，记录并保存完毕后，可以直接调用该巡迹路线。具体操作步骤如下：

① 选择"设置"→"云台设置"→"功能"→"巡迹"命令，打开"巡迹"配置界面，如图 1-30 所示。

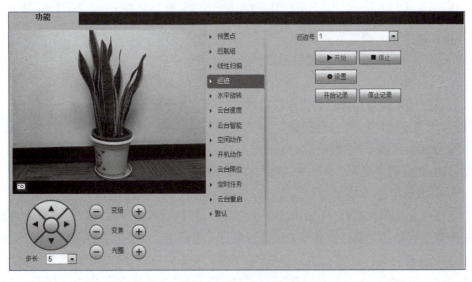

图 1-30　巡迹配置界面

② 在右上角"巡迹号"下拉列表框中选择相应的巡迹号。

③ 单击"开始记录"按钮，按照需要操作云台。

④ 单击"停止记录"按钮，完成记录。

⑤ 单击"开始"按钮，摄像机开始巡迹。

⑥ 单击"停止"按钮，停止巡迹。

（5）水平旋转

水平选择是指摄像机以一定的速度水平 360° 连续旋转。具体操作步骤如下：

① 选择"设置"→"云台设置"→"功能"→"水平旋转"命令，打开"水平旋转"配置界面，如图 1-31 所示。

微课 1-9
球机云台
配置（3）

图 1-31　水平旋转配置界面

② 拖动进度条，设置旋转速度。

③ 单击"开始"按钮，摄像机即以该速度开始水平旋转。

（6）云台速度

云台速度用来设置摄像机智能跟踪持续的时间。具体操作步骤如下：

① 选择"设置"→"云台设置"→"功能"→"云台速度"命令，打开"云台速度"配置界面，如图 1-32 所示。

② 选中相应的"低""中"或"高"单选按钮，系统即以该速度转动摄像机。

（7）空闲动作

空闲动作是指摄像机在设定的时间内没有收到任何有效命令时执行预先设定的动作。注意在配置空闲动作之前，需要预先设置预置点、巡航组、线性扫描或巡迹。具体操作步骤如下：

① 选择"设置"→"云台设置"→"功能"→"空闲动作"命令，打开"空闲动作"配置界面，如图 1-33 所示。

图 1-32　云台速度配置界面

图 1-33　空闲动作配置界面

② 选中"开启"复选框，开启空闲动作功能。

③ 选择空闲动作类型，可选择预置点、巡航组、线性扫描或巡迹。

④ 选择动作类型的编号。

⑤ 设置执行选定动作的空闲时间。

⑥ 单击"确定"按钮，完成配置。

（8）开机动作

开机动作指摄像机开启后自动运行的动作。在配置开机动作之前，同样需要预先设置预置点、巡航组、线性扫描或巡迹。具体操作步骤如下：

① 选择"设置"→"云台设置"→"功能"→"开机动作"命令，打开开机动作配置界面，如图 1-34 所示。

图 1-34　开机动作配置界面

② 选中"开启"复选框，开启开机动作功能。

③ 选择开机动作类型，可选择预置点、巡航组、线性扫描、巡迹或自动。

④ 选择动作类型的编号。

⑤ 单击"确定"按钮，完成配置。

（9）云台限位

云台限位功能用来设置摄像机的云台区域，使摄像机只能在设定的区域内运动。具体操作步骤如下：

① 选择"设置"→"云台设置"→"功能"→"云台限位"命令，打开云台限位配置界面，如图 1-35 所示。

图 1-35　云台限位配置界面

② 选中"开启"复选框,开启云台限位功能。

③ 控制摄像机方向,单击"设置"按钮,设置上边界。

④ 控制摄像机方向,再单击"设置"按钮,设置下边界。

⑤ 单击相应的"预览"按钮,可预览已经设置的上/下边界。

(10) 定时任务

定时任务是在设定的时间段内执行相关运行动作。具体操作步骤如下:

① 选择"设置"→"云台设置"→"功能"→"定时任务"命令,打开定时任务配置界面,如图 1-36 所示。

图 1-36 定时任务配置界面

② 选中"开启"按钮,开启定时任务功能。

③ 设置定时任务号。

④ 选择任务动作类型,可选择预置点、巡航组、线性扫描或巡迹。

⑤ 选择动作类型的编号。

⑥ 设置自动归位时间。

⑦ 单击"时间段设置"按钮,设置执行定时任务的时间段。

⑧ 单击"复制"按钮并选择任务号,可将设置复制至选择编号的任务中。

⑨ 单击"确定"按钮,完成配置。

(11) 云台重启

该功能可重启云台。具体操作步骤如下:

① 选择"设置"→"云台设置"→"功能"→"云台重启"命令,打开云台重启配置界面,如图 1-37 所示。

② 单击"云台重启"按钮,系统将重新启动云台。

（12）默认

该功能可以恢复云台的默认参数，即删除用户对云台所有的配置，请谨慎操作，相关配置界面如图 1-38 所示。

图 1-37   云台重启配置界面   图 1-38   默认配置界面

任务 1-2   NVR 业务配置与应用

任务描述

小邓是某安防企业的一名技术支持工程师。在接到某智慧社区的系统调试任务后，公司决定派小邓前往现场，负责所有网络硬盘录像机的基础调试工作。具体要求如下：

1）通过 NVR 完成 IPC 智能功能相关配置。

2）完成 POE 相机的部署及调试。

知识准备

POE（Power Over Ethernet）技术是指在现有的以太网 Cat. 5 布线基础架构不做任何改动的情况下，在为一些基于 IP 的终端（如 IP 电话机、无线局域网接入点 AP、网络摄像机等）传输数据信号的同时，还能为此类设备提供直流供电的技术。该技术能在确保现有结构化布线安全的同时保证现有网络的正常运作，最大限度地降低成本。

POE 也被称为基于局域网的供电系统（Power Over LAN，POL）或有源以太网（Active Ethernet），有时也被简称为以太网供电，这是利用现存标准以太网传输电缆的同时传送数据和电功率的最新标准规范，并保持了与现存以太网系统和用户的兼容性。IEEE 802. 3af 标准是基于 POE 的新标准，它在 IEEE 802. 3 的基础上增加了通过网线直接供电的相关标准，是现有以太网标准的扩展，也是第一个关于电源分配的国际标准。

IEEE 在 1999 年开始制定该标准，最早参与的厂商有 3Com、Intel、PowerDsine、Nortel、Mitel 和 National Semiconductor。但是，该标准的缺点一直制约着市场的扩大。直到 2003 年 6 月，IEEE 批准了 IEEE 802.3af 标准，它明确规定了远程系统中的电力检测和控制事项，并对路由器、交换机和集线器通过以太网电缆向 IP 电话、安全系统以及无线 LAN 接入点等设备供电的方式进行了规定。

2009 年 10 月，IEEE 802.3at 标准应大功率终端的需求而诞生，在兼容 IEEE 802.3af 标准的基础上，提供更大的供电以满足新的需求。

POE 的实现原理是标准的五类网线有 4 对双绞线，但是在 10Base-T 和 100Base-T 中只用到其中的两对。IEEE 802.3af 允许两种用法：应用空闲脚供电时，4、5 脚连接为正极，7、8 脚连接为负极；应用数据脚供电时，将直流电源加在传输变压器的中点，不影响数据的传输。在这种方式下，线对 1、2 和线对 3、6 可以为任意极性。需要注意的是，标准不允许同时应用以上两种情况。电源提供设备（Power Soarcing Equipment，PSE）只能提供一种用法，但是电源应用设备（PD）必须能够同时适应两种情况。该标准规定供电电源通常电压为 48 V、输出功率为 13 W。PD 设备提供 48 V 到低电压的转换是较容易的，但同时应有 1 500 V 的绝缘安全电压。

任务实施

NVR 作为中小应用场景中非常常见的后端存储设备，具有远程设备管理、视频存储、视频预览、视频回放等通用功能。除了通用功能之外，本书所使用的 NVR 还内置智能芯片，支持深度学习算法，具备通用行为分析、人脸检测、人数统计等智能功能以及 POE 供电能力。下面将主要对智能 NVR 的智能功能配置以及 POE 管理相关操作展开介绍。

1. 智能方案配置

NVR 支持智能方案包括通用行为分析、人脸检测、人脸识别、视频结构化、人数统计、热度图等，本书中将重点对人脸检测、IVS（周界部分）、人数统计智能功能的配置进行介绍。智能功能配置之前，用户需要先在设备中完成前端设备添加等基础操作，相关基础操作请参考初级教材。

（1）人脸检测

设置人脸检测智能功能后，当系统检测到人脸时，会触发报警。

1）设置流程。人脸检测功能分为前智能和后智能。前智能是指特定前端设备（如 IPC 等）自身支持智能检测，由前端设备完成智能检测，并将检测结果传送到设备端进行展示。使用前智能时，需要先确保已添加支持对应智能功能的前端设备。后智能是指前端设备传送原始的视频至设备端，由设备端完成智能检测和结果展示。前智能和后智能对应的配置流程如图 1-39 和图 1-40 所示。

微课 1-10
NVR 人脸检测
设置流程概述

```
┌────────┐   ┌──────────┐   ┌──────────┐   ┌────────┐      ┌────────┐   ┌──────────┐   ┌────────┐
│  开始  │→ │启用智能方案│→ │设置人脸检测│→ │智能搜索│      │  开始  │→ │设置人脸检测│→ │智能搜索│
└────────┘   └──────────┘   └──────────┘   └────────┘      └────────┘   └──────────┘   └────────┘
```

图 1-39   人脸检测设置流程（前智能）   图 1-40   人脸检测设置流程（后智能）

2）启用智能方案（可选—前智能需要）。当添加的前端智能相机支持人脸检测功能且需要使用前智能时，需要启用对应的智能方案后，人脸检测功能才能生效。具体操作步骤如下：

① 登录 Web 界面，选择"智能"→"参数设置"→"智能方案"命令，打开如图 1-41 所示界面，远程智能设备支持的智能功能不同，界面显示也不同，请以实际界面显示为准。

图 1-41   智能方案开启界面

② 选择通道。

③ 选择相应图标，开启对应的智能方案。当需要开启的智能方案与已开启的智能方案互斥时，需要先关闭互斥的智能方案后才可开启该智能方案。

④ 单击"应用"按钮。

3）设置人脸检测。具体操作步骤如下：

① 登录 Web 界面，选择"智能"→"参数设置"→"人脸检测"命令。

② 在打开的界面中选择通道和类型，此处以后智能为例，启用人脸检测功能，如图 1-42 所示。

③ 设置人脸增强和人脸属性（前智能）。注意仅当选择"前智能"检测方式时，才支持设置人脸增强和人脸属性。

微课 1-11
NVR 人脸检测
后智能配置

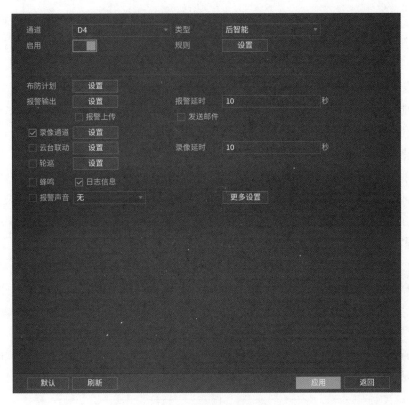

图 1-42　人脸检测配置界面

● 选择"人脸增强",启用人脸增强功能。启用人脸增强功能后,可提高人脸检测率。

● 单击"属性设置"按钮,选择需要显示的人脸属性(如年龄、性别)后,单击"确定"按钮。设置人脸属性后,系统检测到人脸时,可同时显示检测到的人脸属性信息。

④ 设置检测目标的最大尺寸和最小尺寸。设置此项后,仅当检测目标的尺寸介于最小尺寸和最大尺寸之间时可触发报警。

⑤ 设置布防时间段。设置此项后,仅当在布防时间段内触发报警时,系统才可联动相应的报警动作。

⑥ 设置报警联动动作。常见报警联动项及作用可参考任务 1-1,这里不再赘述。本任务以联动录像为例,介绍 NVR 联动配置的具体步骤。

步骤 1:设置录像计划。设置联动录像前,需要先设置录像计划,相关步骤请参考初级教材,这里不再赘述。

步骤 2:开启自动录像。设置联动录像时,需要开启录像通道的自动录像功能,设备将按照设定的录像计划进行录像;若设置为手动录像,则设备会对通道进行 24 小时普通录像,不会按照录像计划进行录像。在 Web 主界面选择"设置"→"存储管理"→"录像模式"命令,在打开的界面中开启录像通道的自动录像功能。

步骤 3：在人脸检测配置界面选中"录像通道"复选框，单击"录像通道"右侧的"设置"按钮，选择录像通道并单击"确定"按钮，再设置"录像延时"完成报警联动录像操作。

⑦ 单击"确定"按钮。

4）智能搜索。通过智能搜索功能，可以设置人脸属性以进行过滤查询指定通道和时间段内的人脸图片并回放人脸图片抓拍前后一段时间的录像。具体操作步骤如下：

① 登录 Web 界面，选择"智能"→"智能搜索"→"人脸检测"命令。

② 选择通道、开始时间和结束时间，并设置过滤条件，单击"搜索"按钮。搜索完毕之后，可以对搜索结果进行添加标签、锁定、导出、备份、播放录像等操作，读者可以自行操作，此处不再赘述。

（2）通用行为分析（周界部分）

通用行为分析（IVS）包括绊线入侵、区域入侵、物品遗留、物品搬移等，当系统配置通用行为分析智能功能后，检测到目标行为满足设定的报警条件时，将执行报警联动动作。下面主要讲述通用行为分析（周界部分）智能功能的配置，包括"绊线入侵"和"区域入侵"两种功能。

1）设置流程。通用行为分析同样分为前智能和后智能，对应的配置流程如图 1-43 和图 1-44 所示。

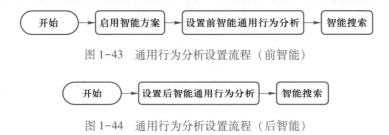

图 1-43　通用行为分析设置流程（前智能）

图 1-44　通用行为分析设置流程（后智能）

2）启用智能方案（可选—前智能需要）。当添加的前端智能相机支持通用行为分析功能且当使用前智能时，需要启用对应的智能方案，通用行为分析功能才能生效。启用智能方案步骤可以参考人脸检测部分的描述。

3）设置绊线入侵。设置完绊线入侵后，当目标按照设定的方向运动穿越绊线时，系统将执行报警联动动作。具体操作步骤如下：

① 登录 Web 界面，选择"智能"→"参数设置"→"通用行为分析"命令。

② 选择通道和类型，此处以后智能为例。

③ 单击"添加"按钮，选择规则类型为"绊线入侵"，如图 1-45 所示。

微课 1-12
NVR 绊线入侵
配置

④ 在相应规则行中选中"启用"复选框。

⑤ 绘制检测规则。规则设置界面如图 1-46（前智能）和图 1-47（后智能）所示。

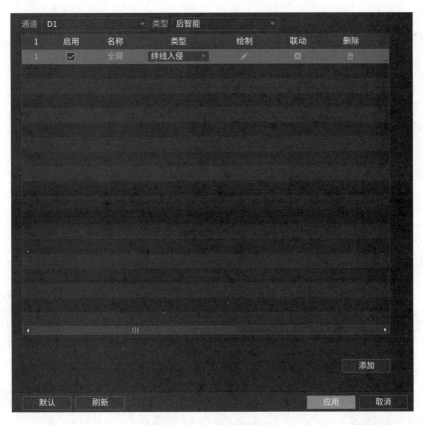

图 1-45　绊线入侵

图 1-46　绊线入侵规则设置（前智能）

本页彩图

图 1-47　绊线入侵规则设置（后智能）

本页彩图

步骤 1：单击 ✏ 按钮，在显示的监控画面绘制规则，右击结束绘制。单击 🗑 按钮，可删除已绘制的检测规则。

步骤 2：单击 ⬛ 按钮，绘制过滤框，并调整过滤框的大小和位置。每个规则可设置两个目标过滤，即最大尺寸和最小尺寸，设置后仅当检测目标的尺寸介于最小尺寸和最大尺寸之间时，才会触发报警。

步骤 3：设置参数。绊线入侵参数说明见表 1-3。

表 1-3　绊线入侵参数说明

参　　数	说　　明
规则名称	自定义规则名称
方向	设置绊线入侵的方向，可选 A→B、B→A、A↔B
AI 识别	选择"AI 识别"，开启 AI 识别功能，选择报警目标的类型，可选择"人"和"机动车"

步骤 4：单击"确定"按钮。

⑥ 设置布防计划和报警联动。

步骤 1：单击 ⚙ 按钮。

步骤 2：单击"布防计划"右侧的"设置"按钮，设置布/撤防时间段，设置后仅当在布/撤防时间段内触发报警时，系统才可联动相应的报警动作。

步骤 3：设置报警联动动作，常见报警联动项及作用可参考任务 1-1，NVR 联动录像配置步骤及条件请参考前面人脸检测部分的配置描述，其他联动操作读者可以自行操作。

步骤 4：单击"应用"按钮。

⑦ 单击"确定"按钮。

4）设置区域入侵。系统完成区域入侵设置后，当目标进入、离开或者出现在检测区域内时，系统将执行报警联动动作。具体操作步骤如下：

① 登录 Web 界面，选择"智能"→"参数设置"→"通用行为分析"命令。

② 选择通道和类型，此处以后智能为例。

③ 单击"添加"按钮，规则类型选择"区域入侵"，如图 1-48 所示。

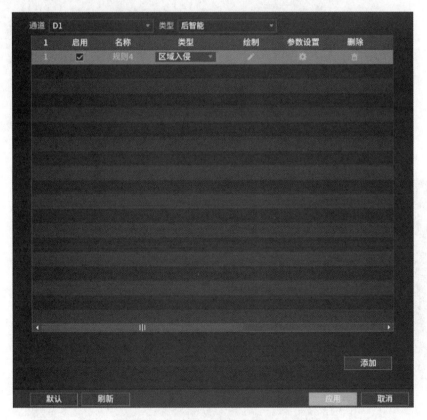

图 1-48　区域入侵

④ 选中"启用"复选框。

⑤ 绘制检测规则。规则设置界面如图 1-49（前智能）和图 1-50（后智能）所示。

步骤 1：单击 按钮，在显示的监控画面绘制规则，右击结束绘制。注意目标出现到被确认需要一定的时间和空间，因此在绘制检测区域时，周围需要预留一定空间，避免绘制在遮挡物附近。

图 1-49　区域入侵规则设置（前智能）

图 1-50　区域入侵规则设置（后智能）

本页彩图

步骤 2：单击 ⊞ 按钮，绘制过滤框，并调整过滤框的大小和位置。每条规则可设置两个目标过滤，即最大尺寸和最小尺寸，设置后仅当检测目标的尺寸介于最小尺寸和最大尺寸之间时，触发报警。

步骤 3：设置参数。绊线入侵参数说明见表 1-4。

表 1-4 区域入侵参数说明

参　　数	说　　明
规则名称	自定义规则名称
动作	设置区域入侵的动作，可选出现和穿越区域 ● 出现：目标出现在区域内时会产生报警 ● 穿越：目标进入、离开或者进出区域时会报警
方向	当"动作"设置为"穿越"时，可以设置该参数。设置穿越区域的方向，可选择"进入""离开"或"进出"
AI 识别	单击"AI 识别"开关，开启 AI 识别功能，选择报警目标的类型，可选择"人"和"机动车"

步骤 4：单击"确定"按钮。

⑥ 设置布防计划和报警联动。

步骤 1：单击 ⚙ 按钮。

步骤 2：单击"布防计划"右侧的"设置"按钮，设置布/撤防时间段，设置后仅当在布/撤防时间段内触发报警时，系统才可联动相应的报警动作。

步骤 3：设置报警联动动作，请参照绊线入侵部分的描述。

步骤 4：单击"应用"按钮。

⑦ 单击"确定"按钮。

5）智能搜索。通过智能搜索功能，可以以选择通道、开始时间、结束时间和事件类型查询指定时间段内的通用行为分析检测结果并回放图片抓拍前后一段时间的录像，相关操作与人脸检测类似，这里不再赘述。

（3）人数统计

系统设置人数统计后，将对人数及人群流动方向等信息进行有效统计，当检测结果符合设定的规则时将触发报警。人数统计智能功能主要包括人数统计、区域人数统计、排队管理等。

1）设置人数统计。系统统计检测区域中进出的人流量，当统计的进入、离开或停留人数超过预设的人数时，将触发报警。具体操作步骤如下：

① 登录 Web 界面，选择"智能"→"参数设置"→"人数统计"命令，打开相应配置界面。

② 选择"通道"，单击"添加"按钮，列表中显示添加的类型。

③ 选中"启用"复选框，类型选择"人数统计"，如图 1-51 所示。

微课 1-13
NVR 人数设计
配置

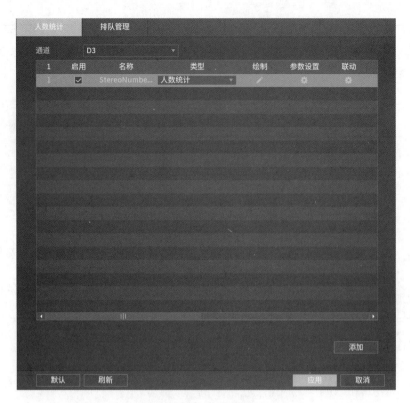

图 1-51 人数统计

④ 绘制检测规则，如图 1-52 所示。

图 1-52 人数统计规则绘制

本页彩图

步骤 1：单击█按钮，在显示的监控画面上绘制人流穿越方向的规则线，右击结束绘制。

步骤 2：单击█按钮，在监控画面上绘制目标过滤区域，如图 1-53 所示。

图 1-53　人数统计（目标过滤）

本页彩图

步骤 3：设置规则名称和人数统计方向。

步骤 4：单击"确定"按钮。

⑤ 单击"参数设置"下方的█按钮，设置参数后再单击"确定"按钮。参数说明见表 1-5。

表 1-5　检测规则参数说明

参　　数	说　　明
OSD 叠加	选择"进入人数"：监视画面上实时显示统计的进入人数 选择"离开人数"：监视画面上实时显示统计的离开人数
设置	设置"进入人数"：当进入区域的人数超过设置值时，系统产生报警 设置"离开人数"：当离开区域的人数超过设置值时，系统产生报警 设置"停留人数"：当停留在区域内的人数超过设置值时，系统产生报警

⑥ 设置报警联动。

步骤 1：单击"联动"下方的█按钮。

步骤 2：单击"布防计划"右侧的"设置"按钮，设置布防时间段，设置后仅当在布防时间段内触发报警时，系统才可联动相应的报警动作。

步骤3：设置报警联动动作。

⑦ 单击"确定"按钮。

2）设置区域人数统计。系统统计检测区域内部的人流量和人员停留时间，当统计的内部人数超过预设的人数或人员停留时间超过预设的停留时长时，将触发报警。具体操作步骤如下：

① 登录Web界面，选择"智能"→"参数设置"→"人数统计"命令。

② 选择"通道"，单击"添加"按钮，列表中显示添加的类型。

③ 选中"启用"复选框，类型选择"区域内人数统计"，如图1-54所示。

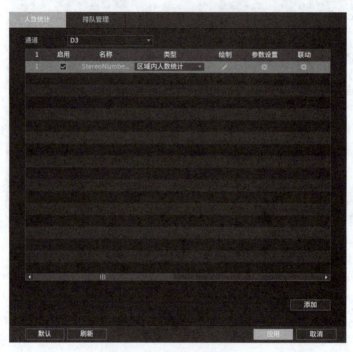

图1-54 区域内人数统计

④ 单击 按钮，修改规则名称。

⑤ 单击"参数设置"下方的 按钮，设置参数后再单击"确定"按钮。参数说明见表1-6。

表1-6 区域人数统计参数说明

参　　数	说　　明
区域内人数统计报警	启用"区域内人数统计报警"，设置报警检测的类型和区域人数，当系统检测到区域内的人数符合设定的检测规则时，将触发报警。例如，设置"类型"为"大于等于"，"区域人数"为"10"，则当区域内的实际人数大于或等于10人时，触发报警
停留报警	启用"停留报警"，输入"停留时间"，当区域内的人员停留时间超过设定的值时，将触发报警

⑥ 设置报警联动，参考"人数统计"。

⑦ 单击"确定"按钮。

3）排队管理。设置排队管理联动报警后，当排队人数或排队时间超过设定值时，系统将执行报警联动动作。具体操作步骤如下：

① 登录 Web 界面，选择"智能"→"参数设置"→"人数统计"→"排队管理"命令。

② 选择"通道"，单击"添加"按钮。

③ 选中"启用"复选框，如图 1-55 所示。

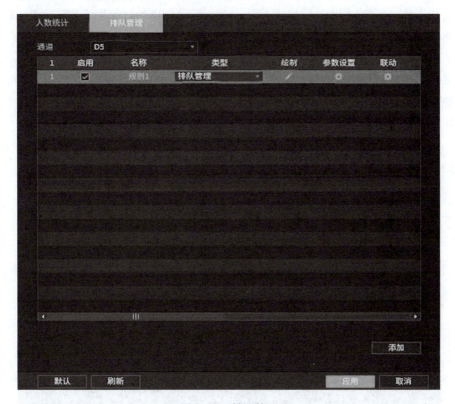

图 1-55　排队管理

④ 单击 ✎ 按钮，修改规则名称。

⑤ 单击"参数设置"下方的 ⚙ 按钮，设置参数后再单击"确定"按钮。参数说明见表 1-7。

表 1-7　排队管理参数说明

参　　数	说　　明
排队人数报警	选中"启用"复选框，"类型"选择"大于等于"或"小于等于"。设置排队人数，当统计人数满足设定的排队人数时，将触发报警
排队时间报警	选中"启用"复选框，设置"排队时间"，当统计的人数排队时间超过设定的时间时，将触发报警

⑥ 设置报警联动，参考"人数统计"。

⑦ 单击"确定"按钮。

4）智能搜索。通过智能搜索功能，可以选择通道以设置统计规则、报表类型、开始时间、结束时间和人数统计方向，搜索指定通道和时间段内的人数统计报表，同时支持导出人数统计报表。相关操作与人脸检测设置类似，这里不再赘述。

2. POE 管理

首次使用的 IPC 通过 POE 接口接入设备时，系统会自动初始化该 IPC，并且默认继承设备的密码和手机信息，实现即插即用，无界面操作即可出图。

（1）POE 状态查看

该操作主要可以用来查看 POE 接口的连接状态、连接速率以及功率等，还可以用来设置信号增强模式，在设备运行状态异常时，可作为设备故障排查常见操作。具体操作步骤如下：

1）登录 Web 界面，选择"相机设置"→"PoE"命令，打开 POE 状态查看界面，如图 1-56 所示。

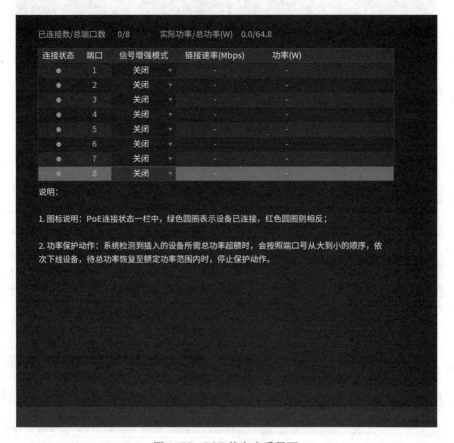

图 1-56　POE 状态查看界面

2）设置"信号增强模式"为"开启"或"关闭"（可选）。当设置"信号增强模式"为"开启"时，可以延长 POE 端的传输距离。

（2）POE Switch

设置 Switch，当 IPC 通过网线直接接入存储设备的 POE 接口时，系统将按照设置的 IP 网段自动为 IPC 分配 IP 地址，存储设备将自动连接到该 IPC。注意 POE 接口不能连接交换机，否则会连接失败。设备默认开启 Switch 功能，IP 网段为 10.1.1.1，建议保持默认设置。如果对接的是第三方 IPC，则要求第三方 IPC 支持 Onvif 协议，并开启 DHCP。具体操作步骤如下：

1）登录 Web 界面，选择"网络设置"→"Switch"命令，打开 Switch 配置界面，如图 1-57 所示。

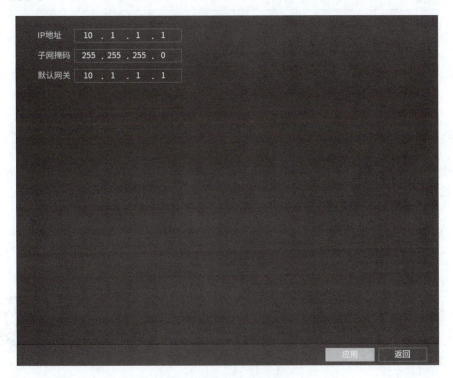

图 1-57　Switch 配置界面

2）设置"IP 地址""子网掩码"和"默认网关"。Switch 的 IP 地址不能与设备的 IP 地址同网段，建议采用默认 IP。

3）单击"应用"按钮。

（3）其他相关操作

插入 POE 时，如果通道全都被占用，系统会弹出一个请求覆盖某通道的界面，让用户选择需要覆盖的通道。该界面的标题是当前操作的 POE 接口，在此界面中插着 POE 的通道均不可选。相关 POE 操作说明见表 1-8。

表 1-8　POE 操作说明

类　　型	说　　明
POE 插入	POE 插入后，设备为 IPC 设置一个 Switch 对应网段的 IP。首先尝试用 arp ping 的方式设置，如果设备已开启 DHCP，则将以 DHCP 方式设置。IP 设置成功后，会通过 Switch 发送广播，得到响应则表示已连接，将会开始登录发现的 IPC。此时观察"预览"界面，对应的数字通道已被占用，左上角有 POE 的小图标。此外，也可用通过"远程设备"界面的"已添加设备"查看 POE 所在的通道、POE 端口号等信息
POE 拔出	POE 拔出后，在"预览"界面中，该通道窗口将显示"找不到网络主机"信息；在"远程设备"界面中，该 IP 地址的连接状态显示为未连接
POE 插入的映射通道策略	POE 通道窗口与 POE 接口为一一对应的绑定关系。例如，IPC 插入 POE 接口 1 时，默认绑定为通道 1

任务 1-3　IVSS 业务配置与应用

任务描述

　　小张是一名某安防企业的技术支持工程师。在接到某智慧社区的系统调试任务后，公司决定派小张前往现场，负责 IVSS 的配置调试。具体要求如下：

　　1）完成 IVSS 设备的初始化。

　　2）使用 IVSS 添加前端，并完成基础配置。

　　3）使用 IVSS 完成硬盘及存储配置，并检查设备有进行正常录像。

　　4）使用 IVSS 完成多种智能功能业务配置。

知识准备

1. IVSS 简介

微课 1-14
IVSS 硬件
安装示例

　　IVSS（Intelligent Video Surveillance Server，智能视频监控一体机）是一款新形态产品，在兼容安防视频监控的固有功能基础上，基于深度学习算法，扩展了支持人员、车辆识别及其属性提取、行为分析等 AI 业务功能。IVSS 全系列采用 x86 CPU+GPU 模式，基于深度学习算法，实现海量数据结构化分析；支持人脸、人体、非机动车、机动车等属性提取，支持人脸库、车牌库创建管理，支持通道布防，支持进行人脸比对、车辆比对等。设备支持存储、解码、智能、管理功能，是新一代高性能"ALL IN ONE"产品，能够很好地满足中小型监控中心的核心需求，高效率、低维护，同时节省建设成本，可以广泛应用于智能楼宇、大型停车场、金融理财等各类应用场景。

2. 存储

存储包括音视频码流存储、图片存储以及智能数据存储等。IVSS 通过网络接收前端设备传输的数字音视频码流、图片并进行存储，管理存储资源（如录像文件）和存储空间，便于用户使用和提高存储空间的使用率。

IVSS 设备应用 RAID 技术。RAID（Redundant Arrays of Independent Disks）是一种把多个独立的硬盘（物理硬盘）按不同的方式组合起来形成一个硬盘组（逻辑硬盘），从而提供比单个硬盘更高的存储性能和提供数据冗余的技术。组成磁盘阵列的不同方式称为 RAID 级别（RAID Level），每一种级别都具有不同的数据保护、数据可用性和性能水平。IVSS 设备支持的RAID 级别包括 RAID 0、RAID 1、RAID 5、RAID 6、RAID 10、RAID 50 以及 RAID 60，各级别对磁盘数有一定的要求，具体说明见表 1-9，RAID 容量计算见表 1-10，其中capacityN 表示组成磁盘组的所有磁盘中容量最小的磁盘，这些容量应以 Web 页面上显示的数值为准。建议创建 RAID 时采用企业级硬盘，在单盘模式下可采用监控级硬盘。

微课 1-15
RAID 介绍

表 1-9　RAID 说明表

RAID 级别	说　明	最少磁盘数
RAID 0	又称条带化存储（Striping），是把连续的数据分段存储于多个磁盘上，读写可以并行处理，因此读写速度是单个磁盘的 N 倍（N 为组成 RAID 0 的磁盘数）。RAID 0 没有数据冗余，单个磁盘的损坏将导致数据不可恢复	2
RAID 1	又称镜像存储（Mirror 或 Mirroring），数据被同等地写入两个或多个磁盘中，保证系统的可靠性和可修复性。RAID 1 的读取速度可以接近所有磁盘吞吐量的总和，写入速度则受限于最慢的磁盘，同时也是磁盘使用率最低的一个，仅 50%	2
RAID 5	把数据和相对应的奇偶校验信息存储到组成 RAID 5 的各个磁盘上，并且校验信息和相对应的数据分别存储于不同的磁盘上。当 RAID 5 的一块磁盘损坏后，系统利用剩下的数据和相应的校验信息去恢复被损坏的数据，不会影响数据的完整性	3
RAID 6	在 RAID 5 的基础上增加了一块奇偶信息校验盘，两个独立的奇偶系统使用不同算法，数据的可靠性非常高，允许两块磁盘同时损坏，而不会造成数据丢失。相比于 RAID 5，RAID 6 需要分配为奇偶校验信息更大的磁盘空间，因此写性能更差	4
RAID 10	RAID 1 与 RAID 0 的组合，利用 RAID 0 极高的读写效率和RAID 1 较高的数据保护、恢复能力，具有较高的读写性能及安全性，但磁盘使用率和 RAID 1 一样低	4
RAID 50	RAID 5 与 RAID 0 的组合，具有更高的容错性，允许一块磁盘损坏而不造成数据丢失	6
RAID 60	RAID 6 与 RAID 0 的组合，具备更高的容错性和读性能，允许两块磁盘同时损坏而不造成数据丢失	8

表 1-10　RAID 容量计算表

参　　数	N 块磁盘的总容量
RAID 60	$(N-4)\times\min(\text{capacityN})$
RAID 50	$(N-2)\times\min(\text{capacityN})$
RAID 10	$(N/2)\times\min(\text{capacityN})$
RAID 6	$(N-2)\times\min(\text{capacityN})$
RAID 5	$(N-1)\times\min(\text{capacityN})$
RAID 1	$\min(\text{capacityN})$
RAID 0	组成该磁盘组磁盘容量的总和

IVSS 设备支持设置盘组，可分配设备中的磁盘或 RAID 组到不同的盘组，同时支持设置通道的视频和图片的存储盘组。系统默认已接入的磁盘和已创建的 RAID 组均分配在盘组 1，可以根据实际应用场景分配磁盘或 RAID 组至不同的盘组中，实现多通道或者图片与视频隔离存储。系统默认盘组个数与设备最多支持接入的磁盘个数相同。例如，设备最多支持接入 16 个磁盘，则默认盘组个数为 16。

3. 智能分析

智能分析是指通过对图像进行处理和分析，提取出视频或图片中的关键信息，并与预先设置的检测规则进行匹配，当检测到的行为与检测规则匹配时即触发报警。

设备应同时支持前智能和后智能检测方式。

1）前智能：特定摄像机自身支持智能检测，由摄像机完成智能检测，并将检测结果传送到 IVSS 设备进行展示。

2）后智能：摄像机传送原始的视频至 IVSS 设备，由设备完成智能检测和结果展示。

4. IVSS 登录设备方式

IVSS 支持本地、Web 和 PC 客户端界面操作。其中，当使用本地操作时，需要使用显示器、鼠标接入设备，使用 Web、PC 客户端则可以对设备实现远程访问，本书将以 PC 客户端操作为例进行相应说明。

5. 报警联动

在报警配置界面单击"联动事件"按钮，根据实际需要配置联动事件。设置报警联动事件后，当触发报警时，系统会执行相应的联动动作。不同类型报警支持的报警联动事件不同，以实际界面显示为准，常见的 IVSS 联动事件说明见表 1-11。

表1-11 联动事件说明表

联动事件	说　明	前提条件
录像	触发报警时，系统联动选择的远程设备进行录像	已添加IPC等监控设备
蜂鸣	触发报警时，系统发出蜂鸣报警	
日志	触发报警时，系统在日志中记录报警信息	
邮件	触发报警时，系统发送报警邮件给所有已添加的收件人	已完成邮箱配置
图片存储	• 前智能：触发报警时，前端设备抓图，将图片存储至IVSS设备 • 后智能：触发报警时，系统联动通道抓拍图片，并将图片存储至IVSS设备	—
预置点	触发报警时，系统联动远程设备转动至指定的预置点	已添加云台设备，并且云台设备已添加预置点
本地报警输出	触发报警时，系统联动报警输出设备进行报警	设备已接入报警输出设备
IPC报警输出	触发报警时，系统联动IPC上的报警输出设备进行报警	已添加IPC，并且IPC已接入报警输出设备
门禁	触发报警时，系统联动门禁设备进行开门、关门等	已添加门禁设备
语音提示	触发报警时，系统播放选择的语音文件	已配置语音功能

任务实施

1. IVSS基础配置

（1）设备初始化

1）当设备初次上电时，在浏览器地址栏中输入设备的IP地址并按Enter键。设备的网口1~网口4的默认IP地址依次为192.168.1.108~192.168.4.108，需要根据实际连接的网口，输入网口对应的IP地址。

2）设置时间参数，单击"下一步"按钮，相关参数说明见表1-12。

表1-12 系统时间参数说明

参　数	说　明
时区	选择设备所在地的时区
时间设置	设置系统日期和时间。可选择手动设置系统时间，或者设置设备自动向NTP服务器同步时间 • 手动设置：选中"手动设置"单选按钮，并根据实际情况设置日期和时间 • 自动与Internet时间服务器同步：选中"自动与Internet时间服务器同步"单选按钮，输入NTP服务器的IP地址或域名，并设置设备自动向NTP服务器校时的时间间隔 📖 **说明** 设置"自动与Internet时间服务器同步"，设备的时间会和服务器时间同步

3）设置 admin 的登录密码，单击"下一步"按钮，如图 1-58 所示，相关参数说明见表 1-13。

表 1-13 密码设置参数说明

参　　数	说　　明
用户	用户名默认为 admin
密码	设置 admin 用户的登录密码，并确认密码。密码可设置为 8~32 位非空字符，可以由字母、数字和特殊字符（除"!""""""；"":""&"和空格外）组成。密码必须由其中的 2 种或 2 种以上字符组成，请根据密码强弱提示设置高安全性密码
确认密码	

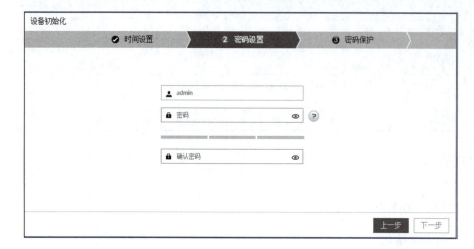

图 1-58 密码设置界面

4）设置密码保护。

5）单击"完成"按钮，完成设备初始化，系统将显示设备初始化成功界面。单击"进入快速配置"按钮，可配置设备的基本信息等。

（2）快速配置系统

设备初始化完成后，进入"快速配置"界面，可快捷地设置 IP 地址和云接入。

1）设置 IP 地址。根据网络规划修改设备的 IP 地址、DNS 服务器等信息。在设置 IP 地址前，需要确保设备至少已有一个网口接入网络。具体操作步骤如下：

① 在初始化完成界面单击"进入快速配置"按钮，打开 IP 设置界面，如图 1-59 所示。

② 设置 IP 地址。

步骤 1：单击网口对应的 按钮。

步骤 2：设置相关参数，如图 1-60 所示，参数说明见表 1-14。

图 1-59　IP 设置界面

图 1-60　相关参数设置界面

表 1-14　网卡编辑参数说明

参　　数	说　　明
网络传输速率	显示当前网卡支持的最大网络传输速度
IP 地址类型	可选 IPv4 和 IPv6 两种地址格式，目前两种 IP 地址都支持，都可以进行访问

续表

参　　数	说　　明
使用动态 IP 地址	当网络中存在 DHCP 服务器时,可选中"使用动态 IP 地址"单选按钮,设备会自动获取一个动态 IP 地址,无须手动设置 IP 地址等信息
使用静态 IP 地址	选中"使用静态 IP 地址"单选按钮,设置"静态 IP 地址""子网掩码"和"网关",为设备设置一个固定的 IP 地址
MTU	设置网卡的 MTU 值,默认为 1500 B。建议先查看网关的 MTU 值,把设备的 MTU 值设置成和网关相同或者略小一点的数值,可适当减少分包,提高网络传输效率。 注意:修改 MTU 值会导致网卡重启,网络中断,影响正在运行的业务,请谨慎执行

步骤 3:单击"确定"按钮。

③ 设置 DNS 服务器信息。可以选择自动获取 DNS 服务器地址或者手动输入 DNS 服务器地址。

④ 设置默认网卡。根据实际需要,在"默认网卡"区域的下拉框中选择默认网卡,注意仅已接入网络的网卡才可作为默认网卡。

⑤ 单击"下一步"按钮,保存配置。

2)设置云接入。下载并安装客户端后,开启云接入功能时,可添加设备至客户端,实现在客户端远程查看监控、回放录像、配置设备等操作。使用该功能前,必须将设备接入公网,否则将无法正常使用。具体操作步骤如下:

① 在 IP 设置界面单击"下一步"按钮,打开云接入界面,如图 1-61 所示。

图 1-61　云接入界面

② 单击"云接入"开关■▌，开启云接入功能。

③ 单击"完成"按钮，保存配置。配置完成后，可在手机 App 上添加设备，实现远程查看监控、回放录像等操作。

（3）客户端登录

系统支持通过配套的应用程序（PC 客户端）远程访问设备，实现设备配置、业务操作、系统维护等操作。具体操作步骤如下：

1）打开浏览器，在地址栏中输入设备的 IP 地址，按 Enter 键。

2）单击"下载 PC 客户端"超链接，下载 PC 客户端的安装包。

3）双击 PC 客户端的安装包，根据界面提示完成安装。

4）打开 PC 客户端，输入用户名和密码，选择登录类型并单击"登录"按钮。PC 客户端登录界面如图 1-62 所示。PC 的主题不是 Areo 主题时，系统会提示切换主题。为确保视频播放的流畅性，建议启用客户端的兼容模式或者切换 PC 的主题为 Areo 主题。系统默认全屏显示 PC 客户端，单击 ▼▼▼ 按钮，显示任务栏。

图 1-62　客户端登录界面

（4）IVSS 主界面介绍

登录客户端后，进入主界面。主界面如图 1-63 所示。主界面相关功能说明见表 1-15。

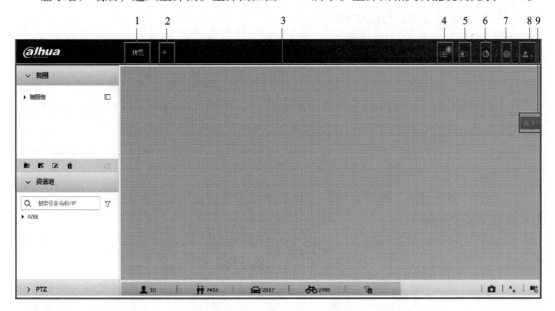

图 1-63　IVSS 客户端主界面

表 1-15　IVSS 客户端主界面说明

序　号	名　称	说　明
1	任务栏	显示用户已开启的应用程序图标。移动鼠标到应用程序图标上，单击 × 按钮，关闭该应用程序 📖 **说明** 系统默认开启"预览"，并且无法关闭"预览"
2	添加图标	单击该图标，显示或隐藏"应用程序"界面。在"应用程序"界面可查看或开启应用程序
3	操作界面	显示当前开启的应用程序的操作界面
4	系统消息	单击该图标，查看系统信息
5	蜂鸣报警	单击该图标，可查看蜂鸣报警消息
6	后台任务	单击该图标，可查看后台运行的任务信息
7	系统配置	单击该图标，进入设置界面，包含摄像头配置、网络配置、存储配置、事件配置、系统配置等。单击左上角的"退出设置"按钮，可返回"预览"界面
8	登录用户	单击该图标，可修改用户密码、锁定用户、注销已登录的用户、重启设备或关闭设备
9	报警列表	显示当前未处理的报警事件数量，单击该图标可查看详细的报警信息 📖 **说明** 按住该图标后上下拖动，可调整该图标的位置

（5）初始化远程设备和添加前端

1）远程设备初始化。通过初始化远程设备，可以修改远程设备的登录密码和 IP 地址。远程设备经过初始化后，才可以接入 IVSS 设备。具体操作步骤如下：

① 登录 PC 客户端。

② 单击 ⚙ 按钮，在弹出的下拉菜单中选择"设备管理"命令，打开设备管理界面，如图 1-64 所示。

③ 选择"设备列表"页签，单击"添加"按钮，也可以通过单击左下角的 + 添加 按钮，进入添加设备界面，如图 1-65 所示。

④ 选择"快速添加"页签，单击"开始搜索"按钮。单击 ▽ 按钮，可根据厂商、IP 地址信息设置搜索范围。

⑤ 选择未初始化的远程设备，单击"初始化"按钮。单击列表中的"初始化状态"列标题，选择"未初始化"，可快速地筛选出未初始化的远程设备。

⑥ 单击"继承本机密码和密码保护"开关 ◼️▢，设置远程设备的用户名、密码和确认密码，单击"下一步"按钮，如图 1-66 所示。系统默认启用"继承本机密码和手机信

息"，此时远程设备自动使用设备 admin 用户的登录密码和手机信息，无须设置密码和预留手机。

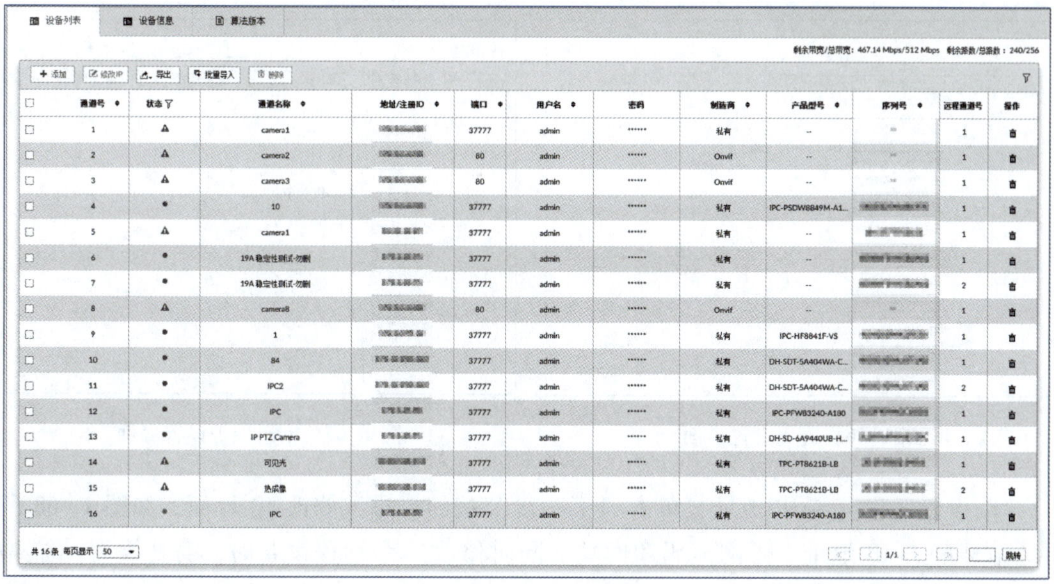

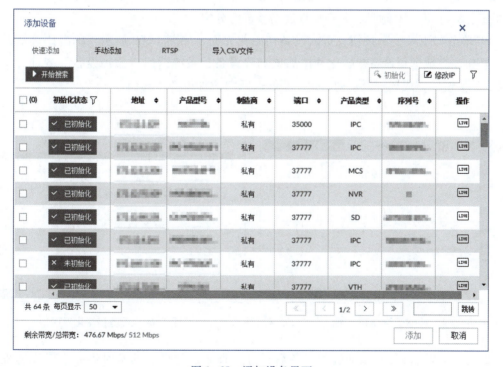

图 1-64　设备管理界面

图 1-65　添加设备界面

⑦ 设置预留手机号，单击"下一步"按钮。设置预留手机号后如果遗忘远程设备的密码，可以通过预留手机号找回密码，如图 1-67 所示。

图 1-66 密码设置界面

图 1-67 密码保护设置界面

⑧ 设置远程设备 IP 地址，单击"下一步"按钮，进入修改 IP 界面，如图 1-68 所示。输入静态 IP 地址、子网掩码和网关。同时修改多个远程设备时，需要设置"递增量"，系统根据设置的静态 IP 地址的第 4 位递增，依次为远程设备分配 IP 地址。修改静态 IP 地址时，若 IP 地址有冲突，系统会提示用户 IP 地址冲突。若是批量修改 IP 地址，则系统会跳过冲突 IP 地址，重新根据递增量进行分配。

⑨ 单击"下一步"按钮，进入设备初始化界面，如图 1-69 所示。单击"确认并添加"按钮，完成远程设备初始化并添加该远程设备，系统返回"添加设备"界面。单击"确认"按钮，完成远程设备初始化，系统返回"添加设备"界面。

图 1-68 修改 IP 界面

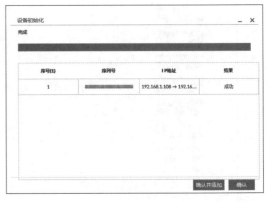

图 1-69 设备初始化界面

2）远程设备添加。添加远程设备后，可以查看远程设备的实时画面、修改远程设备配置等。系统支持通过快速添加、手动添加、RTSP 添加和批量导入方式添加远程设备。

① 快速添加。

步骤 1：登录 PC 客户端。

步骤 2：单击按钮，选择"设备管理"命令，进入设备管理界面，如图 1-70 所示。

微课 1-16
IVSS 设备添加

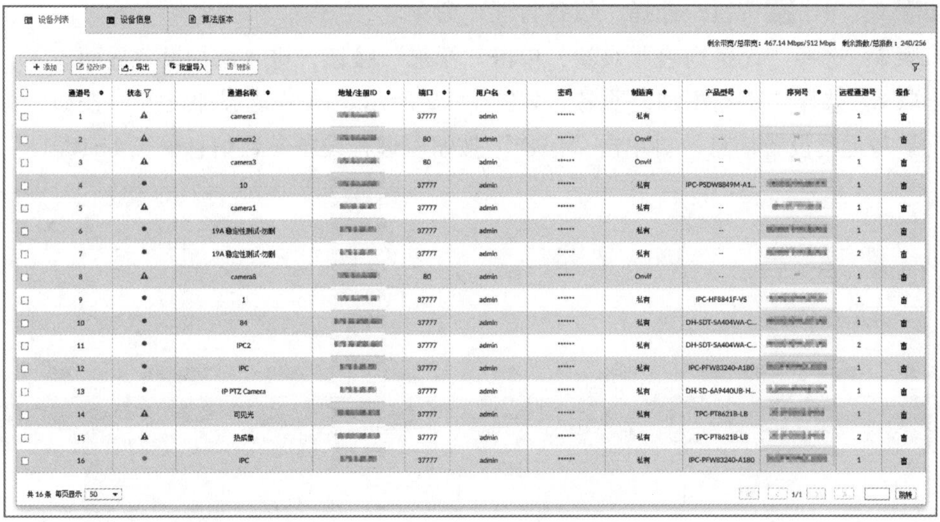

图 1-70 设备管理界面

步骤 3：选择"设备列表"页签，单击"添加"按钮，进入添加设备界面。

步骤 4：选择"快速添加"页签，单击"开始搜索"按钮。单击▽按钮，可根据厂商、IP 地址信息设置搜索范围。图 1-71 所示为搜索结果显示界面。

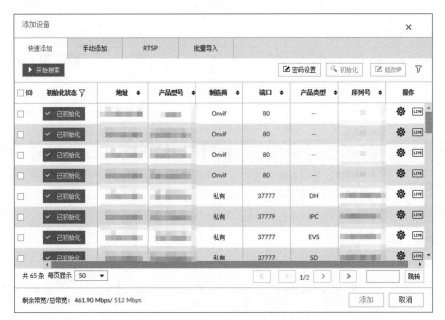

图 1-71 搜索结果显示界面

步骤 5：选择远程设备，单击"添加"按钮，添加远程设备。

步骤 6：单击"继续添加"按钮或"完成"按钮。

② 手动添加。

步骤 1：登录 PC 客户端。

步骤 2：单击 按钮，选择"设备管理"命令。

步骤 3：选择"设备列表"页签，单击"添加"按钮，进入添加设备界面。

步骤 4：选择"手动添加"页签，如图 1-72 所示。单击"添加设备"按钮，根据实际情况填写远程设备信息，再单击"添加"按钮。远程设备参数信息见表 1-16。

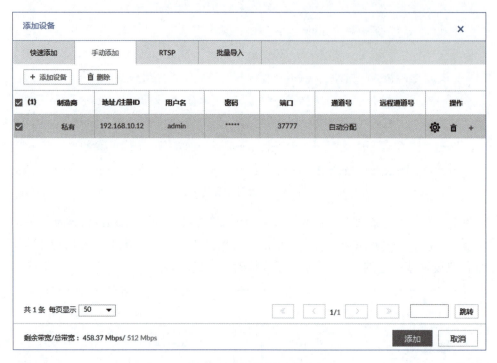

图 1-72　手动添加界面

表 1-16　远程设备参数说明

参　　数	说　　明
制造商	选择远程设备的对接协议。系统默认对接协议为"私有"，双击"私有"，可选择其他对接协议
地址/注册 ID	输入远程设备的 IP 地址
用户名	输入远程设备的用户名和密码
密码	
端口	输入远程设备的端口号。当制造商选择主动注册时，端口号置灰，无须设置端口号

续表

参　数	说　明
通道号	选择远程设备在设备上的通道号。选择"自动分配"时，系统将自动为远程设备分配通道号
远程通道号	选择需要添加的远程设备通道号，具体步骤如下： ① 单击 ⚙ 按钮。 ② 选择"连接类型"。 ③ 单击"连接"按钮，获取远程设备的通道总数。 ④ 输入需要添加的通道号范围，单击"选中"按钮。 ⑤ 单击"确定"按钮
操作	● 单击 🗑 按钮，删除该行远程设备信息。选中多行远程设备信息后，单击"删除"按钮，可批量删除选中的远程设备信息。 ● 单击 + 按钮，新增一行，输入远程设备信息后，可同时添加多个远程设备

步骤 5：单击"继续添加"按钮或"完成"按钮。

③ RTSP 添加。

步骤 1：登录 PC 客户端。

步骤 2：单击 ⚙ 按钮，选择"设备管理"命令。

步骤 3：选择"设备列表"页签，单击"添加"按钮，进入添加设备界面。

步骤 4：选择"RTSP"页签，如图 1-73 所示。

图 1-73　RTSP 界面

步骤 5：在"主码流"或"辅码流"文本栏中输入 RTSP 地址，选择远程设备在设备上的通道号。不同厂家的 RTSP 地址格式不同，以 DH 设备为例，流媒体设备的 RTSP 地址格式如下：

rtsp://用户名：密码@ IP 地址：端口/cam/realmonitor?channel = 1&subtype = 0，例如 rtsp://admin：admin@ 192. 168. 20. 25：554/cam/realmonitor?channel = 1&subtype = 0。

- 用户名：远程设备的用户名。
- 密码：远程设备的登录密码。
- IP 地址：远程设备的 IP 地址。
- 端口：默认为 554。
- channel：需要添加的流媒体设备的通道号。
- subtype：码流类型，0 表示主码流，1 表示辅码流。

步骤 6：单击"添加"按钮。

④ 批量导入。

步骤 1：登录 PC 客户端。

步骤 2：单击 ⚙ 按钮，选择"设备管理"命令。

步骤 3：选择"设备列表"页签，单击"添加"按钮，进入添加设备界面。

步骤 4：选择"批量导入"页签，单击"下载模板"按钮下载模板文件，如图 1-74 所示。注意使用不同界面操作时，文件的保存路径不同，请以实际为准。

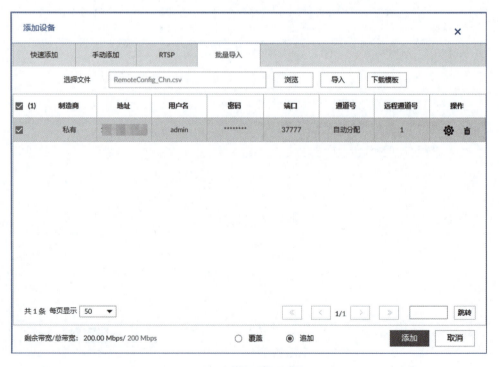

图 1-74   批量导入界面

● PC 客户端操作时，单击 ≡ 按钮后，在弹出的下拉菜单中选择"下载内容"命令，可查看文件的保存路径。

● 本地操作时，可选择文件的保存路径。

● Web 端操作时，文件保存在浏览器的默认下载路径中。

步骤 5：根据实际情况，填写模板文件并保存。模板文件如图 1-75 所示。

地址/注册ID	端口	通道号	通道名称	制造商	用户名	密码	远程通道号	连接类型
192.168.133.26	37777	20	IPC	私有	admin	admin123	1	

图 1-75 模板文件示例

步骤 6：在批量导入界面中单击"浏览"按钮，选择模板文件，再单击"导入"按钮，选择设备和导入模式。

● 选中"覆盖"单选按钮，当导入的远程设备 IP 地址与已添加的远程设备 IP 地址相同时，导入的远程设备配置可以覆盖已添加的远程设备。

● 选中"追加"单选按钮，在已有远程设备基础上新增远程设备，并且不会覆盖原有的远程设备配置。

步骤 7：单击"继续添加"按钮或"完成"按钮。

（6）设置远程设备

设置远程设备主要涉及设置已添加远程设备的属性参数、连接信息、视频参数等操作。不同远程设备支持的功能不同，显示的界面也不相同，需要以实际为准。

1）设置设备属性。设备属性设置操作主要包括设置远程设备名称、查看设备信息等。具体操作步骤如下：

① 登录 PC 客户端。

② 单击 ⚙ 按钮，选择"设备管理"命令。

③ 选择远程设备，再选择"属性"页签，打开属性配置界面，如图 1-76 所示。

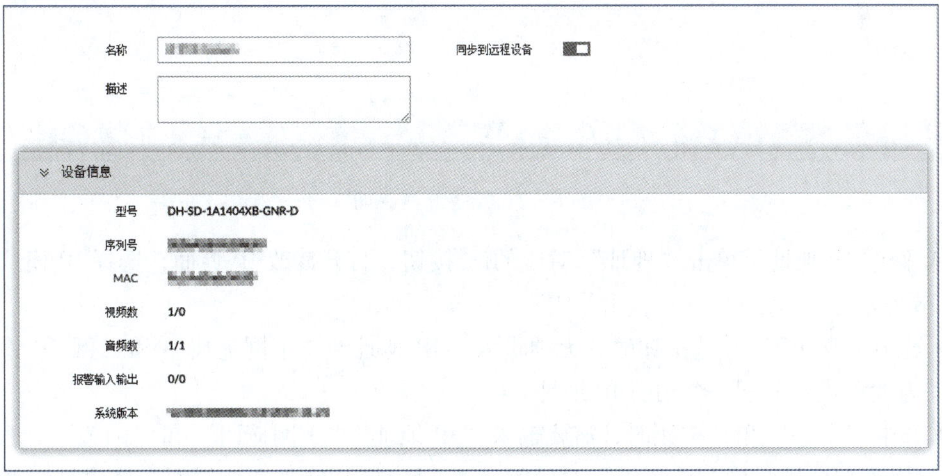

图 1-76 属性配置界面

④ 设置相关参数，属性参数及说明见表 1-17。

表 1-17　属性参数及说明

参　　数	说　　明
名称	设置远程设备的名称。单击"同步到远程设备"开关，开启"同步到远程设备"，保存修改后，同步修改后的远程设备名称至远程设备上
描述	输入该远程设备的相关描述
设备信息	显示远程设备信息，包括远程设备型号、序列号、MAC 地址、可接入的音视频总数、报警输入输出数量、系统版本号

⑤ 单击"保存"按钮。

2）设置连接信息。根据实际情况修改远程设备的连接信息，包括 IP 地址、端口号等。具体操作步骤如下：

① 登录 PC 客户端。

② 单击 按钮，选择"设备管理"命令。

③ 选择远程设备，再选择"连接信息"页签，打开连接配置界面，如图 1-77 所示。

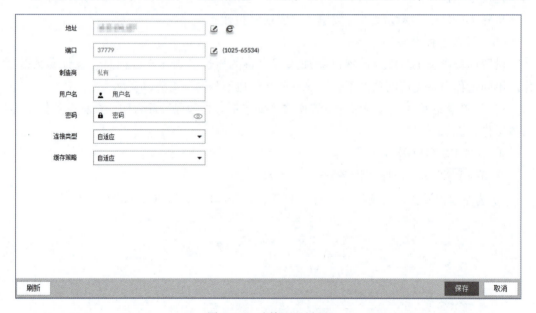

图 1-77　连接配置界面

④ 修改 IP 地址。单击"地址"对应的 按钮，打开修改 IP 界面，选择 IP 模式，如图 1-78 所示。

● 选中"DHCP"单选按钮时，无须输入"IP 地址""子网掩码"和"网关"，系统会自动为远程设备分配一个动态 IP 地址。

● 选中"静态"单选按钮时，需要输入"IP 地址""子网掩码"和"网关"。

⑤ 修改端口号。单击"端口"对应的 按钮，打开修改端口界面，修改端口号，再单击"确定"按钮，如图 1-79 所示。

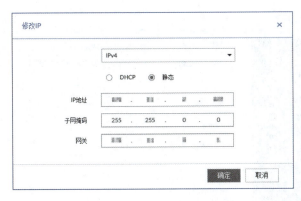

图 1-78   修改 IP 界面

图 1-79   修改端口界面

⑥ 设置其他参数，相关说明见表 1-18。

表 1-18   其他参数说明

参　数	说　明
制造商	显示远程设备的对接协议
用户名	输入远程设备的用户名和密码。密码可设置为 8~32 位非空字符，可以由字母、数字和
密码	特殊字符（除 "'" """ ";" ":" "&" 和空格外）组成。密码必须由其中的 2 种或 2 种以上字符组成，请根据密码强弱提示设置高安全性密码
连接类型	显示设备与远程设备的连接类型，包括 TCP、UDP、组播和自适应
缓存策略	设置远程设备视频流的缓存策略 ● 自适应：系统根据网络带宽自动调整视频流缓存情况 ● 实时：确保视频的实时性，当网络带宽不足时，可能出现卡顿等现象 ● 流畅：确保视频的流畅性，可能出现视频不清晰等现象

⑦ 单击"保存"按钮。

⑧（可选）单击 **e** 按钮，可以跳转到远程设备 Web 界面。

3）设置视频参数。操作时，可以根据实际网络带宽情况，设置不同码流类型的视频参数。具体操作步骤如下：

① 登录 PC 客户端。

② 单击 按钮，选择"设备管理"命令。

③ 选择远程设备，选择"视频"页签，打开视频设置界面，如图 1-80 所示。

④ 选择"主码流""辅码流 1"或"辅码流 2"页签。

⑤ 配置普通视频质量参数。

⑥ 单击"事件视频质量"按钮，并设置"帧率"和"码流模式"。

⑦ 单击"保存"按钮。

4）设置 OSD。OSD（On-Screen-Display）是指在远程设备的视频画面上叠加时间信息、通道信息等。具体操作步骤如下：

图 1-80 视频设置界面

① 登录 PC 客户端。

② 单击 按钮，选择"设备管理"命令。

③ 选择远程设备，选择"OSD"页签，打开 OSD 设置界面，如图 1-81 所示。

图 1-81 OSD 设置界面

④ 根据实际情况设置叠加信息，主要包括设备名称叠加、时间叠加以及地理位置叠加，请根据实际需求输入相关信息。

⑤ 拖动文本框至合适位置后单击 按钮。

⑥ 单击"保存"按钮。

2. 存储及录像管理

（1）存储管理

1）设置存储模式。该操作用来设置硬盘空间满时的存储模式，具体操作步骤如下：

① 登录 PC 客户端。

② 单击 按钮，选择"存储管理"→"存储资源"→"本地硬盘"命令。

③ 单击"存储模式"按钮，打开设置存储模式界面，如图 1-82 所示。

④ 选择存储模式。数据存储采用满覆盖原则，建议根据需要及时备份。

图 1-82　设置存储模式界面

● 循环覆盖：当硬盘剩余空间小于 150 GB 或者小于总容量的 4%（两者之间取较大值）时，系统继续录像，并覆盖最早保存的录像文件。

● 停止：当硬盘剩余空间小于 150 GB 或者小于总容量的 4%（两者之间取较大值）时将停止录像，停止录像时将触发报警。

⑤ 单击"确定"按钮。

2）查看 RAID 组。若已经创建 RAID 组，则可以进行查看。具体操作步骤如下：

① 登录 PC 客户端，单击 按钮，选择"存储管理"→"存储资源"→"本地硬盘"→"RAID 组"命令，打开 RAID 组信息界面，可以查看剩余容量、状态、工作模式等基本信息，如图 1-83 所示。

② 单击 RAID 名称右侧的 ▶ 按钮，展开 RAID 的成员盘列表，可查看各个成员盘的容量、状态等。

③ 单击状态列中的 ⓘ 按钮，可查看 RAID 的详细信息。

3）RAID 管理。通过创建 RAID，可以把多个独立的物理磁盘按不同的方式组合形成一个逻辑磁盘组，从而提供比单个磁盘更高的存储性能和数据冗余的技术。设备支持的 RAID 类型包括 RAID 0、RAID 1、RAID 5、RAID 6、RAID 10、RAID 50 和 RAID 60，详细介绍请参见"知识准备"章节。建议创建 RAID 时采用企业级硬盘，在单盘模式下采用监控级硬盘。

① 创建 RAID。RAID 有多种不同的级别（如 RAID 5、RAID 6 等），每一种级别具有不同的数据保护、数据可用性和性能水平，可以根据实际需求创建 RAID。注意创建 RAID 将清空磁盘中原有的数据，需要谨慎执行。

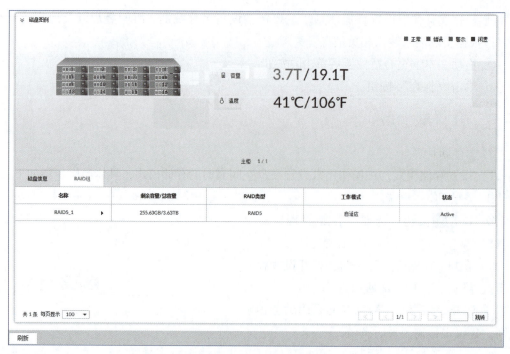

图 1-83 RAID 组信息界面

系统支持一键创建 RAID 5, 一键创建 RAID 策略见表 1-19。一键创建 RAID 5 时, 系统根据设备中的磁盘数量采用不同的创建策略。创建策略的数值中, 未加括号的数字表示 RAID 组的成员盘个数, 加括号的数字表示全局热备盘的数量。例如, 满配 24 块硬盘时, 创建策略为 7+7+9+(1), 表示创建了 3 个 RAID 5 和 1 个全局热备, 其中 3 个 RAID 5 的成员盘个数分别为 7 块、7 块和 9 块。

表 1-19 一键创建 RAID 策略

磁 盘 个 数	创 建 策 略	磁 盘 个 数	创 建 策 略
3	不推荐	14	6+7+(1)
4	不推荐	15	7+7+(1)
5	5	16	5+5+5+(1)
6	5+(1)	17	5+5+6+(1)
7	6+(1)	18	5+6+6+(1)
8	7+(1)	19	6+6+6+(1)
9	8+(1)	20	6+6+7+(1)
10	9+(1)	21	6+7+7+(1)
11	5+5+(1)	22	7+7+7+(1)
12	5+6+(1)	23	7+7+8+(1)
13	6+6+(1)	24	7+7+9+(1)

步骤 1：登录 PC 客户端。

步骤 2：单击 ⚙ 按钮，选择"存储管理"→"存储资源"→"RAID"→"RAID"命令。

步骤 3：单击"添加"按钮。

步骤 4：设置 RAID 参数。根据实际情况，选择创建 RAID 方式，包括"手动 RAID"和"一键 RAID"。

● 手动 RAID：系统根据选择的磁盘数量，创建一个指定的 RAID 类型。首先选中"手动 RAID"单选按钮，然后选择需要创建 RAID 的磁盘，最后设置参数，如图 1-84 所示。手动 RAID 相关参数说明见表 1-20。

图 1-84　手动 RAID 界面

表 1-20　手动 RAID 参数说明

参　　数	说　　明
存储设备	选择磁盘所属的存储设备和需要加入 RAID 的磁盘 📖 **说明** 创建不同 RAID 类型所需的磁盘个数不同，请以实际为准

续表

参 数	说 明
RAID	选择需要创建的 RAID 类型
工作模式	选择 RAID 业务资源分配方式，默认为自适应 ● 自适应：表示系统将根据当前的业务负载自动调整 RAID 同步速度。当没有外部业务时，同步以较高速度进行；当有外部业务时，以较低速度进行 ● 同步优先：资源优先分配给 RAID 同步 ● 业务优先：资源优先分配给业务运行 ● 负载均衡：资源均匀的分配给业务运行及 RAID 同步
名称	设置 RAID 名称

● 一键 RAID：系统根据磁盘数量创建 RAID 5。首先选中 "一键 RAID" 单选按钮，然后设置参数，如图 1-85 所示。一键 RAID 参数说明见表 1-21。

图 1-85 一键 RAID 界面

表 1-21 一键 RAID 参数说明

参 数	说 明
存储设备	选择磁盘所属的存储设备

续表

参　　数	说　　明
工作模式	选择 RAID 业务资源分配方式，默认为自适应 ● 自适应：表示系统将根据当前的业务负载自动调整 RAID 同步速度。没有外部业务时，同步以较高速度进行；有外部业务时，以较低速度进行 ● 同步优先：资源优先分配给 RAID 同步 ● 业务优先：资源优先分配给业务运行 ● 负载均衡：资源均匀的分配给业务运行及 RAID 同步

步骤 5：单击"下一步"按钮。

步骤 6：信息确认无误后，单击"创建"按钮，系统开始创建 RAID。创建完成后，将显示 RAID 信息。如果信息填写错误，可单击"上一步"按钮，重新设置 RAID 参数。创建 RAID 后，可查看 RAID 成员盘状态、修改工作模式、修复文件系统等。RAID 相关常见操作见表 1-22。

表 1-22　RAID 相关操作

功　　能	操　　作
查看 RAID 成员盘状态	单击 RAID 名称右侧的 ▶ 按钮，展开 RAID 的成员盘列表，查看各个成员盘的容量、状态等
查看 RAID 详情	单击状态列中的 ⓘ 按钮，查看 RAID 的详细信息
修复文件系统	RAID 无法挂载或正常使用时，可尝试使用文件系统修复功能进行修复。首先选择一个或多个无法正常挂载使用的 RAID 后，单击"文件系统修复"按钮，可修复选中 RAID 的文件系统。RAID 成功修复后可继续正常挂载和使用
修改工作模式	选择一个或多个 RAID，单击"工作模式"按钮，在弹出的窗口中选择工作模式，单击"确定"按钮，修改工作模式
格式化 RAID	清空 RAID 中的所有文件，谨慎执行。选择一个或多个 RAID，单击"格式化"按钮，可格式化选中的 RAID
删除 RAID	清空 RAID 中的所有文件并且解散 RAID，谨慎执行。选择一个或多个 RAID，单击"删除"按钮，可删除选中的 RAID

② 创建热备盘。当 RAID 组中的成员盘故障或异常时，热备盘可以替换该磁盘进行工作，避免数据丢失，保证存储系统的可靠性。

步骤 1：登录 PC 客户端。

步骤 2：单击 ⚙ 按钮，选择"存储管理"→"存储资源"→"RAID"→"热备"命令。

步骤 3：单击"添加"按钮。

步骤 4：选择热备盘的"创建类型"。

● 全局热备：选中"全局热备"单选按钮，然后选择"存储设备"，如图 1-86 所示，则被选择的磁盘作为所有 RAID 的热备盘，而不是作为某个特定 RAID 的热备盘。

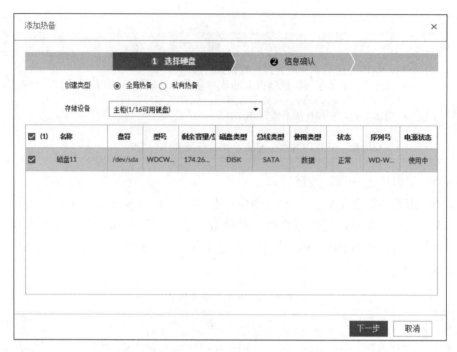

图 1-86 全局热备盘添加界面

● 私有热备：选中"私有热备"单选按钮，选择需要"添加到"的 RAID，如图 1-87 所示，则该磁盘仅作为对应 RAID 的热备盘。

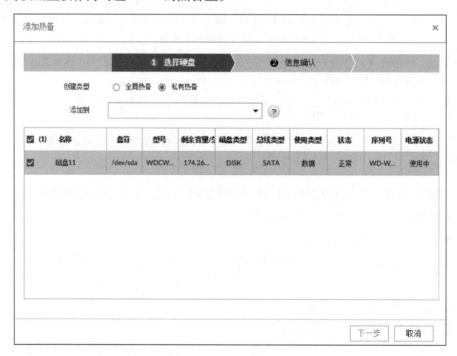

图 1-87 私有热备盘添加界面

步骤 5：选择一块或多块磁盘，单击"下一步"按钮。

步骤 6：在信息确认界面确认信息无误后，单击"创建"按钮，如图 1-88 所示。如果信息填写错误，可单击"上一步"按钮，重新创建热备盘。

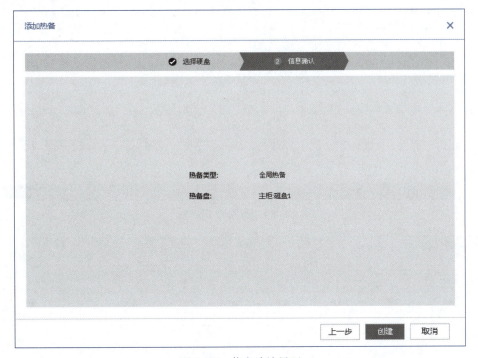

图 1-88　信息确认界面

步骤 7：创建成功后，返回热备盘界面，查看已添加的热备盘信息。选择热备盘，单击"删除"按钮，可以删除该热备盘。

4）网络硬盘。网络硬盘是基于网络的在线存储服务，通过 iSCSI 协议可以添加网络硬盘，如安防厂家的 EVS 产品，从而将信息存储在网络硬盘中，因此广泛应用于大容量存储场景中。

① iSCSI 应用。添加了网络磁盘之后，可以通过 iSCSI 应用相关操作来查看网络硬盘使用情况，包含剩余容量、硬盘状态等。登录 PC 客户端，单击 按钮，选择"存储管理"→"存储资源"→"网络硬盘"→"iSCSI 应用"命令，打开 iSCSI 应用界面，如图 1-89 所示。

② iSCSI 管理。通过 iSCSI 设置网络磁盘，再将网络磁盘映射至设备，设备就可以通过网络磁盘进行存储，前提是 iSCSI 服务器已经开启服务，并已提供共享文件目录。

步骤 1：登录 PC 客户端。

步骤 2：单击 按钮，选择"存储管理"→"存储资源"→"网络硬盘"→"iSCSI 管理"命令，打开 iSCSI 管理界面，如图 1-90 所示。

步骤 3：单击"添加"按钮，打开网络硬盘添加界面，如图 1-91 所示。

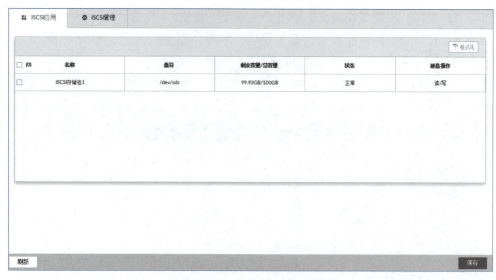

图 1-89   iSCSI 应用界面

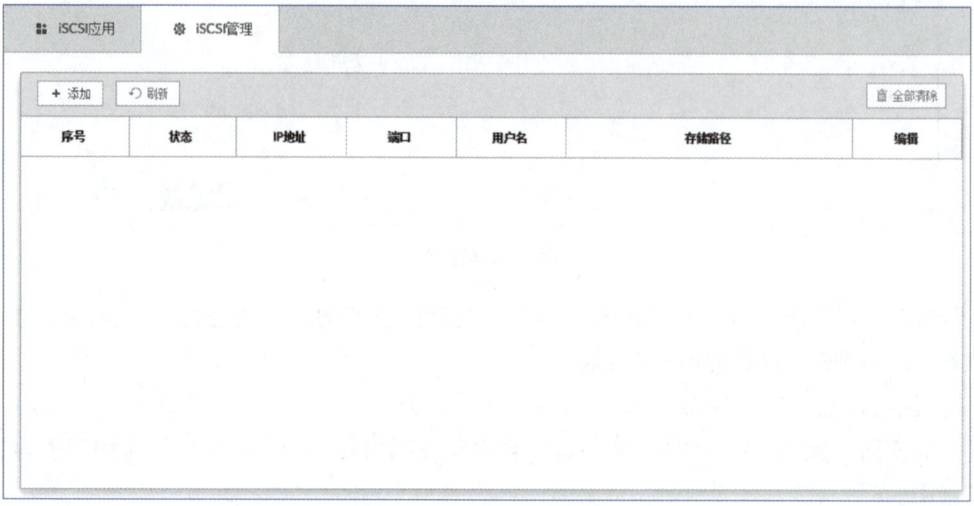

图 1-90   iSCSI 管理界面

步骤 4：配置网络硬盘相关参数，见表 1-23。

表 1-23   网络硬盘参数说明

参　　数	说　　明
服务器 IP 地址	输入 iSCSI 服务器的 IP 地址
端口	输入 iSCSI 服务器的端口号，默认为 3260
匿名	iSCSI 服务器没有设置访问权限时，可选择匿名登录 iSCSI 服务器 ● ⬤〇 表示开启匿名登录，此时无须设置用户名和密码 ● 〇⬤ 表示关闭匿名登录

续表

参　数	说　明
用户名 密码	如果 iSCSI 服务器在创建共享文件目录时设置了访问权限，则需要输入访问的用户名和密码
存储路径	单击"查找路径"按钮，选择存储的网络磁盘路径。iSCSI 服务器在创建共享文件目录时，已经生成了对应的路径，每一个路径代表一个 iSCSI 共享盘

图 1-91　网络硬盘添加界面

步骤 5：单击"确定"按钮，保存配置。返回网络硬盘界面，查看已添加的网络硬盘信息。单击 🗑 按钮，可删除网络硬盘，单击"刷新"按钮，可刷新网络硬盘列表。在盘组界面中可设置网络硬盘的盘组。

（2）录像管理

1）存储模式。存储模式用来设置分配设备中的磁盘或 RAID 组到不同的盘组中，可以同时支持设置通道的视频和图片的存储盘组。

① 设置盘组。系统默认已接入的磁盘和已创建的 RAID 组均分配在盘组 1 中，可以根据实际应用场景，分配磁盘或 RAID 组至不同的盘组中。系统默认盘组个数与设备最多支持接入的磁盘个数相同。例如，设备最多支持接入 16 个磁盘，则默认盘组个数为 16 个。

步骤 1：登录 PC 客户端。

步骤 2：单击 ⚙ 按钮，选择"存储管理"→"录像管理"→"存储模式"→"盘组设置"命令，打开盘组设置界面，如图 1-92 所示。

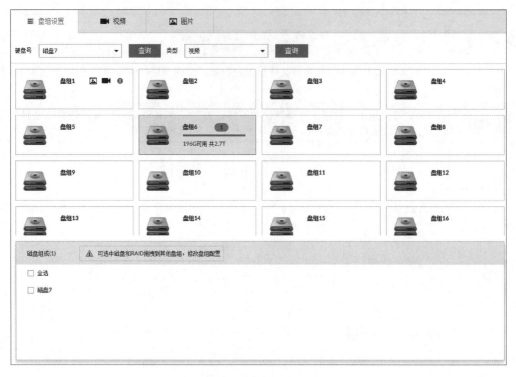

图 1-92　盘组设置界面

- 盘组上的数值（如 ❷）表示该盘组中的磁盘和 RAID 组数量。
- 盘组显示❶时，表示原来有通道的视频或图片存储至该盘组，但当前该盘组中无可用的磁盘或 RAID 组。
- 盘组显示🖼时，表示通道的图片存储至该盘组。
- 盘组显示📹时，表示通道的录像存储至该盘组。

步骤 3：单击盘组。系统显示该盘组中的磁盘组成信息。

步骤 4：在"磁盘组成"区域中选择磁盘或 RAID 组，可以拖动磁盘或 RAID 组至其他盘组。

② 设置视频或图片存储。系统默认所有通道的视频/图片均存储在盘组 1 中，可以根据实际应用场景，设置不同通道的视频/图片存储在不同的盘组中。系统支持两种设置方式，可以根据实际情况选择合适的设置方式。

- 选择盘组：通过选择盘组的方式设置视频或图片的存储。

步骤 1：登录 PC 客户端。

步骤 2：单击🔧按钮，选择"存储管理"→"录像管理"→"存储模式"→"视频/图片"命令，打开选择盘组配置界面，如图 1-93 所示。

步骤 3：在"批量处理"下拉框中选择筛选方式和通道。

选择"按通道名称"时，按照远程设备的通道名称选择需要设置的通道。

图 1-93　选择盘组配置界面

选择"按逻辑通道号"时，按照远程设备在设备上相应的通道号，输入开始通道号和结束通道号。

步骤 4：在"盘组选择"下拉框中选择目标盘组，仅显示存在可用磁盘或 RAID 组的盘组。

步骤 5：单击"确定"按钮。

● 拖动通道：通过拖动通道的方式设置视频或图片的存储。

步骤 1：登录 PC 客户端。

步骤 2：单击 ⚙ 按钮，选择"存储管理"→"录像管理"→"存储模式"→"视频/图片"命令。

步骤 3：单击盘组，系统在"设备列表"区域显示该盘组中已绑定的通道列表。注意，系统仅显示存在可用磁盘和 RAID 组的盘组或已绑定通道的盘组。盘组上的数值（如 ⑫ ）表示该盘组中的磁盘和 RAID 组数量。盘组显示 ❗ 时，表示该盘组无可用的磁盘或 RAID 组，但当前有通道绑定至该盘组。

步骤 4：（可选）单击"负载均衡"后的开关 ◼◻ 。图标高亮，表示开启负载均衡功能；图标置灰，表示关闭负载均衡功能。启用"负载均衡"后，若某一个盘组中没有可用的读写盘，该盘组的所有通道录像将均分存储在所有的可用盘组中。未启用"负载均衡"时，若某一个盘组中没有可用的读写盘，该盘组的所有通道录像将存储在某一个可用的盘组中。

步骤 5：在"设备列表"中选择通道后，将鼠标移至通道名称或 IP 地址，拖动通道至其他盘组。设备列表界面如图 1-94 所示。

2）录像计划。录像计划主要用来设置不同通道的录像模式和存储计划。

① 录像模式。

步骤 1：登录 PC 客户端。

步骤 2：单击 ⚙ 按钮，选择"存储管理"→"录像管理"→"录像计划"命令。

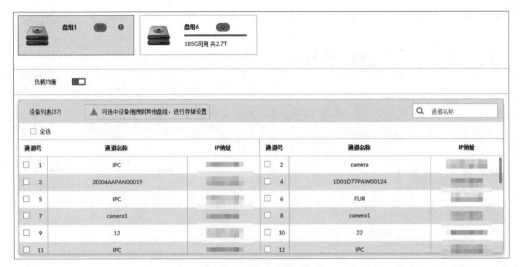

图 1-94　设备列表界面

步骤 3：选择对应码流类型的录像模式，如图 1-95 所示。其中，◉ 表示选择该码流对应的录像模式；辅码流 1 和辅码流 2 只能选择其中一个。

设备信息		录像模式								
		主码流			辅码流1			辅码流2		
通道号	通道名称	◉ 自动	○ 手动	○ 关闭	○ 自动	○ 手动	◉ 关闭	○ 自动	○ 手动	◉ 关闭
1	25	◉	○	○	○	○	◉	○	○	◉
2	camera2	◉	○	○	○	○	◉	○	○	◉
3	camera3	◉	○	○	○	○	◉	○	○	◉
4	camera4	◉	○	○	○	○	◉	○	○	◉
5	camera5	◉	○	○	○	○	◉	○	○	◉
6	IPC	◉	○	○	○	○	◉	○	○	◉
7	IPC	◉	○	○	○	○	◉	○	○	◉
8	IPC2	◉	○	○	○	○	◉	○	○	◉

图 1-95　录像模式界面

- 自动：按照存储计划录制录像。
- 手动：24 小时录像，不响应存储计划设置。
- 关闭：关闭录像，不响应存储计划设置。

步骤 4：单击"保存"按钮。

② 存储计划。根据实际使用场景，设置录像计划和抓图存储。在设定的时间段内，设备将进行对应类型的录像和抓图。

步骤 1：登录 PC 客户端。

步骤 2：单击 按钮，选择"存储管理"→"录像管理"→"录像计划"→"存储计划"命令，打开存储计划设置界面，如图 1-96 所示。

步骤 3：单击 按钮，设置存储计划，如图 1-97 所示。

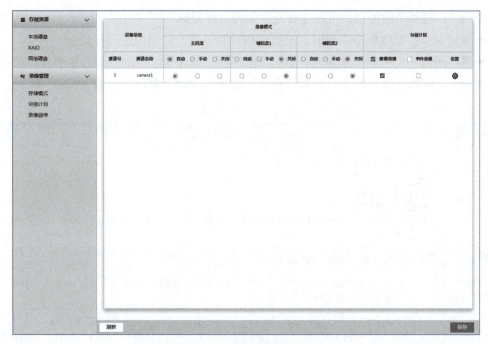

图 1-96　存储计划设置界面

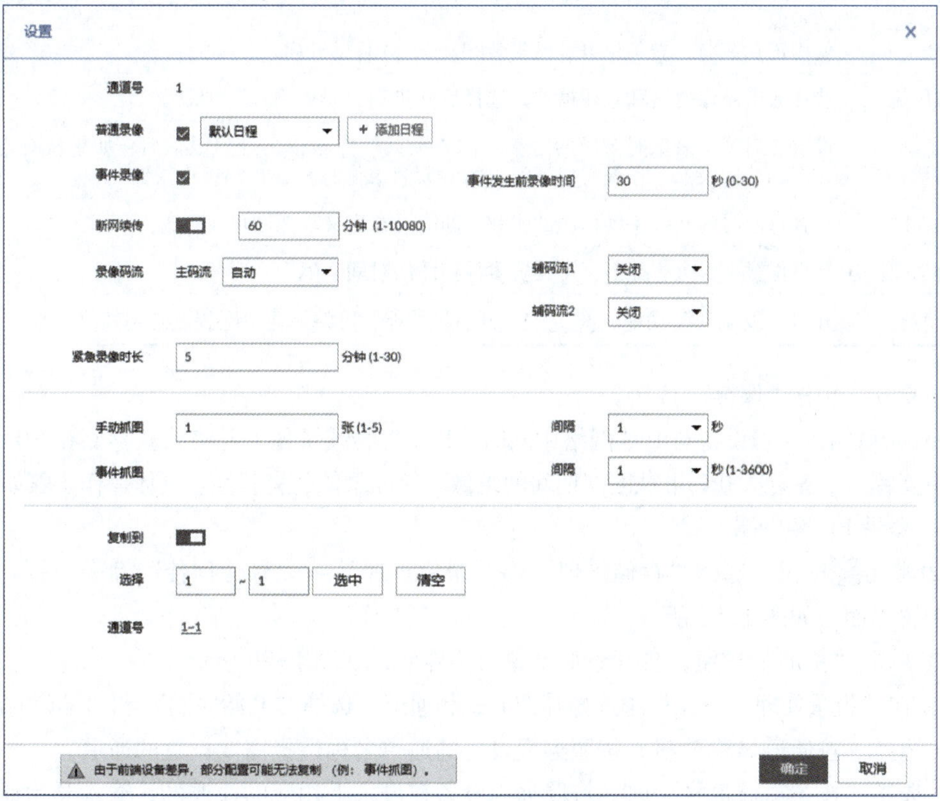

图 1-97　存储计划参数设置界面

步骤 4：选择录像类型，可选择普通录像和事件录像。

● 普通录像：发生联动录像时，根据日程录制录像，对录像进行标记。

● 事件录像：发生联动录像时，根据预录时间录制录像，并对录像打上事件标记。

步骤 5：设置录像参数后，单击"确定"按钮。录像参数说明见表 1-24。

表 1-24 录像参数说明

参　　数	说　　明
普通录像	选中该复选框，在"布防时间"下拉框中选择日程表，开启在布防时间内的普通录像功能 **说明** 如果未添加日程表或者已添加的日程表不符合实际需求，可单击"添加日程"按钮添加日程表
事件录像	选中该复选框，表示开启该功能
事件发生前录像时间	开启事件录像功能，从该事件发生前的时间开始录制，如设置为 10 s，即当有事件发生时，从该事件发生前 10 s 开始录像
断网续传	开启"断网续传"功能，▇□表示开启该功能，设置上传的最长录像时间 ● 当设备检测到与 IPC 的网络连接中断时，IPC 继续录像并存储在 SD 卡上。网络恢复后，设备从 IPC 下载断网时间段内的录像，保证设备中该 IPC 通道录像的完整性 ● 设置上传的最长录像时间后，当断网时间超过设置的时间时，系统只上传设置时间内的录像 使用该功能前，需确保 IPC 已安装 SD 卡，并且已开启录像功能
录像码流	选择通道录像码流和录像模式，选择后同步到"录像模式"列表
紧急录像时长	设置开启紧急录像时录像的时长。在"预览"界面单击开启录像后，如果没有再次单击该图标结束录像，系统将根据设定的"紧急录像时长"自动结束录像
手动抓图	设置每个时间间隔手动抓图的张数，间隔可自定义。抓图可设置为 1~5 张/次
事件抓图	当事件触发时进行抓图，可设置事件抓图的时间间隔
复制到	开启"复制到"功能，▇□表示开启该功能，可将该通道配置复制到其他通道

步骤 6：单击"保存"按钮。

3）录像回传。当设备与 IPC 网络中断时，IPC 将继续录像，并将录像存储在 SD 卡中。网络恢复后，设备会从 IPC 下载断网期间的录像，保证录像的完整性。具体操作步骤如下：

① 登录 PC 客户端。

② 单击⚙按钮，选择"存储管理"→"录像管理"→"录像回传"命令，打开录像回传配置界面，如图 1-98 所示。

③ 单击"添加"按钮，打开添加录像回传界面，如图 1-99 所示。

④ 在"批量处理"下拉框中选择筛选方式和通道，选择"开始时间"和"结束时间"。

● 选择"按通道名称"时，按照远程设备的通道名称选择需要设置的通道。

● 选择"按逻辑通道号"时，按照远程设备在设备上相应的通道号，输入开始通道号和结束通道号。

图 1-98　录像回传配置界面

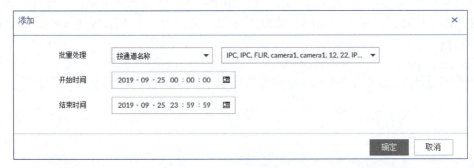

图 1-99　添加录像回传界面

⑤ 单击"确定"按钮。返回上传页面，系统显示上传进度。选择任务，单击"删除"按钮，可删除任务。注意，正在回传中的任务无法删除。

3. IVSS 智能功能配置

（1）人脸检测

设置人脸检测并设置相应报警事件后，系统在检测区域内检测到人脸信息时会触发报警。

1）设置流程。人脸检测设置流程分为前智能和后智能，前智能设置流程如图 1-100 所示，后智能设置流程如图 1-101 所示。

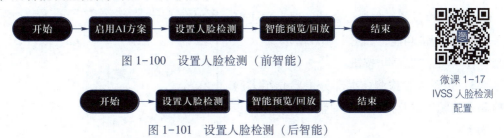

图 1-100　设置人脸检测（前智能）

图 1-101　设置人脸检测（后智能）

微课 1-17
IVSS 人脸检测
配置

2）启用 AI 方案（前智能需要）。当前端智能相机支持人脸检测并且需要使用前智能时，需要启用对应的 AI 方案，智能功能才能生效。添加远程设备后，IVSS 设备可获取并展示远程设备支持的智能功能。注意，部分远程设备不支持设置 AI 方案，需要以实际界面显示为准。具体操作步骤如下：

① 登录 PC 客户端。

② 单击 按钮，选择"事件管理"命令。

③ 在左侧设备树中选择远程设备，选择"AI 方案"。

● 远程设备支持云台功能。

步骤 1：单击"选择预置点"按钮。

步骤 2：选择预置点。

步骤 3：单击开关 ，针对每个预置点设置智能功能。完成此操作之前，需要先在远程设备完成预置点设置，预置点设置请参考本书任务 1-1 中的相关描述。远程设备支持的智能功能不同时，界面显示不同，请以实际界面显示为准。本书所用设备显示界面如图 1-102 所示。

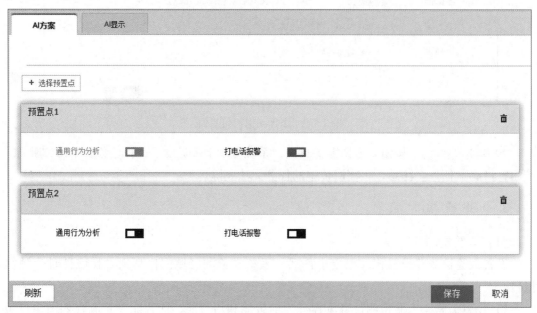

图 1-102　启用 AI 方案（带预置点）

● 当远程设备不支持云台功能时，单击开关 开启智能功能，如图 1-103 所示。

④ 单击"保存"按钮。

3）设置人脸检测。本部分主要介绍人脸检测参数配置以及报警规则配置。具体操作步骤如下：

① 登录 PC 客户端。

② 单击 按钮，选择"事件管理"命令。

③ 在左侧设备树中选择远程设备，选择"AI 方案"→"人脸检测"项，单击"前智

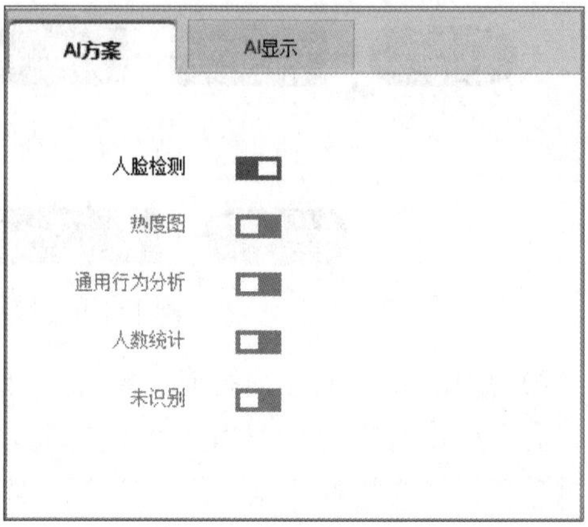

图 1-103　启用 AI 方案（不带预置点）

能"或"后智能"按钮。前智能配置界面如图 1-104 所示，后智能配置界面如图 1-105 所示。

图 1-104 人脸检测（前智能）配置界面

④ 单击"人脸增强"开关 ，开启人脸检测功能。前智能支持开启"人脸增强"功能。开启该功能后，在码流设置比较低时，优先保证人脸清晰。

⑤ 单击 按钮（此时按钮图标变为 ），在监控画面中设置检测区域（橙色区域），如图 1-106 所示。

● 按住 或检测区域边框的白色圆点后拖动，可调整检测区域范围。

● 单击 或 按钮，可设置检测目标的最小尺寸或最大尺寸。仅当检测目标的尺寸介于最小尺寸和最大尺寸之间时，触发报警。

⑥ 在"布防时间"下拉框中选择日程表。设置布防时间后，在设置的时间范围内触发报警时，系统才会联动报警事件。如果未添加日程表或者已添加的日程表不符合实际需求，可单击"添加日程"按钮，添加日程表。

⑦ 单击"联动事件"按钮，设置报警联动事件。

⑧ 单击"保存"按钮。

4）智能回放。IVSS 支持智能回放功能，当设置人脸检测事件并触发报警之后，在智能回放界面可以通过属性查询以及以图搜图两种方式查询符合条件的人脸信息。

图 1-105 人脸检测（后智能）配置界面

本页彩图

图 1-106 检测区域设置界面

① 属性查询。属性查询可以通过设置事件类型、人脸属性等信息，查询符合条件的人脸信息。

步骤 1：登录 PC 客户端。

步骤 2：单击 ⚙ 按钮，选择"智能回放"→"人脸检索→"属性查询"命令。

步骤 3：选择需要查询的远程设备，并选择"事件类型"为"人脸检测"，设置人脸属性和查询时间，人脸检测的搜索结果包括人脸库比对和人体比对中的人脸结果两种。

步骤 4：单击"查询"按钮，属性查询结果界面如图 1-107 所示。

图 1-107　属性查询结果界面

② 以图搜图。以图搜图通过上传人脸图片，筛选出存在与上传人脸图片相似度达到设定值的人脸信息。系统支持使用人脸库中的人脸图片或本地人脸图片进行人脸检索。当使用本地人脸图片检索时，需要确保已获取人脸图片，并放置在对应路径下。使用本地人脸图片检索时，系统最多支持上传 50 张人脸图片，一次最多支持选择 10 张人脸图片进行检索。当使用人脸库中的人脸图片检索时，需要确保已设置人脸库，人脸库设置操作请参考下述"人脸识别"部分相关描述。

（2）人脸识别

当设置人脸识别并设置相应报警事件后，系统将检测到的人脸与联动人脸库中的人脸图片进行匹配，当匹配相似度达到或超过设定的相似度时，将触发报警。人脸识别支持 3 种配置模式，分别是前智能（图 1-108）、前人脸检测+后人脸识别（图 1-109）、后智能（图 1-110）。

1）人脸库设置。

① 设置本机人脸库。本机人脸库仅存在于 IVSS 本机设备中，适用于后智能人脸识别。

下面介绍创建本机人脸库，用于对上传至设备中的人脸图片进行分类管理。

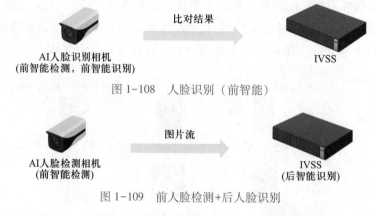

图 1-108 人脸识别（前智能）

图 1-109 前人脸检测+后人脸识别

微课 1-18
IVSS 人脸识别
配置

图 1-110 人脸识别（后智能）

步骤 1：登录 PC 客户端。

步骤 2：单击 + 按钮，选择"文件管理"→"人脸库管理"→"样本库"命令。

步骤 3：选择"本机"页签，单击"创建人脸库"按钮，如图 1-111 所示。

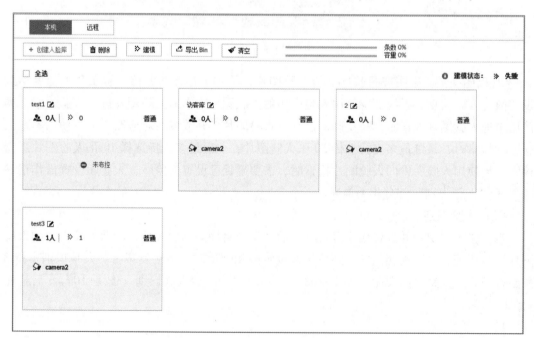

图 1-111 本机人脸库管理

● 条数：显示当前已添加的样本库图片数量与路人库条数限制总数和与允许添加的人脸图片总数的百分比。

● 容量：显示当前已添加的样本库和路人库所占的容量与允许添加的最多人脸图片容量的百分比。

步骤 4：设置人脸库名称，如图 1-112 所示。

图 1-112 设置人脸库名称

步骤 5：单击"注册人脸"按钮或"保存并关闭"按钮。

● 单击"注册人脸"按钮，在新建的人脸库中添加人脸图片，支持手动导入、批量导入和 Bin 导入。

● 单击"保存并关闭"按钮，创建一个空的人脸库。

在人脸库区域中可查看该人脸库的相关信息。人脸库区域如图 1-113 所示，相关参数说明见表 1-25 所示。

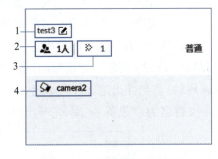

图 1-113 人脸库区域界面

表 1-25 人脸库参数说明

序　号	说　　明
1	显示人脸库的名称。单击人脸库名称右侧的 ✎ 按钮，修改人脸库名称
2	显示人脸库中的人脸图片数量
3	显示人脸图片建模失败的数量
4	显示已关联该人脸库进行人脸识别的远程设备。若该人脸库未关联到通道中，此处显示 ➖ 未布控提示信息

② 导出人脸库。将人脸库的图片导出为 Bin 文件后，可以将其再导入其他 IVSS 设备，使各个设备之间更加便捷地共享人脸库。此外，IVSS 设备还支持加密导出文件，加强对人脸隐私的保护。

步骤 1：登录 PC 客户端。

步骤 2：单击 按钮，选择"文件管理"→"人脸库管理"→"样本库"命令。

步骤 3：选择需要导出到本地的人脸库，单击"导出 Bin"按钮，打开导出 Bin 界面，如图 1-114 所示。系统支持同时导出多个人脸库，如果导出时同时选择了多个库，会生成多个人脸库的 Bin 文件。

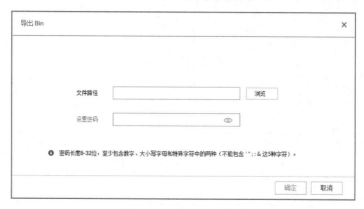

图 1-114　导出 Bin 界面

步骤 4：选择导出文件路径和设置文件密码，单击"确定"按钮。

● 文件路径：单击"浏览"按钮，选择 Bin 文件需要保存的路径。

● 设置密码：设置 Bin 文件的密码，在导入该文件时需要输入此密码。

步骤 5：查看文件的导出进度与导出状态，单击"关闭"按钮完成导出。导出完成界面如图 1-115 所示。导出后的默认文件名为"设备名_库名_导出时间 . bin"（导出时间精确到秒）。当导出的文件大小超过 4 GB 时，系统自动拆分成多个 Bin 文件存储，其中第 1 个文件名为"设备名_库名_导出时间_part1. bin"（导出时间精确到秒）。

导出 Bin

人脸库名称	人数	进度	状态
1	11		成功

关闭

图 1-115　导出完成界面

③ 添加人脸图片。在已创建的本地人脸库中添加人脸图片，支持手动添加、批量导入、Bin 文件导入和检测添加方式。添加人脸图片前，需要确保已将人脸图片放置在对应路径下。当在本地操作时，将人脸图片存放在 USB 存储设备中，并将 USB 存储设备接入设备。在 Web 或 PC 客户端操作时，将人脸图片放置在 Web 或客户端所在的 PC。

● 手动添加。当需要注册的人脸图片较少时，可以采用该方式添加单张人脸图片。

步骤 1：登录 PC 客户端。

步骤 2：单击 ⚙ 按钮，选择"文件管理"→"人脸库管理"→"样本库"命令。

步骤 3：选择"本机"页签，双击选中的人脸库，单击"手动添加"按钮，如图 1-116 所示。

图 1-116　本机人脸库管理界面

步骤 4：单击 按钮，选择人脸图片。当上传的图片为半身照或全身照时，系统自动对上传的图片进行处理，只保留人脸区域部分。当上传的图片中存在多个人脸时，系统自动识别图片中的人脸，并根据识别到的人脸个数上传多张人脸图片。根据实际情况，选择需要上传的人脸图片，蓝色框表示已选择。单击"重新上传"按钮，可重新选择人脸图片。

步骤 5：单击"确定"按钮，导入人脸图片。移动鼠标到人脸图片上，单击"更换图片"按钮，可替换该人脸图片。

步骤 6：根据实际情况，填写该人脸图片的相关信息，如图 1-117 所示。

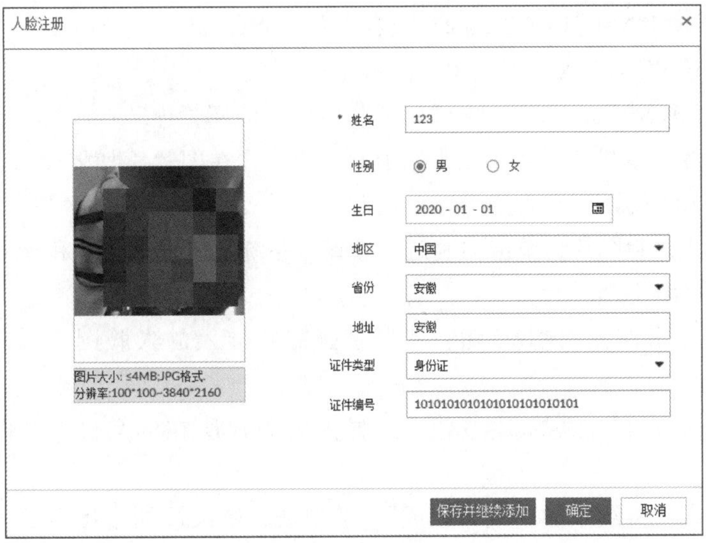

图 1-117　人脸注册界面

步骤 7：单击"保存并继续添加"按钮或"确定"按钮。若单击"保存并继续添加"按钮，则保存当前的人脸图片信息，并可继续添加下一张人脸图片；若单击"确定"按钮，则保存当前的人脸图片信息，并完成人脸注册。

添加完成后，人脸图片左下角显示 ![icon]，表示正在建模。人脸建模的详细介绍请参见"人脸建模"相关章节。

● 批量导入。批量导入多张人脸图片，支持导入文件和导入文件夹方式。当需要注册的人脸图片较多时，建议采用该方式。首先根据"姓名#S 性别#B 生日#N 地区#P 省份#T 证件类型#M 证件号#A 地址 . jpg"（如"张三#S1#B1990-01-01#NCN#P 浙江省#T1#M362229199001010034#A 杭州市滨江区 . jpg"）的格式命名人脸图片，相关命名规范见表 1-26。导入成功后，系统将自动识别该人脸图片的信息。

表 1-26　批量导入命名规范

命 名 规 范	说　　明
姓名	填写对应的姓名
性别	填写数字，"1"代表男，"2"代表女
生日	填写数字，填写格式为：yyyymmdd 或 yyyy-mm-dd，如 20171123
地区	填写国家/地区对应的简称
省份	填写省份对应的中文、拼音全称或英文名称
证件类型	填写数字，"1"代表身份证，"2"代表护照，"3"代表军官证
证件号	根据证件类型，填写对应的证件号
地址	填写详细地址

其中，"姓名"为必填项，其他为选填。例如，只需要填写姓名和性别时，命名格式可以为"张三#S1#B#N#P#T#M#A. jpg"或者"张三#S1. jpg"。

步骤 1：登录 PC 客户端。

步骤 2：单击 ![icon] 按钮，选择"文件管理"→"人脸库管理"→"样本库"命令。

步骤 3：选择"本机"页签，双击选中的人脸库，在图片添加界面单击"批量导入"按钮，如图 1-118 所示。

步骤 4：导入人脸图片，单击"确定"按钮。系统支持导入文件和导入文件夹两种方式，请根据实际情况选择。

导入文件：单击左侧的 ![icon] 按钮，选择多张需要导入的人脸图片，再单击"打开"按钮。

导入文件夹：单击右侧的 ![icon] 按钮，选择人脸图片所在的文件夹，再单击"上传"按钮。

步骤 5：单击"继续添加"或"完成"。若单击"继续添加"按钮，可继续添加人脸图片；单击"完成"按钮，则完成添加人脸图片。

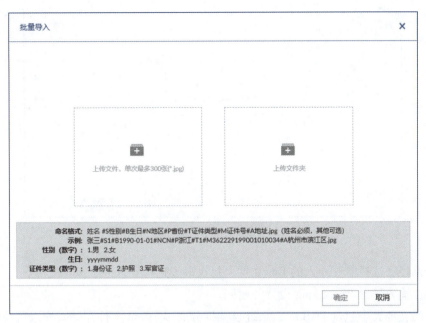

图 1-118 批量导入界面

添加完成后，人脸图片左下角显示 █，表示正在建模。

● Bin 导入。导入由其他设备导出的人脸库 Bin 文件，可以快速导入其他设备的人脸图片到本机设备。该操作的前提条件是已获取由其他设备导出的人脸库 Bin 文件。

步骤 1：登录 PC 客户端。

步骤 2：单击 ⚙ 按钮，选择"文件管理"→"人脸库管理"→"样本库"命令。

步骤 3：选择"本机"页签，双击选中的人脸库，单击"Bin 导入"按钮，打开导入 Bin 界面，如图 1-119 所示。

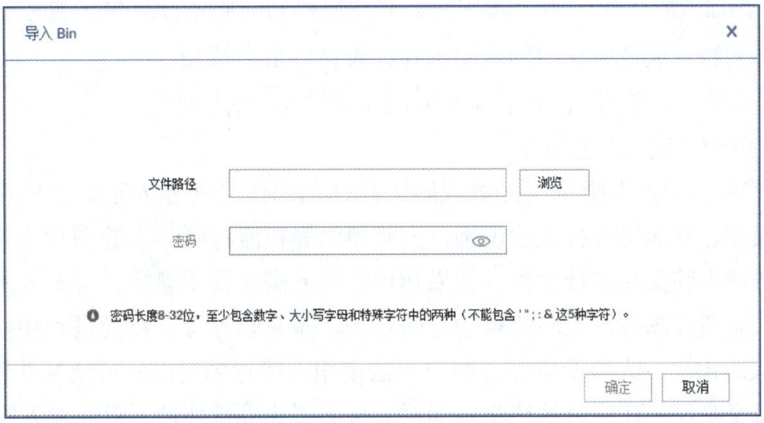

图 1-119 导入 Bin 界面

步骤 4：填写导入文件路径与文件密码，单击"确定"按钮，导入完成界面如图 1-120 所示。

图 1-120　导入完成界面

文件路径：选择需要导入的 Bin 文件，每次最多选择导入一个 Bin 文件。

密码：输入导出 Bin 文件时设置的密码。

导出的文件大小超过 4 GB 时，系统自动拆分成多个 Bin 文件存储。导入这些文件时选择其中一个 Bin 文件，即可一次导入同一目录下其他部分的 Bin 文件。

步骤 5：单击"继续添加"按钮或"完成"按钮。添加完成后，人脸图片左下角显示。

● 检测添加。可以添加人脸检测或者人脸识别的抓拍图片至人脸库。本书以添加"预览"界面中的人脸图片为例，检测添加还支持"智能回放"中的检测结果图片添加。

步骤 1：登录 PC 客户端。

步骤 2：在"预览"界面开启人脸检测或人脸识别视图窗口，并选择需要添加的人脸图片。

步骤 3：添加人脸图片。单击　按钮，移动鼠标到人脸图片区域，再单击　按钮。也可以移动鼠标到特征属性面板中的人脸图片，直接单击　按钮。

步骤 4：选择"人脸库"，并根据实际情况填写人员信息。

步骤 5：单击"确定"按钮。

④ 人脸建模。通过人脸建模提取人脸图片的相关信息并导入至数据库中，建立相关的人脸特征模型，从而可进行人脸识别、人脸检索等智能检测。人脸图片上传成功后，系统自动对上传的人脸图片进行建模，如果建模失败或需要重新建模，可参考本章节内容操作。选择的人脸图片越多，人脸建模的时间越长，需耐心等待。建模过程中，部分智能检测功能（如人脸识别、人脸检索等）暂时无法使用，待建模完成后可恢复使用。上传的图片为半身照或全身照，建模时系统将自动对上传的图片进行处理，只保留人脸区域部分。

步骤 1：登录 PC 客户端。

步骤 2：单击　按钮，选择"文件管理"→"人脸库管理→"样本库"选项。

步骤 3：双击人脸库。

步骤 4：选择人脸图片，单击“建模”按钮。选中“全选”复选框，可选择该人脸库中的所有人脸图片。人脸库中存在较多人脸图片，可单击按钮，设置搜索条件（包括姓名、性别、生日、国家、省份、证件类型、证件编号、建模状态），快速找到人脸图片。

步骤 5：单击“开始建模”按钮，如图 1-121 所示。

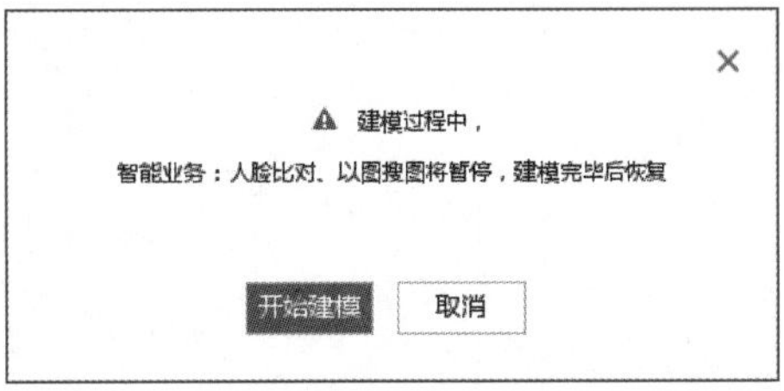

图 1-121　建模过程提示界面

人脸建模成功后，人脸图片左下角将不再显示；如果人脸图片不清晰或者不完整，将导致人脸建模失败，此时人脸图片左下角显示。

⑤ 设置远程人脸库。在 IVSS 设备上可以获取远程设备上已创建的人脸库，同时支持创建设备人脸库，创建后的人脸库可同步到远程设备端。远程设备人脸库适用于前智能人脸比对。

创建远程设备人脸库用于对远程设备上的人脸图片进行分类管理。

步骤 1：登录 PC 客户端。

步骤 2：单击按钮，选择“文件管理”→“人脸库管理→“样本库”命令，在打开的界面中选择“远程”页签，如图 1-122 所示。

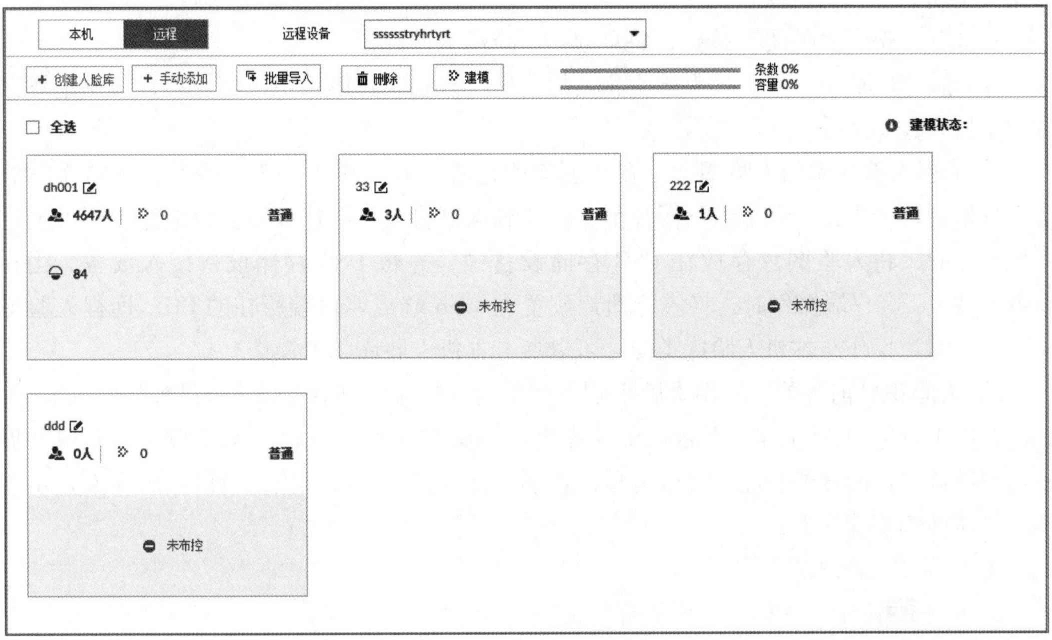

图 1-122　远程人脸库界面

步骤 3：在“远程设备”下拉框中选择需要管理人脸库的远程设备。

步骤 4：单击“创建人脸库”按钮。

步骤 5：设置人脸库名称，如图 1-123 所示。

步骤 6：单击“注册人脸”按钮或“保存并关闭”按钮。

图 1-123　设置人脸库名称

● 单击"注册人脸"按钮，在新建的人脸库中添加人脸图片。远程设备添加人脸图片只支持手动添加和批量导入。

● 单击"保存并关闭"按钮，将创建一个空的人脸库。

在人脸库区域中可查看该人脸库相关的信息及状态，具体状态信息及参数说明请参照创建本机人脸库部分。

⑥ 远程人脸库添加人脸图片。在已创建的远程人脸库中添加人脸图片，支持手动添加、批量导入的方式。添加人脸图片前，需要确保已将人脸图片放置在对应路径下。当在本地操作时，将人脸图片存放在 USB 存储设备中，并将 USB 存储设备接入设备。当在 Web 端或 PC 客户端操作时，将人脸图片放置在 Web 端或客户端所在的 PC。远程人脸库添加人脸图片操作与本机人脸库类似，可以参考本机人脸库相关操作。

2）人脸识别前智能。使用人脸识别前智能时，前端相机需要支持人脸识别功能，并且需要启用对应的 AI 方案，智能功能才能生效。添加远程设备后，IVSS 设备可获取并展示远程设备支持的智能功能。部分远程设备不支持设置"AI 方案"，请以实际界面显示为准。具体操作步骤如下：

① 登录 PC 客户端。

② 单击 ⚙ 按钮，选择"事件管理"命令。

③ 在打开的界面左侧设备树中选择远程设备，选择"AI 方案"→"AI 方案"→"人脸识别"项，如图 1-124 所示。当远程设备支持云台功能时，需要先在远程设备完成预置点设置，系统支持针对每个预置点设置智能功能，如图 1-125 所示。

④ 单击"保存"按钮。

⑤ 开启 AI 方案后，直接进入并选择"AI 方案"→"人脸识别"命令，选择"前智能"页签。

图 1-124　开启人脸识别智能方案

图 1-125　开启人脸识别智能方案（带预置点）

⑥ 单击"开户"开关▬，开启人脸识别功能，如图 1-126 所示。

⑦ 在"布防时间"下拉框中选择日程表。设置布防时间后，只有在设置的时间范围内触发报警时，系统才会联动报警事件。

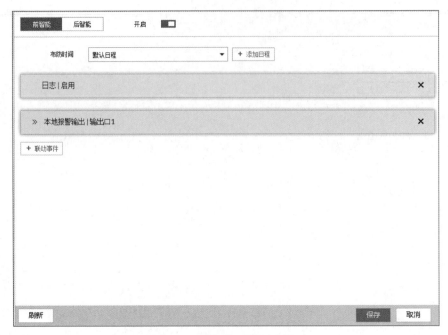

图 1-126　前智能开关开启界面

⑧ 单击"联动人脸库"按钮，选择联动的人脸库。使用前智能时，需要在远程设备上配置人脸库信息，远程人脸库设置步骤请参照前述章节，在设备上只需要设置报警联动事件。人脸库配置界面如图 1-127 所示，其中的"AI 报警规则"参数可以设置规则框的颜色，"显示特征面板"参数则可以控制当触发报警时是否在预览画面的特征属性面板中显示人脸识别面板。

图 1-127　人脸库配置界面

⑨ 配置联动事件。

⑩ 单击"保存"按钮。

3）前人脸检测+后人脸识别。使用人脸检测前智能时，需要保证前端智能相机支持人脸检测智能功能，并且需要启用对应的人脸检测 AI 方案，智能功能才能生效。添加远程设备后，IVSS 设备可获取并展示远程设备支持的智能功能。部分远程设备不支持设置 AI 方案，请以实际界面显示为准。具体操作步骤如下：

① 登录 PC 客户端。

② 单击 按钮，选择"事件管理"命令。

③ 在打开的界面左侧设备树中选择远程设备，选择"AI 方案"→"AI 方案"→"人脸检测"项，如图 1-128 所示。当远程设备支持云台功能时，需要先在远程设备完成预置点设置，系统支持针对每个预置点设置智能功能。

图 1-128 开启人脸检测智能方案

④ 单击"保存"按钮。

⑤ 开启 AI 方案后，直接进入并选择"AI 方案"→"人脸检测"命令，选择"前智能"页签。

⑥ 单击"人脸增强"开关 ，开启人脸检测功能，如图 1-129 所示。

⑦ 配置完人脸检测事件后，直接进入并选择"AI 方案"→"人脸识别"命令，选择"后智能"页签，开启后智能开关，如图 1-130 所示。

⑧ 配置"联动人脸库"，选择联动的人脸库。

⑨ 配置联动事件。

⑩ 单击"保存"按钮。

4）人脸识别后智能。使用后智能无须开启 AI 方案。具体操作步骤如下：

① 登录 PC 客户端。

② 单击 按钮，选择"事件管理"命令。

③ 在打开的界面左侧设备树中选择远程设备，选择"AI 方案"→"人脸检测"命令，选择"后智能"页签，开启后智能开关，配置人脸检测框、过滤框、联动图像、抓图等，如图 1-131 所示。

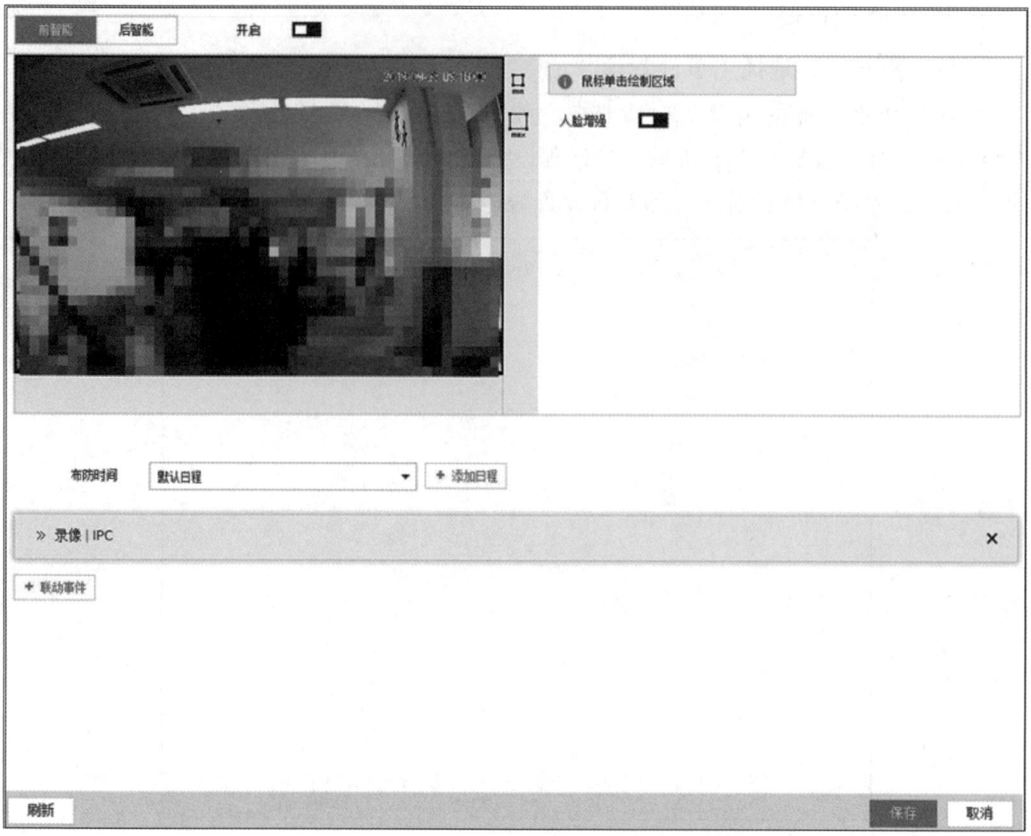

图 1-129 前智能开关开启界面

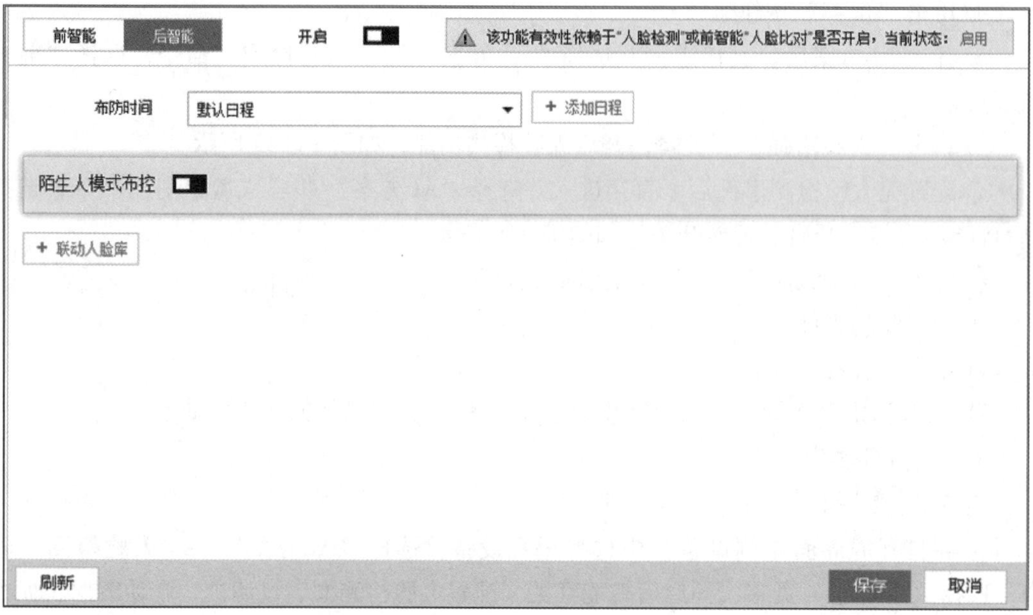

图 1-130 开启人脸识别后智能

图 1-131   开启人脸检测后智能

④ 单击"保存"按钮。

⑤ 配置完人脸检测事件后，直接进入并选择"AI 方案"→"人脸识别"命令，选择"后智能"页签，开启后智能开关，如图 1-132 所示。

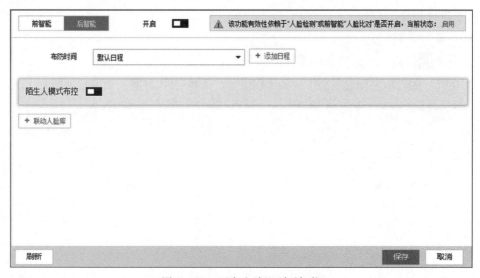

图 1-132   开启人脸识别后智能

⑥ 配置"联动人脸库",选择联动的人脸库。

⑦ 配置联动事件。

⑧ 单击"保存"按钮。

5)智能回放。人脸识别同样支持属性查询以及以图搜图操作,相关操作步骤与人脸检测类似,可参考人脸检测相关章节。

(3)通用行为分析(周界部分)

设置通用行为分析后,设备通过对图像的处理和分析,提取出视频中的关键信息,并与预先设置的检测规则进行匹配。当检测到的行为与检测规则匹配时,将触发报警。通用行为分析(周界部分)类型包括绊线入侵和区域入侵,同一个远程设备的通用行为分析功能和人脸检测功能互斥,不能同时开启。部分型号设备仅支持前智能通用行为分析,请以实际界面显示为准。

微课1-19
IVSS绊线入侵
配置

1)设置流程。通用行为分析的设置流程分为前智能和后智能,前智能流程如图1-133所示,后智能流程如图1-134所示。

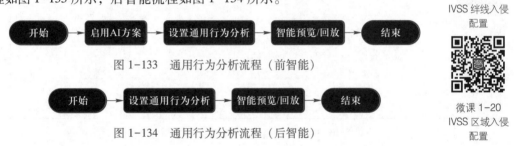

图1-133 通用行为分析流程(前智能)

图1-134 通用行为分析流程(后智能)

微课1-20
IVSS区域入侵
配置

2)启用AI方案(前智能需要)。当前端智能相机支持通用行为分析且需要使用前智能时,需要先启用对应的AI方案,智能功能才能生效。添加远程设备后,IVSS设备可获取并展示远程设备支持的智能功能。部分远程设备不支持设置AI方案,请以实际界面显示为准。具体操作步骤如下:

① 登录PC客户端。

② 单击🔧按钮,选择"事件管理"命令。

③ 在打开的界面左侧设备树中选择远程设备,选择"AI方案"页签,如图1-135所示。

图1-135 启用AI方案

④ 单击"保存"按钮。

3)设置通用行为分析。本节主要设置通用行为分析的报警规则,不同的 IPC 支持的通用行为分析功能不同,需要以实际界面为准。

① 切换通用行为分析模型。根据通用行为分析规则和开启的通道数,选择通用行为分析模型,切换后 IVSS 设备下所有通道后智能的通用行为分析事件规则发生改变。注意本操作设置结果仅对后智能的通用行为分析功能产生影响,前智能不受影响。

步骤 1:登录 PC 客户端。

步骤 2:单击 按钮,选择"事件管理"命令。

步骤 3:在打开的界面左侧设备树选中设备根目录。

步骤 4:选择"AI 方案"→"通用行为分析模型切换"命令。

步骤 5:选择需要开启的通用行为分析模型类型,如图 1-136 所示。

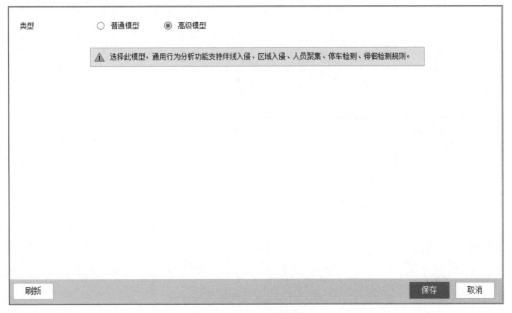

图 1-136 选择模型界面

● 普通模型:启用此模型后,通用行为分析功能只支持绊线入侵和区域入侵规则。

● 高级模型:启用此模型后,通用行为分析功能支持绊线入侵、区域入侵、人员聚集、停车检测、徘徊检测规则。

高级模型单模块支持的规则更多,但是单模块最多仅支持 4 路功能;普通模型支持的规则少,但是单模块最多可支持 16 路功能,因此需要根据实际情况选择模型。切换分析模型后需要重新配置后智能事件。

步骤 6:单击"保存"按钮,切换模型后设备自动重启,重启后生效。

② 全局配置。本操作将设置通用行为分析的全局规则,包括扰动过滤、灵敏度等,仅前智能需要设置全局配置。

步骤 1：登录 PC 客户端。

步骤 2：单击 按钮，选择"事件管理"命令。

步骤 3：在打开的界面左侧设备树中选择远程设备。

步骤 4：选择"AI 方案"→"通用行为分析"命令，选择"前智能"→"全局配置"页签，如图 1-137 所示。

图 1-137　全局配置界面

步骤 5：设置参数。全局配置参数说明见表 1-27。

表 1-27　全局设置参数说明

参　　数	说　　明
扰动过滤	单击"扰动过滤"开关 ，开启扰动过滤功能
灵敏度	调节过滤的灵敏度。取值越大，低对比度目标和小目标越容易触发报警，误检率也越高

步骤 6：设置标定区域和标尺。

步骤 7：单击"保存"按钮。

③ 规则配置。本操作将设置通用行为分析的规则，注意前智能和后智能支持的通用分析功能不同。前智能支持穿越围栏、绊线入侵、区域入侵、物品遗留、快速移动、停车

检测、人员聚集、物品搬移、徘徊检测，不同的设备支持的前智能功能不同，需要以实际界面为准。后智能支持的规则根据开启的通用行为分析模型不同，支持的规则也不同，常见的通用行为分析功能说明见表 1-28。

表 1-28　通用行为分析功能说明

规　　则	作　　用	绘　制　规　则
穿越围栏	当目标按照设定的方向穿越设置的围栏线时，系统执行报警联动动作。	绘制两条检测线，翻越围栏分为向上和向下两种。当目标矩形框的中心点越过绘制的围栏界限时，即触发穿越围栏报警。围栏的要求如下： ● 不支持透明围栏，如铁栅栏 ● 不支持过矮的围墙（高度低于正常人身高）
绊线入侵	当目标按照设定的运动方向穿越绊线时，系统执行报警联动动作	绘制 1 条检测线
区域入侵	当目标进入、离开或者出现在检测区域时，系统执行报警联动动作	绘制 1 个检测区域。检测物品遗留时，如果行人/车辆长时间停留不动，也会触发报警，如果遗留物品比人和车要小，可以通过设置目标大小将人和车过滤掉或者通过适当延长"最短持续时间"来避免人员短暂停留导致的误报。检测人员聚集时，安装高度低、单个人占的画面比例过大或者目标遮挡严重、设备的持续抖动、树叶和树荫晃动、园区伸缩门的频繁开关、密集通过的车流或者人流可能会导致误报
物品遗留	当检测区域中有遗留目标超过设置的时间时，系统执行报警联动动作	
物品搬移	当检测区域中的原有目标被拿走超过一定时间时，系统执行报警联动动作	
快速移动	当运动速度超过设定报警速度时，系统执行报警联动动作	
停车检测	当目标静止的时间超过设定时间，系统执行报警联动动作	
人员聚集	当发生人群聚众滞留或者人群密度过大时，系统执行报警联动动作	
徘徊检测	当目标徘徊的时间超过设定的最短报警时间，系统执行报警联动动作；目标触发一次报警后，如果在报警间隔时间内还在区域时，则会再次报警	

下面以前智能的绊线入侵为例，介绍通用行为分析的规则配置操作。

步骤 1：登录 PC 客户端。

步骤 2：单击■按钮，选择"事件管理"命令。

步骤 3：在打开界面的左侧设备树中选择远程设备，选择"AI 方案"→"通用行为分析"命令。

步骤 4：选择"前智能"→"规则配置"页签，或选择"后智能"页签。前智能配置界面如图 1-138 所示，后智能配置界面如图 1-139 所示。

步骤 5：设置检测规则。单击"添加规则"按钮，选择"绊线入侵"页签。单击检测规则对应的开关￼，开启相应检测规则。单击￼按钮，编辑绊线，如图 1-140 所示。

● 按住￼拖动，可以调整绊线的位置或长度。

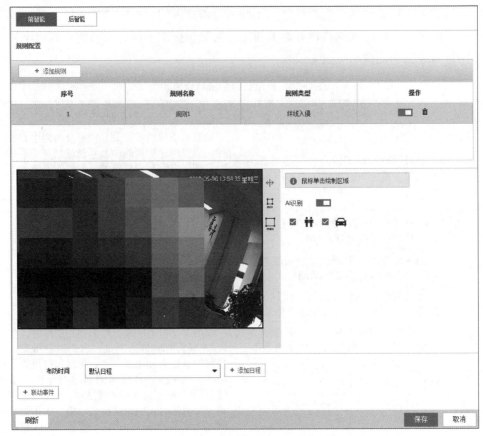

图 1-138 前智能配置界面

● 单击绊线入侵方向上的 ━ 或 ＋ 按钮，设置绊线入侵的方向。仅当检测目标沿着绊线入侵方向越过绊线时，触发报警。

● 单击绊线边框上的白色圆点，添加转折点。按住转折点上 ✛ 形状的标志并拖动，可以调整绊线的位置或长度。

最后单击 🔲min 或 🔲max 按钮，设置检测目标的最小尺寸或最大尺寸。仅当检测目标的尺寸介于最小尺寸和最大尺寸之间时，触发报警。

步骤 6：设置 AI 识别。设置后系统可识别触发报警规则的目标是行人或车辆，当检测到行人或机动车时，视图窗口中的行人和机动车边上将显示规则框。

单击开关 🔲，开启 AI 识别功能，选择识别类型。👫 表示识别类型为行人；🚗 表示识别类型为机动车。注意开启 AI 识别功能后，至少必须选择一种识别类型。

步骤 7：在"布防时间"下拉框中选择日程表。设置布防时间后，在设置的时间范围内触发报警时，系统才会联动报警事件。如果未添加日程表或者已添加的日程表不符合实际需求，可单击"添加日程"按钮添加日程表。

步骤 8：单击"联动事件"按钮，设置报警联动事件。

步骤 9：单击"保存"按钮。

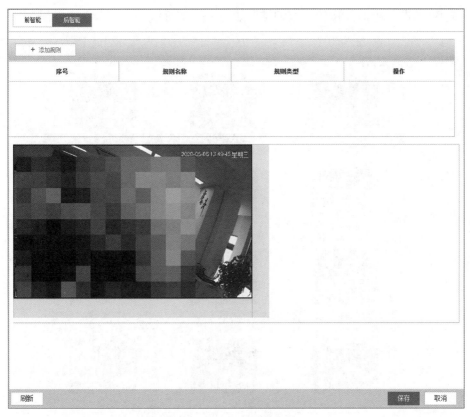

图 1-139　后智能配置界面

图 1-140　编辑绊线

④ 智能回放。通用行为分析可以通过设置远程设备、事件类型等，来查询符合条件的通用行为信息。

步骤 1：登录 PC 客户端。

步骤 2：选择"智能回放"→"通用行为分析"命令。

步骤 3：选择需要查询的远程设备，设置事件类型、有效目标和查询时间。

步骤 4：单击"查询"按钮，查询结果如图 1-141 所示。

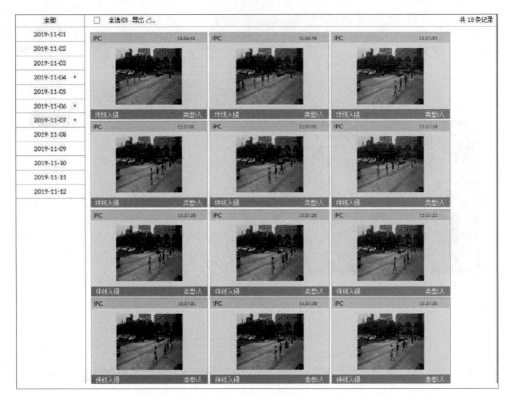

图 1-141　查询结果

4. 视频预览及回放

（1）预览监控

1）视图管理。视图是由多个远程设备组成的视频画面组合。可以拖动多个远程设备至同一视图中，以同时查看这些设备的实时画面。具体操作步骤如下：

① 登录 PC 客户端。

② 创建视图，可以采用以下两种方式。

● 选择视图组，单击■，选择"新建视图"命令。

● 右击视图组，在弹出的快捷菜单中选择"新建视图"命令。

③ 在"资源池"中双击远程设备，或者拖动远程设备至右侧区域中。添加一个远程设备后，视图编辑区域中显示布局格分割线，如图 1-142 所示。每个布局格仅支持添加一个远程设备，如要添加多个远程设备，需要拖动远程设备至其他未添加远程设备的布局格中。系统根据选择的远程设备数量自动创建对应数量的视图窗口，最大支持创建 36 个视图窗口。

④ 设置视图名称。视图名称可设置为 1~64 位字符，可以由英文字母、数字及特殊字符组成。

⑤ 单击"确定"按钮。

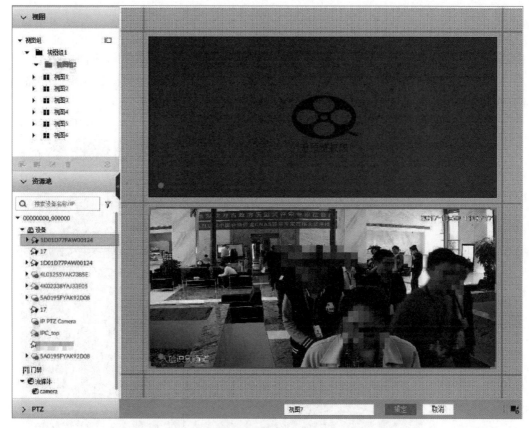

图 1-142 视图区

2）视图组管理。视图组是视图的组合，通过视图组可以实现对视图的分类管理，可以方便用户查找并管理视图。系统默认已创建根视图组，可以在该视图组下创建新的视图组，系统最大支持创建 100 个视图组，但视图组之间的层级不能超过 2 级。例如，在根视图组下创建一个视图组 1 后，可以在视图组 1 下创建一个视图组 2，但无法在视图组 2 下再次创建子视图组。创建视图组的具体操作步骤如下：

① 登录 PC 客户端。

② 可以通过以下两种方式创建一个视图组。

● 选择根视图组或已创建的视图组，单击 按钮。

● 右击根视图组或已创建的视图组，在弹出的快捷菜单中选择"新建视图组"命令。

③ 设置视图组名称。视图组名称用于判断和分类各个不同的视图组，建议设置易于识别的视图组名称。

④ 单击任意空白位置。

（2）录像回放

设备支持查询并回放存储在设备中的录像，支持剪辑录像、锁定录像、备份录像、管理图片等操作。下面介绍录像回放基本操作，具体步骤如下：

1）登录 PC 客户端。

2）单击 按钮，选择"回放"命令。

3）选择远程设备，选择"录像"页签，设置录像类型和录像时间等查询条件。

4）单击"搜索"按钮，系统显示查询结果，界面上方显示远程设备的录像缩略图，时间轴上显示存在录像的时间段（绿色表示存在录像），如图 1-143 所示。

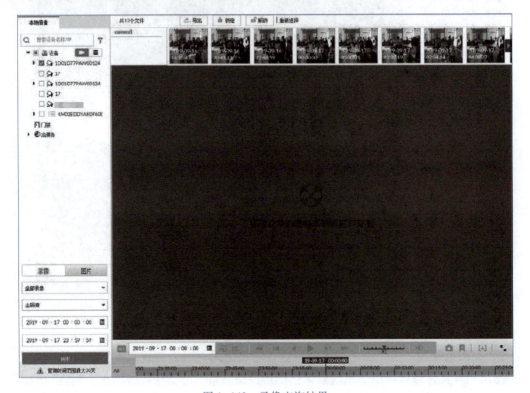

图 1-143　录像查询结果

5）拖动缩略图至播放窗口，或者双击缩略图，开始回放录像。回放窗口数量由拖动或选择的缩略图数量决定，最大支持 16 个窗口。系统根据回放录像的原始比例，自动调整每个回放窗口的大小。

任务 1-4　ICC 视频监控系统业务配置与应用

任务描述

小张是某安防企业的一名技术支持工程师。某学校采购了该企业的智慧校园管理平台，在接到客户的平台调试需求后，公司决定派小张前往现场，完成 ICC 管理平台相关视频监控业务配置。

知识准备

1. 智能物联/园区综合管理平台简介

智能物联/园区综合管理平台（以下简称为 ICC 管理平台或 ICC），是一套基于智能物联的综合业务管理平台软件，融合安防和智能化领域的专业经验和前沿技术，集成视频、门禁、报警、停车场、考勤、访客、可视对讲、小区等多个业务子系统，为客户提供一套集成、高效、开放、灵活可扩展的平台软件产品。平台由基础业务与各业务子系统构成。其中，基础业务包括基础功能和运维中心。

1）基础功能：作为平台基础框架，包含数据交互层及基础组件层，支持子系统注册鉴权授权、支持基础资源（组织、设备、人、卡、车等信息）管理，提供事件中心、数据存储、日志记录等基础功能。

2）运维中心：提供平台部署维护功能，支持模块化升级部署、系统资源使用情况监控等运维相关功能，旨在方便技术支持、研发人员迅速了解当前系统运行状况，缩短定位问题花费的时间，尽快地修复故障问题。

除基础业务平台，管理平台还支持多种业务子系统，如门禁管理、可视对讲、视频监控等。

2. 智能物联/园区综合管理平台配置界面

智能物联/园区综合管理平台支持运维中心、平台管理端以及视频客户端 3 种配置界面，登录方式如下。

1）运维中心：登录地址为"https://平台 IP 地址/config"，默认用户名和密码为 admin 与 123456。

2）平台管理端：登录地址为"https://平台 IP 地址"，默认用户名和密码为 system 与 123456。

3）视频客户端：安装视频客户端后，在桌面双击 ICC Client 图标，运行客户端程序，默认用户名和密码为 system 与 123456。

3. 组织说明

ICC 管理平台支持按照实际使用组织架构进行组织配置，当添加用户和设备时均需要绑定到相应的基本组织中，组织可以根据企业部门来设置，也可以根据实际地址（国家、省、市、区、街道等）来创建，组织添加在平台管理端的组织管理界面进行创建。

微课 1-21
ICC 管理平台
添加组织

4. 设备类型说明

在 ICC 管理平台添加远程设备时，需要通过设备类别/设备类型快速选择设备，不同设备隶属不同的设备类别以及设备类型，见表 1-29。

表 1-29　设备类型说明

设 备 类 别	设 备 类 型
编码器	DVR、IPC、全景云台、NVS、MDVR、VTT、NVR、MPT、EVS、热成像、IVSS、UAV（Unmanned Aerial Vehicle，无人机）
报警设备	报警主机、报警柱、报警盒
出入口设备	出入口 LED 道闸一体机、车位探测器、进出口抓拍设备、ETC 读卡设备
道闸设备	出入口道闸、停车场道闸、视频挡车器、RFID 道闸
卡口设备	卡口设备
LED 设备	诱导屏、余位显示、通用屏、月台屏、叫号屏
智能设备	DP（用于添加 F7500 智能服务器）
门禁设备	人脸闸机、普通门禁、二代 RFID 设备、IVSS 人脸提取设备、集中控制器、人脸对讲门禁、人证核验终端
动环主机	FSU（Field Supervision Unit，现场监控单元）
梯控设备	梯控设备
显控设备	NVD、大屏设备、矩阵设备
可视对讲	围墙机、管理机
消费设备	消费机、充值机
访客机设备	ASV2001 访客机、ASV2111 访客机
雷达设备	雷达设备。如果添加雷球一体机，请按"编码器"→"IPC"类型添加，选择能力集为雷球联动
物流设备	扫码设备
智慧用电设备	智能网关

5. NVD

解码器（NVD）是专门针对视频监控系统设计、开发的网络音视频解码设备，其解码能力取决于内部解码芯片的计算能力。解码器通常都支持实时流解码，即对编码器本地编码数据，如 IPC 上的数据，可实时获取并解码输出；同时其也支持历史流解码，即对编码器本地已经存储的历史数据，如 NVR 上的数据，同样可以获取并解码输出。解码器设备外观大方，数据处理能力强大，网络功能稳定，并支持现有的多种编码格式，同时具有易扩展、易维护、易接入等优点。这种设计便于整个视频监控系统的安装部署、统一控制和系统管理。图 1-144 所示是 DH-NVD0405DU-8K 解码器设备的后面板接口图，相关接口作用及功能说明见表 1-30。

微课 1-22
忘记解码器
密码操作

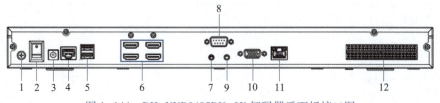

图 1-144　DH-NVD0405DU-8K 解码器后面板接口图

表 1-30　后面板接口说明

序号	接口名称	序号	接口名称	序号	接口名称
1	接地螺孔	5	USB 接口	9	功能预留
2	电源开关	6	HDMI 输出接口	10	功能预留
3	电源接口	7	功能预留	11	网络接口
4	用于屏控的 RS-232 接口	8	RS-232 接口	12	报警输入、报警输出、标准 RS-485 接口

任务实施

微课 1-23
ICC 管理平台
添加设备

1. 配置视频监控

（1）添加设备（以人脸识别 IPC 为例）

1）登录平台。使用管理账号登录平台管理端，如图 1-145 所示。

图 1-145　管理平台登录界面

2）选择"设备管理"→"设备"命令，单击"新增"按钮，选择设备类别和类型，再单击"下一步"按钮，如图 1-146 所示。

图 1-146   新增设备操作界面

3）配置设备基本信息，单击"下一步"按钮，如图 1-147 所示。

图 1-147   配置设备基本信息

4）配置设备信息，单击"完成"按钮，通道能力按照实际选择，如图 1-148 所示。

5）单击"确定"按钮，完成添加。

（2）视频预览

平台支持在视频客户端实时预览视频，并可实现视频上墙、分享、轮巡、抓图、录像、云台控制等操作。预览画面的基本操作步骤如下：

图 1-148　配置设备信息

1）登录视频客户端。

2）选择"综合安防"→"实时预览"命令。

3）双击右侧的视频通道或者将视频通道拖动到窗口中，查看各设备通道的实时监控情况，如图 1-149 所示。

图 1-149　实时预览界面

4）右击正在播放的视频窗口，在弹出的快捷菜单中可以进行相关操作，如图 1-150 所示。

5）单击"确定"按钮，完成添加。

（3）云台设置

ICC 管理平台支持对前端球机进行预置点、点间巡航、巡迹、线扫等云台相关操作，本书将以预置点以及点间巡航设置进行讲解，其他云台设置类似。

1）设置预置点。摄像机能将当前状态下云台的水平角度、倾斜角度和摄像机镜头焦距等位置参数存储到设备中，需要时可以迅速调用这些参数并将云台和摄像头调整到该位置。具体操作步骤如下：

① 登录视频客户端。

② 选择"综合安防"→"实时预览"命令。

③ 预览带云台功能通道，单击云台上的方向键，转动摄像头至需要的位置，添加预置点，如图 1-151 所示。单击预置点后的█按钮，摄像头将转至预置点。

2）设置点间巡航。点间巡航是指设备可以将预先设置的预置点，按照需要的顺序编排到自动巡航队列中，这样可以方便快捷地让摄像机自动按设定的预置点顺序往返不停地运动。设置点间巡航之前，要求设备至少已经添加两个预置点。具体操作步骤如下：

① 单击█按钮。

② 将鼠标移到下方"1"处，单击█按钮。

③ 输入"名称"，将鼠标移到下方"操作"栏，单击█按钮。

④ 在左侧"预置点"列表框中选择预置点，如图 1-152 所示。

⑤ 单击"确定"按钮。当需要启动巡航时，将鼠标移至下方"1"处，单击█按钮，摄像头将在点间巡航 1 的预置点之间巡航。

（4）配置录像

1）录像计划。当视频通道需要进行录像操作时，需要先为视频通道设置录像计划，然后才能使前端设备在设置的时间内录像。具体操作步骤如下：

① 登录平台管理端。

② 选择"系统配置"→"录像储存"→"普通计划"命令。

③ 单击"添加"按钮，在左侧通道列表中选择通道，在右侧配置录像计划参数，如图 1-153 所示。录像支持储存在服务器或录像机上，在云存储场景下，存储位置需要选择"存储在服务器上"。

图 1-150 实时预览快捷菜单

图 1-151　添加预置点

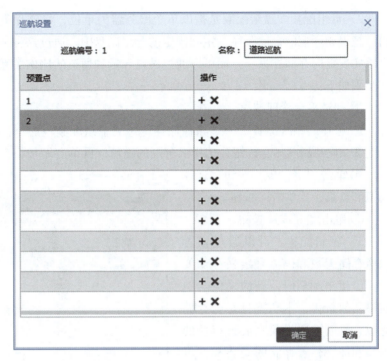

图 1-152　选择预置点

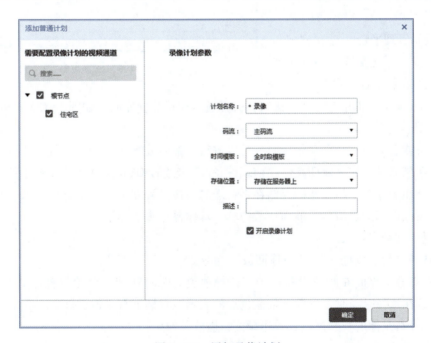

图 1-153　添加录像计划

④ 单击"确定"按钮。系统显示已设置的录像计划，前端设备在设置的计划时间内自动录像。

2）盘组配额。盘组配额是指以单个服务器为单位，将磁盘类型为视频的存储磁盘分组，把视频通道的存储路径指定到固定的分组磁盘中。通过这种分组和绑定方法，一方面可以实现定向存储，另一方面可以通过磁盘容量和通道的比例关系实现定时存储。具体操作步骤如下：

① 登录平台管理端。

② 选择"系统配置"→"录像储存"→"盘组配额"命令。

③ 单击服务器的✎按钮，选择未分配的磁盘，再单击▣按钮，如图 1-154 所示。

④ 单击"下一步"按钮，选择通道和盘组，再单击▣按钮。

⑤ 单击"完成"按钮。

3）存储配置。可以通过设置录像存储天数和码流来定义存储的配额。超出配额时，新的录像会覆盖最初的录像。本功能只对云存储有效，所以需要提前完成云存储的安装和部署，云存储的安装和部署本书中暂不涉及。具体操作步骤如下：

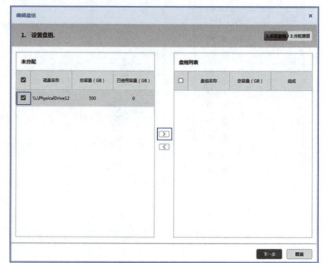

图 1-154　设置盘组

① 登录管理平台。

② 选择"系统配置"→"录像储存"→"存储配置"命令。

③ 选择通道，单击"配置"按钮，打开通道配额配置界面，如图 1-155 所示。

（5）录像回放

当设备或者平台已经存在录像时，可以进行录像回放操作。录像回放分为两种，第一种为存储在录像机上的录像即存储在前端设备 SD 卡或者 DVR、NVR 等设备中的录像；第二种为存储在服务器上的录像即存储在平台端的录像。管理平台需要配置录像计划，才可以录像，录像计划配置请参考前面章节内容。具体操作步骤如下：

1）登录视频客户端。

2）选择"综合安防"→"录像回放"命令。

3）在打开的界面左侧的设备树中，选择通道、时间和录像存储位置，单击"查询"按钮。注意在选择时间时，日期上带蓝色点的表示该日期下有录像文件。

4）选择有录像的视频窗口，单击▶按钮播放录像。

（6）视频上墙

视频上墙分为视频即时上墙和视频计划上墙两种类型。

● 视频即时上墙：在客户端上设置上墙参数，实现快速上墙，同时支持将当前上墙参数保存为上墙任务，方便下次执行时快速调用上次任务。

通道配额配置

| 服务器 | 中心服务器 ▼ |

可选通道

🔍 搜索......

▸ ☐ DVR 1▒▒2.26

▸ ☐ IPC 10▒▒.113

▾ ☐ DVR 10▒▒.65

　　☑ ⊙ 67站台-下行端

▸ ☐ DVR 5.3▒▒.3

▸ ☐ IPC 10▒▒65.52

▸ ☐ DVR 1.3▒▒60

▸ ☐ DVR 1.3▒▒.35

▸ ☐ ⊕ PSD_ZHUDONG

▸ ☐ DVR 10▒▒174.222

全帧录像配额：　* 10　　天

码率：　* 2　　M

已配总量：　295.31G

存储总量：　1000.00G

单通道占用空间 =【全帧录像配额 * 86400（每天86400秒）* 码率/8/1024 G + 抽帧录像配额 * 86400（每天86400秒）* 码率/8/1024 G * 40%（抽帧为全帧40%）】* (N+M)/N

已配置总量 = 所有通道占用之和

码率和天数均为1时，大概占用29.53G

确定　　取消

图 1-155　通道配额配置界面

- 视频计划上墙：设置上墙的计划，支持定时计划和轮巡计划。

本任务以视频即时上墙设置为例，介绍视频上墙配置。配置电视墙前，需要先在设备管理模块中添加视频解码器（设备类别和设备类型分别是显控设备/NVD）和 IPC（设备类别和设备类型分别是编码器/IPC），且添加设备时，需要在解码输出通道的拉流方式中选中"支持融合"模式，才能支持将解码通道绑定至融合屏。具体操作步骤如下：

微课 1-24
ICC 管理平台
电视墙配置

1）登录管理平台。

2）选择"系统配置"→"电视墙"命令，单击"添加电视墙"按钮，配置电视墙布局，如图 1-156 所示。

- 通过下方的 ▣▤▦ 16 ▩ 按钮选择屏幕窗口数，如 4 画面。

- 如果添加窗口为多个屏幕，默认多个屏幕组合为融合屏，视频支持在融合屏上漫游。例如 4 屏幕的融合，关闭其中三路视频只保留一路时，该路视频将铺满整个融合屏。如果需要取消融合屏，单击▣按钮。

- 如需要手动创建融合屏，按住 Ctrl 键的同时选择多个屏幕，再单击▣按钮。

3）单击"配置通道"按钮，在"设备树"中选择要绑定的解码器通道，并将其拖到相应的屏幕，如图 1-157 所示。

- "屏幕显示 ID"开关用于控制屏幕中是否显示 ID。

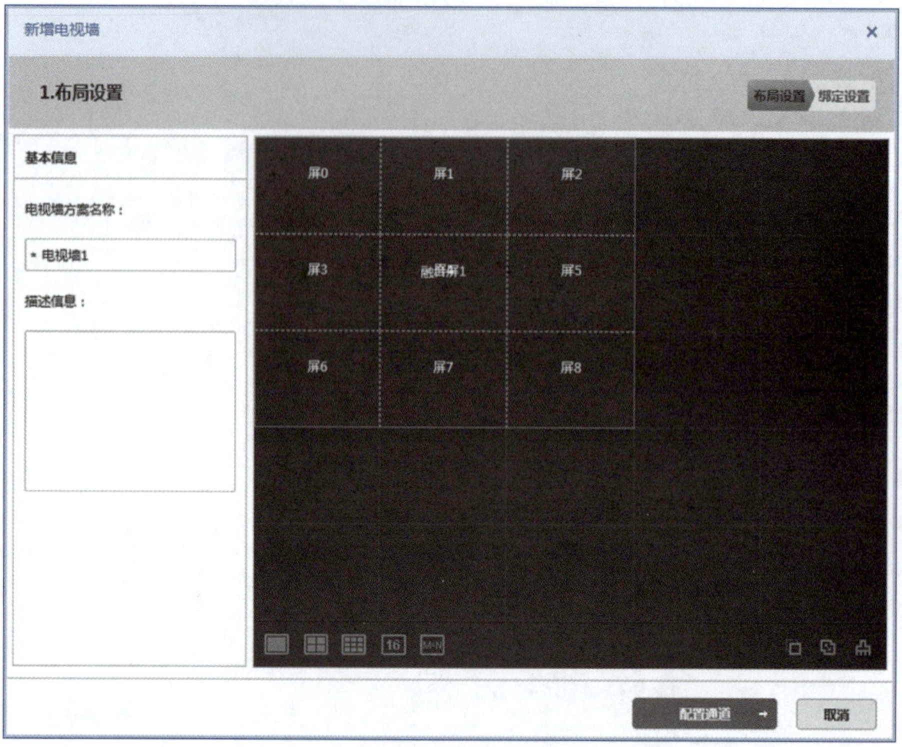

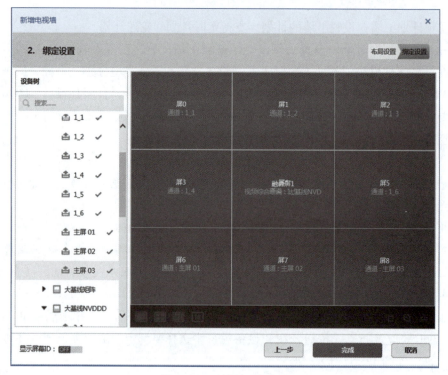

图 1-156　电视墙布局界面

图 1-157　选择解码通道

● 融合屏中的每个屏幕都必须绑定解码通道，一个融合屏只能绑定一个设备的通道。

4）单击"完成"按钮。完成电视墙配置后，需要在视频客户端执行视频上墙操作。

5）登录视频客户端。

6）选择"综合安防"→"视频上墙"命令。

7）选择电视墙，将左侧的视频通道拖到右侧的屏幕中，实现通道与屏幕绑定，如图1-158所示。

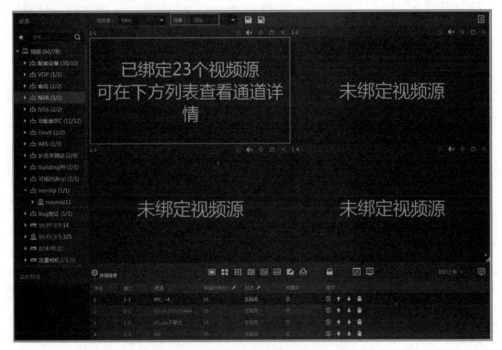

图1-158 添加视频通道

8）单击右下角"即时上墙"按钮。

9）单击 按钮，设置任务名称，将当前设置保存为上墙任务，便于下次使用。

10）单击"确定"按钮。

11）上墙任务保存后，通过以下操作调用任务实现上墙操作。

① 在"任务"下拉框中，选择已经存在的任务。

② 单击右下角的 按钮，执行上墙操作。任务上墙时，可以单击下方的 / 按钮，停止轮巡/开启轮巡。选择屏幕后，单击下方的"详细信息"按钮，可以查看该屏幕绑定的视频通道信息，同时可以设置每一路视频通道的停留时间、码流类型、预置点以及显示顺序。

2. 配置人脸应用

（1）配置人脸存储参数

1）登录平台管理端。

2）选择"系统配置"→"系统配置"→"人脸应用"命令。

3）设置存储参数，单击"保存"按钮，如图 1-159 所示。

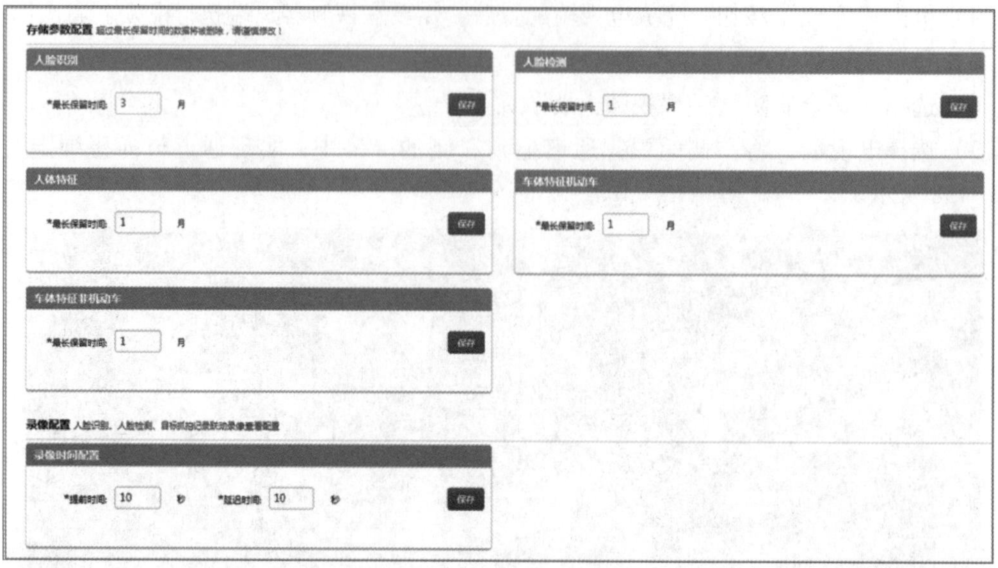

图 1-159 设置存储参数

（2）配置人脸识别

1）添加人脸注册库。系统人脸注册库支持内部库、访客库、白名单库和黑名单库的创建。各种库类型的定义如下。

● 内部库：如果添加的注册库是园区内人员，可创建内部库，通过内部库与部门绑定，实现人员信息自动同步至内部库。

● 访客库：如果添加的注册库是访客人员，可创建访客库，通过访客管理子系统预约的访客将自动同步至访客库中。

● 白名单库：如果添加的注册库不是园区人员（如驻点快递员），需要对其授予园区进出权限，可创建白名单库。

● 黑名单库：如果该人员发生过异常行为（如惯犯、重点在逃人员），需要对其限制园区进出权限，可创建黑名单库，并还可以根据需要布控报警。

人脸注册库创建具体操作步骤如下：

① 登录平台管理端。

② 选择"人脸应用"→"人脸注册库"命令。

③ 单击"添加"按钮，根据需要配置注册库的名称、注册库的类型、备注信息以及需要下发的人脸设备，如图 1-160 所示。

④ 单击"确定"按钮。

2）绑定人脸。将人脸注册库与部门绑定，绑定后该部门内的人员头像会自动同步到所选的人脸注册库中，并将头像信息下发到人脸注册库绑定的智能设备。注意仅类型为"内部库"的人脸注册库才支持与部门绑定，从而可以导入人脸信息，其他类型的人脸注册库中人脸信息的添加需要在人脸注册库界面中单击人员信息以完成。其中，部门创建可以在管理平台上的"组织管理"进行相应组织的创建，部门内人员信息创建可以在管理平台上通过"人员管理"→"自定义字段"命令进行人员信息添加，人员信息添加相关操作可以参考任务 5-1。绑定人脸具体操作步骤如下：

图 1-160　新增注册库

① 登录平台管理端。

② 选择"人脸应用"→"人脸绑定"命令。

③ 在打开的界面左侧组织树选择部门，在人脸注册库中选择需要绑定的人脸库，如图 1-161 所示。

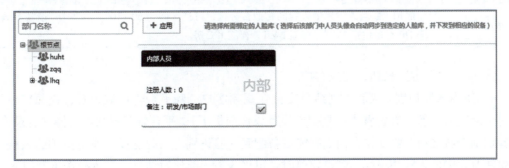

图 1-161　绑定人脸库

④ 单击"应用"按钮。人脸绑定的结果可通过选择"人脸应用"→"人脸注册库"命令，在打开的界面中单击相应人脸注册库的"库信息"按钮查看人员的下发情况。

3）配置人脸布控。人脸布控通过将智能设备通道和人脸注册库绑定，比对通道抓拍的人脸与人脸库中的人脸，当比对相似度达到设定值时，实时显示人脸比对结果。人脸布控的通道须与人脸注册库绑定的智能设备一致。具体操作步骤如下：

① 登录管理平台。

② 选择"人脸应用"→"人脸布控"命令。

③ 在打开的界面左边设备树中选择智能设备通道，在人脸注册库中选择人脸库，单击"应用"按钮，如图 1-162 所示。

图 1-162   人脸布控界面

④ 设置候选参数，单击"确定"按钮，如图 1-163 所示，配置相关参数说明见表 1-31。

图 1-163   候选参数配置界面

表 1-31   候选参数设置说明

参　　数	说　　明
最小相似度	抓拍人脸与人脸库中人脸的相似百分比，可选区间为 50~100。对非 DP 设备有效，非 DP 设备包括 IVSS、智能 NVR、智能 IPC 等

⑤ 单击"确定"按钮，完成布控。

4）查看人脸识别。人脸识别结果支持在视频客户端和平台管理端查看，视频客户端同时支持查看录像（在配置中心录像或设备录像前提下），平台管理端则不支持查看录像。人脸识别查看之前，需要先在前端智能设备配置人脸识别，当智能设备通道抓拍的人脸与人脸注册库中的人脸相识度达到设定值时，可以查看人脸比对结果。具体操作步骤如下：

① 登录管理平台。

② 选择"人脸应用"→"人脸识别"命令。

③ 在界面右上角单击　▼　按钮，在弹出的下拉菜单中选择设置过滤条件，再单击"查询"按钮。

④ 查看人脸识别结果，可以选择大图或列表方式显示结果，如图 1-164 所示。

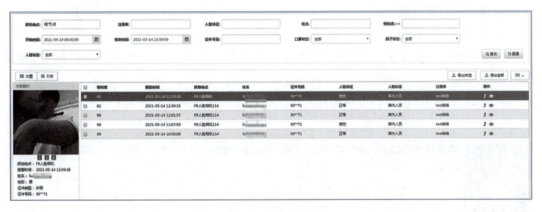

图 1-164　查看人脸识别

● 单击◉按钮，查看人脸识别详细信息。

● 单击⬆按钮，查看行动轨迹，如图 1-165 所示。

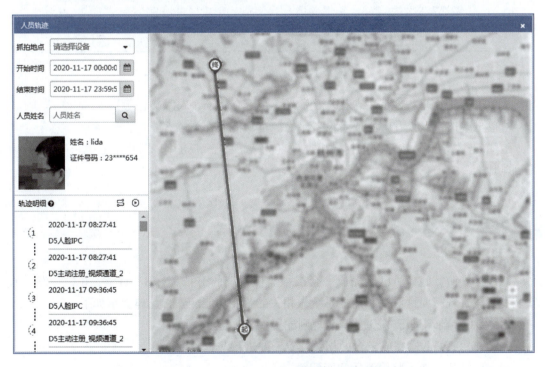

图 1-165　行动轨迹

- 单击■按钮，查看中心或者设备录像，本功能仅在视频客户端上支持。
- 单击▶按钮，查看轨迹回放。

5）特征检索。系统抓拍人体特征时，若抓拍到人脸，则会同时生成一条人脸检测记录，在人脸检测中展示，可以通过一些特征字段的设置快速完成符合需求的信息搜索。具体操作步骤如下：

① 登录平台管理端。

② 选择"目标抓拍"→"人体特征"命令。

③ 在界面右上角单击 ▾ 按钮，在弹出的下拉菜单中设置过滤条件，再单击"查询"按钮。

④ 查看人体特性结果，可以选择大图或列表方式显示结果，如图1-166所示。

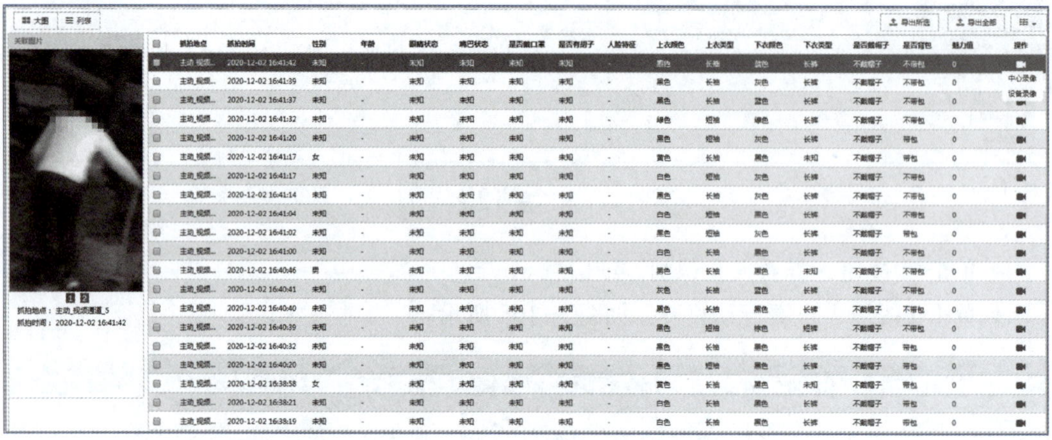

图1-166 人体特征（列表）

- 单击▦ ▾按钮，支持对结果进行筛选（是否有胡子、衣服颜色等）。
- 单击■按钮，查看中心或者设备录像。本功能仅在视频客户端上支持。

⑤ 单击"导出"按钮，选择导出类型（列表、列表和图片、图片压缩包），将素材导出到本地。

项目实训

某园区安防实施人员已经完成一套视频监控系统的IPC、NVR、IVSS、ICC等设备的安装和接线，现需要针对视频监控系统做相关的智能功能配置，具体要求如下：

1）在IPC前端进行2~3条智能规则配置，并进行演示验证。

2）在球机Web端完成云台的相关配置，并进行演示验证。

3）在NVR完成人脸检测后智能配置。

4）在IVSS完成视频参数等远程设备参数设置，采用前智能和后智能两种方式进行人脸检测和人脸识别两种智能规则配置，并进行演示验证。

5）在 ICC 管理平台完成远程设备添加（前智能 IPC 和后智能 IVSS），并在 ICC 管理平台查看人脸识别结果。

项目总结

通过本项目的学习，读者应掌握视频监控系统前端 IPC、后端 NVR、IVSS 以及 ICC 管理平台相关业务的配置操作，能够根据客户的要求独立完成视频监控系统的功能配置工作。主要包括：

1）掌握 IPC 各类事件（动检、智能动检、IVS（周界部分）、人脸检测、人数统计）的配置方式。

2）掌握云台知识并学会云台的操作方法。

3）掌握通过 NVR 完成 IPC 智能功能相关配置，并完成 POE 相机的部署及调试。

4）掌握使用 IVSS 添加前端，并完成基础配置。

5）掌握使用 IVSS 完成硬盘及存储配置，并检查设备有进行正常录像。

6）掌握使用 IVSS 完成多种智能功能业务配置。

7）掌握使用 ICC 管理平台掌握视频监控系统常见操作及智能规则配置操作。

课后习题

一、选择题

1. 下列不属于 IPC 事件的报警联动动作的是（   ）。

A. 抓图　　　　　　　　　　　　B. 画面提示

C. 录像　　　　　　　　　　　　D. 灯光报警

2. IPC 配置的录像联动，录像不能存储到（   ）位置。

A. NVR　　　　　　　　　　　　B. SD 卡

C. FTP　　　　　　　　　　　　D. NAS

3. IPC 录像计划中，绿色表示（   ）。

A. 普通录像计划　　　　　　　　B. 动检录像计划

C. 报警录像计划　　　　　　　　D. 其他录像计划

4. 绊线入侵功能中，绊线方向可选（   ）。

A. A→B　　　　　　　　　　　　B. B→A

C. A↔B　　　　　　　　　　　　D. 以上全部

文本：参考答案

5. NVR 硬盘类异常报警检测，包括（   ）。

A. 无硬盘和硬盘出错   B. 存储容量不足

C. 硬盘健康异常   D. 以上全部

6. 下列不能在 IVSS 初始化配置中设置的是（   ）。

A. 时区   B. 时间

C. IP 地址   D. 智能规则

7. RAID 0 硬盘使用率为（   ）。

A. 30%   B. 50%

C. 80%   D. 100%

8. NVR 的 POE Switch 功能中，不包括（   ）参数。

A. IP 地址   B. MAC 地址

C. 子网掩码   D. 默认网关

9. ICC 管理平台支持的配置入口包括（   ）。

A. 运维中心   B. 视频客户端

C. 平台管理端   D. 以上都支持

10. 在 ICC 管理平台添加设备时，IPC 所属的设备类别为（   ）。

A. 编码器   B. 报警设备

C. 智能设备   D. 门禁设备

二、判断题

1. IPC 配置的报警布/撤防时间段外，不会触发报警。   (   )

2. IPC 智能动检需要配置智能方案。   (   )

3. NVR 主码流的录像类型包括普通、动检和报警码流，辅码流仅支持普通码流。

(   )

4. 动检灵敏度数值越大，越容易触发动检，所以现场设置越大越好。   (   )

5. IVSS 后智能检测，需要接入支持智能检测的特定相机。   (   )

6. ICC 管理平台运维中心默认的登录 IP 地址为 "https://平台 IP 地址/config"。

(   )

三、简答题

1. 简述在 IVSS 上创建一个包含 100 张人脸图片的人脸库的步骤。

2. 简述对未初始化的 IPC 通过 POE 接口接入 NVR 后，NVR 会对 IPC 进行哪些操作。

项目 2　视频监控系统基础运维与故障处理

学习情境

　　视频监控系统在日常使用中往往伴随着很多意外因素，可能会遇到各类问题，此时就需要运维工程师对设备进行运维以及对常见问题进行处理，以保障整个监控系统的正常运行，并解决设备可能会出现的基础故障。

　　本项目共分为 4 个学习任务，分别对前端网络摄像机、后端 NVR、IVSS 设备以及 ICC 管理平台的日常基础运维和基础故障解决进行讲解，每个任务模块通过基础知识、任务实施等步骤详解，带领读者了解运维工程师的日常工作，掌握视频监控系统的基础运维和故障解决方法。

PPT：项目 2 视频监控系统基础运维与故障处理

学习目标

知识目标

1）了解视频监控系统故障排查的常用方法论。

2）了解 IPC 日常运维中通用功能和智能功能故障的处理方法。

3）了解 NVR 设备备份、日志查询、故障信息收集等常见系统操作。

4）了解 IVSS 设备状态查询等系统操作以及常见故障。

5）了解 ICC 管理平台基础运维常见系统操作。

技能目标

1）掌握视频监控系统的基础运维操作。

2）掌握视频监控系统的基础故障处理办法。

相关知识

视频监控系统常见问题排查方法总结如下：

1. 割裂法

安防监控项目是一套系统，单个设备只是系统的一个组成部分，很多问题不能单纯地认为是某一个设备的问题，因此确认问题需要先把设备独立出来，逐个排查各个设备，做到对问题的精准定位。

2. 恢复默认法

设备有许多参数可以设置，设置不当会出现异常现象。处理问题时先将设备恢复默认设置，可以加快确认问题的速度，有利于问题的准确定位（在恢复默认设置前，建议先通过导出配置操作记录当前设置）。

3. 原理分析法

通过设备的工作原理、信令流程分析问题，这要求工程师对设备的原理有效为深入了解。

4. 对比分析法

通过对问题现象的差异来分析具体原因，如相同设备的不同表现、同一设备不同环境中的表现等，通过对比分析法判断故障是否有跟随情况，从而锁定故障范围，最终定位故障节点。

任务 2-1　IPC 基础运维与常见故障处理

任务描述

摄像机使用过程中可能会遇到各类问题，此时就需要运维工程师对设备进行运维，以保障整个监控系统的正常运行。某智慧社区项目中，现场运维工程师小王负责完成所有网络摄像机的运维工作。为了保障网络摄像机的正常运行，小王需要掌握如下能力：

1）掌握图像参数调试优化方法。

2）掌握日常 IPC 运维操作。

3）掌握通用功能故障处理方法。

4）掌握智能功能常见故障处理方法。

知识准备

1. 常见图像参数说明

由于设备型号不同，其所支持的参数可能会有差异，实际应用请参照具体型号设备。

（1）曝光

曝光是指进入镜头照射在感光元件上的光量，相关参数配置界面如图 2-1 所示。

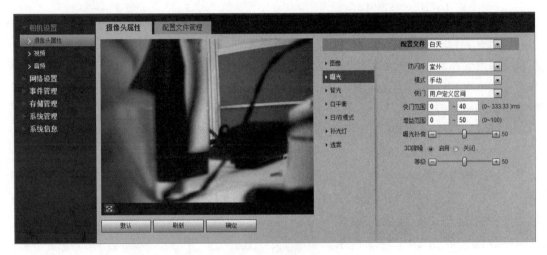

图 2-1　曝光参数配置界面

1）模式。模式可分为自动、增益优先、快门优先、手动 4 种。

① 自动：快门、增益都由图像算法自行根据当前环境进行取值，只预留曝光补偿及 3D 降噪可调，如图 2-2 所示。

② 增益优先：相较于自动模式，增加了增益参数，且该参数优先生效，如图 2-3 所示。

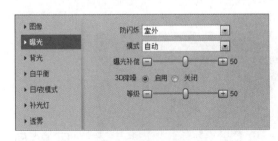

图 2-2　自动曝光模式界面

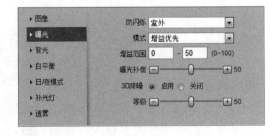

图 2-3　增益优先曝光模式界面

③ 快门优先：相较于自动模式，增加了快门参数，且该参数优先生效，如图 2-4 所示。

④ 手动：快门、增益、曝光补偿、3D降噪都可调，如图2-5所示。

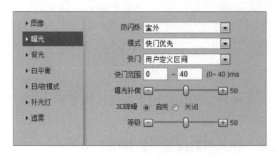
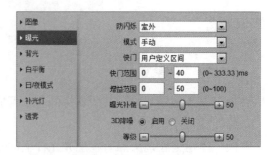

图 2-4 快门优先曝光模式界面　　　　　图 2-5 手动曝光模式界面

2）快门。快门是指设备每一帧画面的曝光时间，其值越大，采集到的光线就越多，画面亮度也会越高，但由于采集时间长，运动物体可能会有拖影现象。快门可以选择固定数值，也可以选择用户定义区间，选择后一种方式会出现快门范围选项，图像算法会自行根据当前环境进行取值。

3）增益。增益会影响画面亮度及噪点，其值越大，画面亮度越高，但噪点也会相应增多。

4）曝光补偿。曝光补偿用来调整场景的目标的亮度大小，普通场景人脸效果较暗的情况下可适当提高曝光补偿。

5）自动光圈。有些设备支持光圈可调节或者自动光圈可选，光圈影响进光量，其值越大，进光量越多，画面也越亮。光圈参数设置界面如图2-6所示。启用自动光圈后，光圈随环境自动调节；关闭自动光圈，则光圈开到

图 2-6 光圈参数设置界面

最大（建议在聚焦阶段先关闭自动光圈，聚焦完成以后再开启自动光圈）。

6）3D降噪。该参数用于压制跳动噪声，等级越高，噪声越小，但是会引起拖影，如非必要不推荐修改此参数。

（2）背光

背光相关参数说明与介绍请参照本套丛书初级教材任务4-1 IPC基础配置及应用。

（3）景深

景深是指摄取有限距离的景物时，可在像面上构成清晰影像的物距范围，即在聚焦完成以后，在焦点前后范围内均能成清晰的像，这一范围的前后距离就叫作景深。景深效果画面如图2-7所示，即景深范围内的可清晰成像，范围外的就会模糊。景深受到光圈、焦距和物距（对焦物体的

图 2-7 景深效果

本页彩图

距离）等因素影响，此处暂不展开描述。

2. IPC 常用运维操作及主要作用简介

1）清理摄像机控件和浏览器缓存：可以解决部分 Web 页面显示问题。

2）配置备份及恢复：可以在相同型号设备上进行配置备份、快速配置及恢复配置。

3）恢复默认/恢复出厂：把设备配置恢复到默认配置/出厂配置，可以解决配置异常引起的问题。

4）系统升级：对设备软件进行升级，可以解决一部分软件造成的设备异常问题。

5）日志信息：记录用户对设备的操作信息以及部分系统信息，用于辅助判断具体时间点是否有用户对设备进行操作，或发生了什么事件。

3. IPC 设备常见故障

在日常运维过程中，IPC 设备会经常出现如下故障，且频率较高。

（1）启动异常

当设备发生启动异常时，可能会有如下现象：

1）在计算机 IP 地址配置正确的情况下（即与设备同网段）无法登录设备，或 ConfigTool 工具无法搜索到设备。

2）在计算机 IP 地址配置正确的情况下（即与设备同网段），使用计算机端 cmd 下的 ping 命令，发现 IP 地址无法 ping 通或时断时连。

（2）网络不通

与设备启动异常类似，会有如下现象：

1）在计算机 IP 地址配置正确的情况下（即与设备同网段）无法登录设备，或 ConfigTool 工具无法搜索到设备。

2）在计算机 IP 地址配置正确的情况下（即与设备同网段），使用计算机端 cmd 下的 ping 命令，发现 IP 地址无法 ping 通。

（3）图像问题

具体可见任务实施中的现象描述。

任务实施

1. 图像参数调试优化

图像参数调试分优化为通用场景的调试，以及要求比较高的人脸场景（由于人脸检测需要抓拍人脸细节，因此要求比较高）的调试。

（1）通用调试

一般使用默认参数即可，夜晚情况下需要保证画面中目标轮廓清晰。某些逆光场景要求开启宽动态，还有画面中存在过曝、过暗情况，需要开启宽动态。

需要开启宽动态的场景 1：逆光场景，如图 2-8 所示，开启宽动态后的效果图如图 2-9 所示。

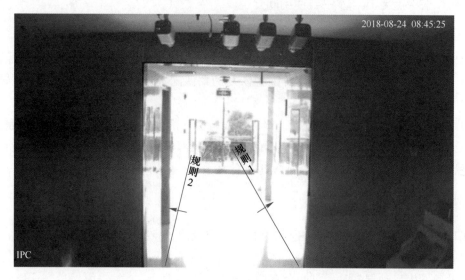

图 2-8   逆光场景

图 2-9   逆光场景开启宽动态后的效果

本页彩图

需要开启宽动态的场景 2：过曝过暗等场景，如图 2-10 所示，开启宽动态后的效果如图 2-11 所示。

（2）人脸场景

1）常见场景。常见场景的曝光模式设置为快门优先，快门设置范围为 0~10 ms（若需要抓拍非机动车上的人脸，需要设置为 0~6 ms）。背光模式设置为关闭，若要提高画面亮度，可以将曝光补偿往上稍微提高一点。若要提高画面通透性，可以将透雾模式调整为

图 2-10　过曝过暗场景

图 2-11　过曝过暗场景开启宽动态后的效果

本页彩图

手动，强度调整为低。透雾模式配置界面如图 2-12 所示。

2）逆光。逆光场景的曝光模式设置为快门优先，快门设置范围为 0~10 ms（若需要抓拍非机动车上的人脸，需要设置为 0~6 ms）。按需要配置对应背光模式或者人脸曝光（人脸曝光可用于中小人流量的一般逆光场景，大人流量情况下不建议使用，因为可能会造成曝光

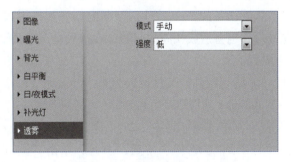

图 2-12　透雾模式配置界面

不及时、部分人脸亮度不足或者过曝、画面频繁闪烁的情况），除此之外，还可以按需要在环境增加补光灯。

3）普通夜晚。普通夜晚场景的曝光模式设置为手动，快门设置范围为 0~10 ms（若需要抓拍非机动车上的人脸，需要设置为 0~6 ms）。增益设置范围为 0~50，还可调高光圈值，或关闭自动光圈。若还不满足要求，建议开启或加装补光灯。

4）低照夜晚。低照夜晚场景的曝光模式设置为手动，快门设置范围为 0~10 ms（若需要抓拍非机动车上的人脸，需要设置为 0~6 ms）。增益设置范围为 0~45（若噪点大，可以继续往下降）。3D 降噪可以稍微往上提一点，还可调高光圈值，或关闭自动光圈。若还不满足要求，建议开启或加装补光灯。

（3）时间配置切换

设备调试需要根据不同的场景设置不同的参数，有些场景如需要两套配置来实现效果展示，可选择"设置"→"相机设置"→"摄像头属性"→"配置文件"命令，在配置文件管理中设置按时间切换，如图 2-13 所示，同时要注意在摄像头属性中对不同命名的配置文件分别进行配置。

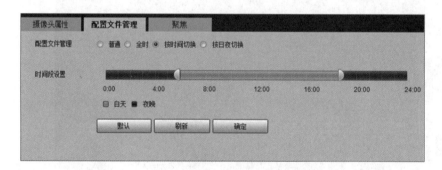

图 2-13　按时间切换

2. 日常 IPC 运维

（1）清理摄像机控件和浏览器缓存

不同设备的 Web 控件是不同的，混起来用可能会导致 Web 页面显示出现问题，而浏览器缓存也会造成相同的问题，在该种情况下需要清理摄像机控件和浏览器缓存。具体操作步骤如下：

1）清理控件。控件位置为 C:\Program Files\webrec，若无法删除，需要将任务管理器中 WebActive 进程结束后再删除。

2）浏览器缓存删除。以 IE 浏览器为例，选择"工具"→"Internet 选项"命令，在打开的对话框中选择"常规"页签，单击"浏览历史记录"区中的"删除"按钮，在打开的对话框中全选所有复选框后单击"删除"按钮，完成后单击"确定"按钮。

3）重启浏览器。

（2）配置备份及恢复

可以通过导出设备配置文件来备份设备的配置信息，通过导入配置文件来快速配置设

备信息或者恢复设备配置信息（不同
型号的配置不能互相兼容）。首先选择
"设置"→"系统管理"→"配置导
入导出"命令，打开配置导入导出界
面，如图 2-14 所示。

图 2-14 配置导入导出界面

1）配置导入。单击"配置导入"按钮，在打开的窗口中选择本地的配置文件，单击
"打开"按钮，将本地备份的配置文件导入到系统中。

2）配置导出。单击"配置导出"按钮，在打开的窗口中选择配置文件的保存路径，
单击"保存"按钮，将系统的相关配置导出到本地。

（3）恢复默认/恢复出厂

可以通过 Web 端、配置工具、相机 RESET 键恢复设备默认配置或出厂设置。以 Web

端操作为例，选择"设置"→"系
统管理→"恢复默认"命令，打开恢复
默认界面，如图 2-15 所示。

● 单击"恢复默认"按钮，将恢
复除网络 IP 地址、用户管理等信息以
外的其他配置。

图 2-15 恢复默认/出厂设置

● 单击"恢复出厂设置"按钮，将设备所有配置恢复到出厂设置（在设备运行时长按
复位按钮 10 s 也可以达到该效果）。

（4）系统升级

通过升级系统完善设备功能和增强设备稳定性（查看版本信息可选择"设置"→
"系统信息"→"版本信息"命令），相机常用的升级方式包括 Web 端升级或配置工具升
级，本书以 Web 端升级为例。选择"设置"→"系统管理"→"系统升级"命令，打开
系统升级界面，如图 2-16 所示。

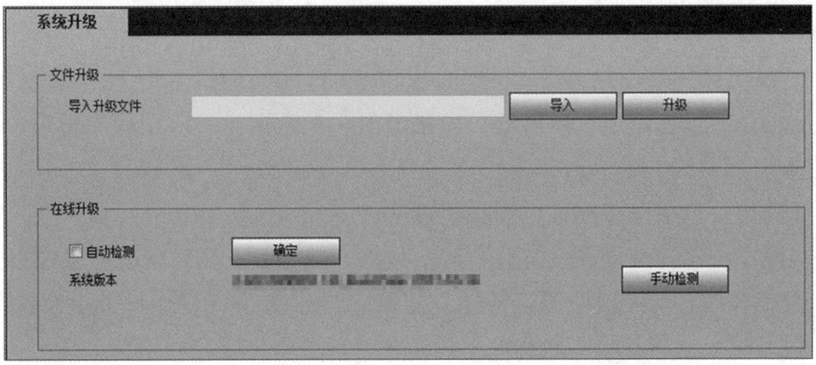

图 2-16 系统升级界面

（5）日志信息

系统日志记录用户对设备的操作信息以及部分系统信息，相关系统信息参数说明见表 2-1。选择"设置"→"系统信息"→"系统日志"命令，打开系统日志界面，如图 2-17 所示。

表 2-1　日志信息界面释义

参　　　数	说　　　明
开始时间	查找日志的开始时间（最早为 2000 年 1 月 1 日）
结束时间	查找日志的结束时间（最迟为 2037 年 12 月 31 日）
类型	日志信息类型可分为系统操作、配置操作、数据管理、报警事件、录像操作、用户管理、日志清除
搜索	先设置所需查找日志的起始时间和结束时间，并选择日志类型，单击"搜索"，动态显示搜索条数；单击"停止"，暂停日志搜索，显示已搜索条数和时间段区域
系统日志信息	单击日志记录，可显示该条日志的详细信息
清空	清除设备上所有的日志信息，不支持日志信息的分类清除
备份	将搜索到的系统日志信息备份至用户当前使用的 PC 上

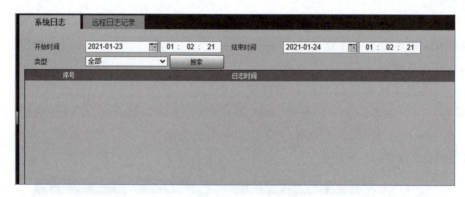

图 2-17　系统日志界面

1）系统操作：包括应用程序启动、异常退出、正常退出、应用程序重启、关闭/重启设备、系统重启、系统升级。

2）配置操作：包括保存配置、删除配置文件。

3）数据操作：包括设置硬盘类型、清空数据、热插拔、FTP 状态、录像模式。

4）事件操作（记录视频检测、智能、报警、异常等事件发生）：包括事件开始、事件结束。

5）录像操作：包括文件访问、文件访问错误、文件查询。

6）用户管理（记录用户管理的修改以及用户的登录、注销）：包括登录、注销、添加用户、删除用户、修改用户、添加组、删除组、修改组。

7）清空日志：清除日志。

3. 通用功能故障处理

（1）启动异常

1）设备供电异常。查看设备 Web 日志存有异常退出，且重启标准为断电退出，如图 2-18 所示，需要排查现场供电环境。

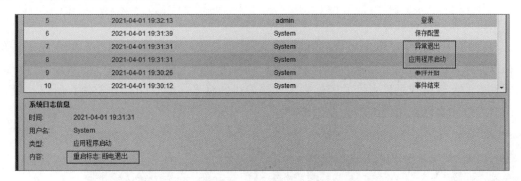

图 2-18　供电异常 Web 日志

解决方案：现场供电方式整改，切换为独立电源供电。

2）接错电源损坏。设备标签上有设备的供电标准，若不符合该供电标准会导致设备无法启动（供电电压低于设备标准的 75%）或者设备烧坏（供电电压高于设备标准的 125%）。

解决方案：现场供电方式整改，若设备烧坏需要返修。

3）设备进水损坏。设备进水导致无法启动（有锈迹水雾之类）。

解决方案：现场安装环境整改（防水方面），设备返修。

（2）网络不通

需要检查设备 IP 地址/子网掩码/网关配置是否正确，若相关配置正确，建议排查网络环境是否异常。

解决方案：配置正确的 IP 地址/子网掩码/网关配置，排查网络环境是否正常。

（3）图像问题

1）Web 预览提示资源有限。不同设备的 Web 控件是不同的，混起来使用可能会导致 Web 页面显示上的问题，而浏览器缓存也会造成相同的问题，预览界面会显示如图 2-19 所示。

解决方案：清控件和浏览器缓存。

2）图像整体偏红。正常情况下，摄像机的红外截止滤光片会在白天过滤红外光线。如果出现类似图 2-20 的情况，可能原因是滤光片工作不正常。

图 2-19   预览界面提示资源有限   图 2-20   图像偏红画面

解决方案：设备返修。

3）画面有横条纹。画面出现闪烁现象，有亮暗条纹，如图 2-21 所示。该现象主要发生在以交流日光灯为照明光源的环境中，典型环境为室内开灯环境、路灯照明环境等。该问题发生的大致机理是日光灯的闪烁频率和摄像机的曝光频率之间存在差值，所以一般在直流日光灯和自然光条件下不会发生该问题。

(a)   (b)

图 2-21   画面横条纹图案

本页彩图

解决方案：调整曝光时间不低于补光灯闪烁周期一半的整数倍（国内一般为 10 ms），即快门范围下限需要不低于 10 ms，如图 2-22 所示。

4. 智能功能常见故障处理

（1）动态检测

动检不触发需要考虑因素如下：

1）画面中运动物体是否达到设定的阈值。

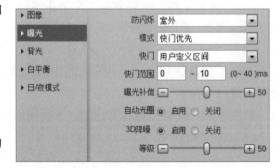

图 2-22   曝光时间调试

2）是否画了排除区域。

可以检查对应动检区域，降低阈值，提高灵敏度后再测试。

（2）智能动检

智能动检检测不到时需要考虑因素如下：

1）安装不符合要求。

2）像素点不够，功能配置存在问题，参阅配置章节。

3）动态检测设置了排除区域。

4）物体在画面中运动被遮挡，或是在检测区域中运动时间不够（建议运动 1~2 s）。

（3）IVS（周界部分）

IVS（周界部分）检测不到时需要考虑因素如下：

1）安装不符合要求。

2）像素点不够，功能配置存在问题，参阅配置章节。

3）需要保证触线之前，运动物体无遮挡时间在 0.5 s 以上。

4）目标大小最大不能超过到画面高度的 2/3 和宽度的 2/3。

5）不合适的规则配置。

① 拌线绘制方向应尽量与检测目标运动方向垂直，同时尽量不要画折线，折线边缘区域易造成漏检。

② 避免配置规则时拌线入侵的拌线或者区域入侵的检测区域里包含了一些车或者人等检测目标。如图 2-23 所示是一个不合适的规则配置。

图 2-23　不合适规则 1

③ 智能规则尽量配置在画面的相对中心位置，避免太靠近画面边缘，否则目标人员或者车辆容易出现没有完全出现在画面中就已经越过拌线的情况，导致大量漏报的出现。如图 2-24 所示是一个不合适的规则配置。

图 2-24　不合适规则 2

本页彩图

（4）人脸检测

1）人脸模糊。人脸模糊主要表现为抓拍的人脸五官不清晰、缺少细节特征等，如图 2-25 所示。引起人脸模糊的主要原因及调整方式如下：

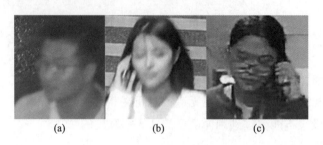

图 2-25 人脸模糊示例

① 聚焦引起。如图 2-25（a）所示的人脸整体有朦胧感，边缘不清晰，布控位置没有聚焦清楚的，要求重新进行聚焦操作。

② 景深引起。布控位置处人脸清晰的，其他区域抓拍的人脸不清楚的，一般是镜头本身的景深特性造成，建议设置合理的检测过滤规则。

③ 快门引起。如图 2-25（b）所示的人脸有与运动方向相同的整体拖影，建议限制快门上限（一般行人为 10 ms、一般非机动车为 6 ms、高速行驶的非机动车为 4 ms）。

④ 降噪引起。如图 2-25（c）所示的人脸边缘相对清晰，五官有明显抹平感，建议降低 3D 降噪的强度。

⑤ 污渍引起。镜头存在污渍导致画面不清晰，需要用擦镜布擦拭镜头与护罩玻璃。

2）人脸噪点。人脸噪点主要表现为抓拍的人脸有很多小颗粒，一般是由于环境补光不足使得增益提高造成，如图 2-26 所示。相关调整方式如下：

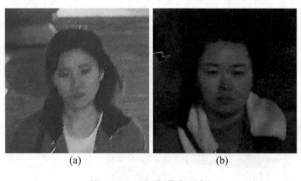

图 2-26 人脸噪点示例

本页彩图

① 调整补光。调整补光灯或者布控位置至人脸可以补到足够光照，或者增加补光灯的亮度和数量。

② 调高降噪。适当提升 3D 降噪强度，需注意提高降噪引起的拖影。

③ 降低增益。增益上限可以适当降低，锐度可以适当降低。

3）人脸不抓拍。引起人脸不抓拍需要考虑因素如下：

① 安装不符合要求。

② 像素点不够，功能配置存在问题，参阅配置章节。

③ 控件和浏览器缓存的问题，清理控件和浏览器缓存，确认程序正常。

（5）人数统计

当相机不统计人数或人数统计功能失效时，需要考虑因素如下：

① 安装不符合要求。

② 功能配置存在问题，参阅配置章节。

③ 控件和浏览器缓存的问题，清理控件和浏览器缓存，确认程序正常。

④ OSD 叠加未开启，须确认是否开启。

任务 2-2　NVR 基础运维与常见故障处理

任务描述

　　NVR 属于视频监控系统中的存储部分，其在系统中的地位举足轻重。若 NVR 设备出现故障，会导致用户出现图像无法展示、录像数据丢失等严重问题。小邓作为某企业工程师，近收到某园区负责人的投诉反馈 NVR 在使用过程中出现多种不明故障，要求小邓尽快去现场解决相关问题。小邓需要掌握故障排查的相关内容，其主要内容包括：

1）查询系统日志，分析设备运行故障记录。

2）导出配置文件和系统日志，备份留底分析。

3）硬盘运行状态和故障排查。

4）网络通信故障的排查和协议故障的信息收集。

知识准备

1. 系统日志

　　系统日志是记录系统中硬件、软件和系统问题的信息，同时还可以监视系统中发生的事件。用户可以通过它来检查错误发生的原因，或者寻找受到攻击时攻击者留下的痕迹。广义的系统日志又可以分为系统日志、应用程序日志和安全日志。

　　系统日志是一种非常关键的组件，因为可以让用户充分了解系统环境。这种系统日志信息对于寻找故障的根本原因或者缩小系统攻击范围来说是非常关键的，因为通过它可以让用户了解故障或者袭击发生之前的所有事件。因此，制定一套良好的系统日志策略也是至关重要的，因为系统日志需要和许多不同的外部组件进行关联。良好的系统日志可以防止用户从错误的角度分析问题，避免浪费宝贵的排错时间。此外，借助于系统日志，管理员很可能会发现一些之前未意识到的问题。

2. 硬盘故障

一般来说，硬盘的故障可以分为纯硬件故障和软件故障两类。相对来说，软件引起的硬盘故障比较复杂，因为硬盘牵涉到系统软件和应用软件，但是解决的方式有时候却比较简单，如主引导扇区被非法修改导致系统无法启动、非正常关机后引起的逻辑坏道等，一般通过重新分区格式化即可解决。纯硬件的故障则比较棘手。硬件故障可以分为系统引起的故障，如主板的 IDE 接口松动、与其他硬件设备不兼容、电源不稳定等，以及硬盘本身的故障，可以通过眼睛观察电路板是否有芯片被烧毁，或仔细听听启动时是否有异常响声等方式来判断。硬盘故障包括磁头损坏、电路板问题、芯片信息丢失、电动机不转、芯片烧毁等，最直观的表现就是进入系统界面后，提示无法识别硬盘。

3. 抓包工具

抓包工具是拦截查看网络数据包内容的软件。通过对抓获的数据包进行分析，可以得到有用的信息。流行的抓包工具有很多，比较出名的有 Wireshark、Sniffer、HttpWatch、IPTool 等。这些抓包工具功能各异，但基本原理相同。计算机通过向网络上传和从网络下载一些数据包来实现数据在网络中的传播，通常这些数据包会由发出或者接收的软件自行处理，普通用户并不过问，这些数据包一般也不会一直保存在用户的计算机上。抓包工具可以将这些数据包保存下来，如果这些数据包是以明文形式或者用户知道的加密方法进行传送，那么就可以分析出这些数据包的内容以及用途。

抓包工具更多地用于网络安全，如查找感染病毒的计算机，有时也用于获取网页的源代码，以及了解攻击者所用方法、追查攻击者的 IP 地址等。本任务重点介绍 NVR 上自带的网络抓包模块，其可以将 NVR 与其他设备、平台直接网络通信的数据全部记录下来。

任务实施

1. 报警及系统日志查询

（1）报警日志

在日常运维中，可以根据报警类型查询报警日志，进而分析报警原因。报警日志包括动态检测、视频丢失、遮挡检测、设备异常、本地报警、智能报警等，可以通过报警日志查看某个时间段发生了什么事件或故障，通过记录可以方便地定位故障问题。具体操作步骤如下：

1）登录 Web 界面，选择"报警设置"→"报警信息"命令，打开报警日志信息界面，如图 2-27 所示。

2）设置类型、开始时间和结束时间，单击"搜索"按钮。

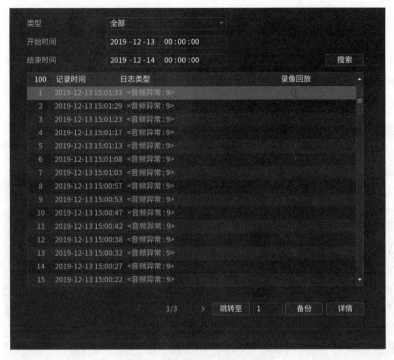

图 2-27　报警日志信息界面

（2）报警日志相关操作

1）回放报警录像：单击 按钮，回放报警录像。

2）备份报警信息：单击"备份"按钮，将报警信息备份至 PC。

3）查看报警详细信息：选择报警信息，单击"详情"按钮，查看报警详细信息。

（3）系统日志

系统日志主要记录设备在运行过程中的系统操作、配置操作、数据管理、录像操作、用户管理、文件操作、连接日志等相关记录，便于事后排查、定位并分析某个时间段内系统运行过程和状态。具体操作步骤如下：

1）登录 Web 界面，选择"运维管理"→"日志信息"命令。

2）设置开始时间、结束时间和类型，单击"搜索"按钮。

3）单击"备份"按钮，选择备份的文件路径，可将日志信息备份到 PC。

2．配置文件备份及还原

通过导出设备配置文件备份设备的配置信息，当设备异常时，可以通过导入配置文件可快速恢复配置。

（1）备份配置信息

导出设备的配置信息到本地 PC 或者外接存储设备上，当导出到外接的存储设备上时，前提条件为已将 U 盘插入设备的 USB 接口。下面以导出到外接存储设备为例，具体操作步骤如下：

1）登录 Web 界面，选择"运维管理"→"维护管理"→"配置维护"命令，打开配置维护界面，如图 2-28 所示。

2）选择配置文件的保存路径，单击"导出"按钮，系统会在该路径下生成一个"Config_时间"文件夹。

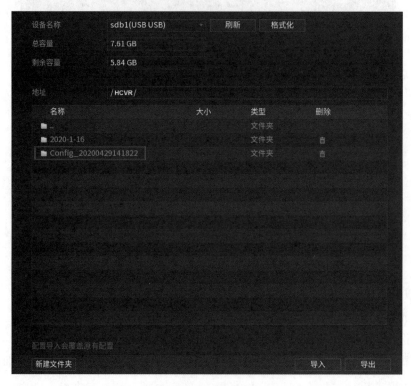

图 2-28　配置维护界面

（2）还原配置信息

将 PC 或者外接存储设备上备份的配置文件导入到系统中，当从外接存储设备导入时，前提条件是已将带有配置文件的 USB 设备插入设备的 USB 接口。下面以外接存储设备导入举例，具体操作步骤如下：

1）登录本地界面，选择"运维管理"→"维护管理"→"配置维护"命令。

2）选择要导入的配置文件，单击"导入"按钮。

3）在打开的重启设备界面中单击"确定"按钮，导入配置文件并重启设备。

3. 硬盘故障分析

硬盘检测用于检测硬盘的当前状态，以便用户及时了解硬盘性能和更新存在问题的硬盘。

（1）手动检测

手动检测硬盘主要包括关键区检测和完全检测两部分。

1）关键区检测：检测硬盘中使用的部分，即通过系统自带文件系统进行检测，但需要硬盘在此系统中写数据完全覆盖过。该方式能快速完成硬盘的扫描。

2）完全检测：检测整个硬盘，即采用 Windows 方式进行全盘扫描。该方式耗时较长，可能影响正在录像的硬盘。具体操作步骤如下：

① 登录 Web 界面，选择"存储管理"→"硬盘检测"→"手动检测"命令，打开手动检测界面，如图 2-29 所示。

图 2-29　手动检测界面

② 选择检测类型和硬盘，单击"开始检测"按钮。

③ 在弹出的提示框中单击"确定"按钮。系统开始检测，界面显示检测信息。系统检测硬盘时，单击"停止检测"按钮可停止检测硬盘；再次单击"开始检测"按钮，则系统重新检测硬盘。

（2）检测报告

硬盘检测完成后，支持查看详细的硬盘检测报告，及时更换存在问题的硬盘，以免数据丢失。具体操作步骤如下：

1）登录 Web 界面，选择"存储管理"→"硬盘检测"→"检测报告"命令，打开检测报告界面，如图 2-30 所示。

2）双击检测报告，或者单击检测报告对应的▤按钮，查看硬盘检测的检测结果和 S. M. A. R. T 报告。

（3）硬盘健康监测

系统支持定期自动检测和用户手动检测硬盘健康状态，便于及时更换故障盘。检测硬盘健康状态的具体操作步骤如下：

1）登录 Web 界面，选择"存储管理"→"硬盘检测"→"硬盘健康监测"命令，打开硬盘健康检测界面，如图 2-31 所示。

图 2-30　检测报告界面

图 2-31　硬盘健康检测界面

2）在"状态"下拉框选择硬盘状态，可查看对应状态下的硬盘列表。单击硬盘对应的⊙按钮，系统将显示硬盘详情界面，如图 2-32 所示。选择检测类型，设置查询时间后单击"查询"按钮，可查询详情信息。

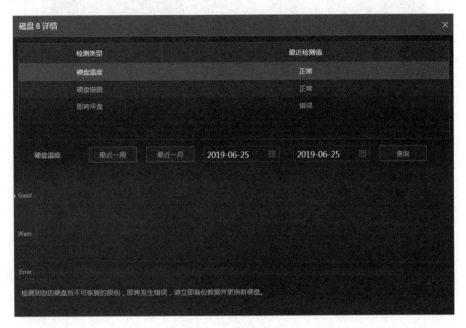

图 2-32　硬盘详情界面

4. 网络故障分析

网络故障一般分为两类，一类是通信故障，如断网、IP 地址冲突或者 MAC 地址冲突导致，另一类是协议故障，主要是因为 NVR 和 IPC、平台互相通信时的网络协议信令解析错误或协议版本不兼容导致，一般需要产品的研发人员介入分析和排查，因此需要提供研发相关的网络抓包数据。

（1）通信故障分析具体步骤

1）登录 Web 界面，选择"报警设置"→"异常处理"命令。

2）分别单击异常事件页签，并选择"事件类型"为"网络"。设置网络类异常报警检测，包括网络断开、IP 地址冲突和 MAC 地址冲突。

3）设置报警联动动作，如日志、蜂鸣。

4）查询报警信息，查看是否有相关网络事件报警信息产生。如果存在 IP 地址或 MAC 地址冲突，则修改与之对应的冲突设备 IP 地址或 MAC 地址；如果存在断网事件，则根据设备组网指导要求，检查网线的实际连接情况。

（2）协议故障抓包具体步骤（以本地界面登录为例）

1）登录本地界面，选择"运维管理"→"网络信息"→"测试"命令，打开网络测试界面，如图 2-33 所示。

图 2-33   网络测试界面

2）将外接 USB 存储设备接入设备的 USB 接口，在"设备名称"下拉框选择 USB 存储设备，单击"浏览"按钮，选择保存路径，单击 ◉ 按钮，抓取网卡的数据包，并将抓包文件备份到指定的路径。

3）当设备出现故障现象后停止抓包，并将抓包文件提供给厂商售后进行故障分析。

注意在抓包时，不能同时对几张网卡抓包。开始抓包后，用户可以退出当前界面，进行相应的网络操作，如 Web 登录、监视等。在选择的路径下保存已抓取的网络包，命名方式采用"网卡名-时间"的方式保存，同时抓取的包可在 PC 上用 Wireshark 软件打开，供专业人员分析以解决疑难问题。

5. NVR 设备故障问题解决

本部分通过一个典型案例进行讲解。

现有一台 NVR 设备发现 HDMI 接口上的 IPC 视频画面突然黑屏，但鼠标操作设备流畅并有显示，在屏幕上显示网络异常的文字提醒。针对这种情况，具体排障思路如下：

1）检查网络接线是否正常，如 NVR 和交换机的网口指示灯是否正常。

2）检查是否存在 IP 地址或 MAC 地址冲突。分别选择"报警设置"→"报警信息"命令和"运维管理"→"日志信息"命令查看是否存在设备异常，如 IPC 地址冲突、IPC 密码登录错误、黑白名单限制等。

任务 2-3　IVSS 基础运维与常见故障处理

任务描述

小张是一名某安防企业的技术支持工程师。在接到某智慧社区的系统日常运维任务后，公司决定派他前往现场，负责所有 IVSS 产品的日常检查。具体要求如下：

1）检查 IVSS 系统日志及各项系统信息，判断系统运行情况。

2）检查 IVSS 硬盘状况。

3）掌握设备无法启动的排查方法，能够定位到供电或附加硬件问题。

4）了解 IVSS 设备的常见故障，及其相应的可能原因。

知识准备

1. 存储管理

登录 PC 客户端，单击 按钮，选择"存储管理"命令，打开存储管理界面，如图 2-34 所示。通过该界面可以管理存储资源（如录像文件）和存储空间，便于用户使用和提高存储空间的使用率。系统支持磁盘的预检、巡检功能，并在存储管理界面显示磁盘的健康状态，确保用户实时获取磁盘的状态并采用相应的措施，避免数据丢失。

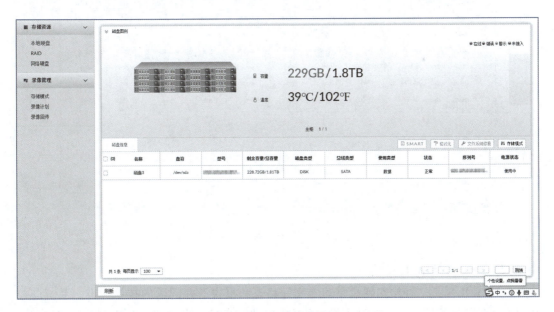

图 2-34　存储管理界面

1）预检：设备运行过程中，当磁盘状态发生变化（重启设备、插拔磁盘等）时，系统自动检测磁盘状态。

2）巡检：系统持续对磁盘进行巡查检测。设备运行过程中，由于寿命、环境以及其他因素的影响，磁盘可能出现异常，通过巡检可及时发现磁盘问题。

2. 存储资源

（1）本地硬盘

本地硬盘（物理硬盘）是指安装在设备上的磁盘，设备支持查看物理磁盘的容量（剩余可用容量/总容量）、温度（摄氏度/华氏度）、磁盘信息等。具体操作步骤如下：登录 PC 客户端，单击 按钮，选择"存储管理"→"存储资源"→"本地硬盘"命令；创建 RAID 和热备盘后，磁盘名称边上显示对应的图标，如图 2-35 所示；其中， 表示 RAID 组的成员盘， 表示全局热备， 表示失效的 RAID 组的成员盘。

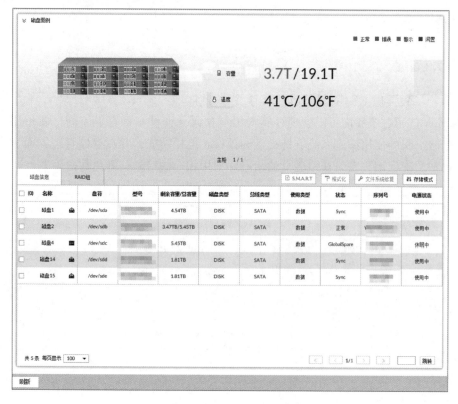

图 2-35   本地硬盘信息界面

（2）查看 S. M. A. R. T 信息

S. M. A. R. T 是一种检测硬盘驱动器完好状态和报告潜在问题的技术标准。系统监控并记录硬盘的运行情况，并与预先设定的安全值进行比较，当监控情况超出安全值的安全范围时，系统显示警告信息，以保障硬盘数据的安全性。具体操作步骤如下：登录 PC 客户端，单击⚙按钮，选择"存储管理"→"存储资源"→"本地硬盘"命令；选择磁盘后，单击"S. M. A. R. T"按钮，如图 2-36 所示，检查磁盘状态是否正常，如果存在异常现象需要及时修复，以免数据丢失。

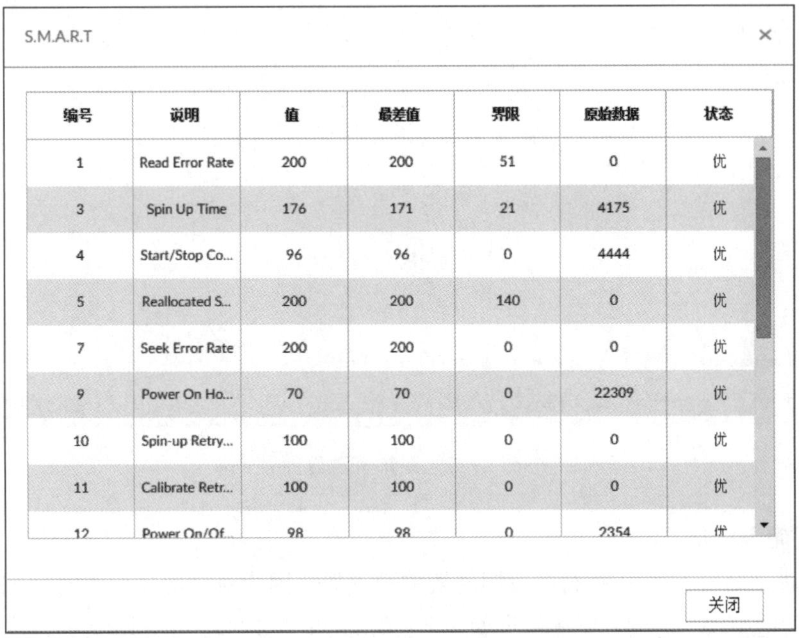

编号	说明	值	最差值	界限	原始数据	状态
1	Read Error Rate	200	200	51	0	优
3	Spin Up Time	176	171	21	4175	优
4	Start/Stop Co...	96	96	0	4444	优
5	Reallocated S...	200	200	140	0	优
7	Seek Error Rate	200	200	0	0	优
9	Power On Ho...	70	70	0	22309	优
10	Spin-up Retry...	100	100	0	0	优
11	Calibrate Retr...	100	100	0	0	优
12	Power On/Of...	98	98	0	2354	优

图 2-36　S. M. A. R. T 信息查看界面

（3）格式化磁盘

格式化磁盘将清空磁盘中的所有文件，切记谨慎执行，且很多设备不支持格式化热备盘。具体操作步骤如下：登录 PC 客户端，单击⚙按钮，选择"存储管理"→"存储资源"→"本地硬盘"命令；选择一块或多块磁盘，单击"格式化"按钮，可格式化选中的磁盘。

（4）修复文件系统

磁盘无法挂载或正常使用时，可尝试使用文件系统修复功能进行修复。具体操作步骤如下：登录 PC 客户端，单击⚙按钮，选择"存储管理"→"存储资源"→"本地硬盘"命令；选择一块或多块无法正常挂载使用的磁盘，单击"文件系统修复"按钮，可修复选中磁盘的文件系统。磁盘成功修复后，可继续正常挂载和使用。

3. 系统资源

（1）设备信息

登录 PC 客户端，单击➕按钮，选择"运维管理"→"系统资源"→"设备信息"命令。查看系统资源使用情况，跟踪设备实时状态，如图 2-37 所示。

单击▽按钮，可以选择想要查看的信息，系统将只展示所选项的系统资源信息。单击"刷新"按钮，可以实时刷新系统资源使用情况。

检测项	类型	当前值
内存	已用容量/总容量	8.91GB/15.51GB
CPU	CPU使用率	5%
柜子风扇1	风扇转速	0r/min
柜子风扇2	风扇转速	0r/min
背板1	温度	38℃
背板2	温度	35℃
背板3	温度	38℃
背板4	温度	34℃
CPU	温度	48℃

刷新

图 2-37　系统资源界面

（2）智能模块信息

智能模块是 IVSS 设备进行智能应用的最关键板块，因为对智能模块实时状态的掌握非常重要。查看智能模块状态的具体操作步骤如下：登录 PC 客户端，单击➕按钮，选择"运维管理"→"系统资源"→"智能模块信息"命令；跟踪智能模块的实时状态，如图 2-38 所示。

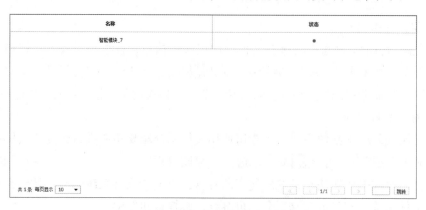

名称	状态
智能模块_7	●

共 1 条　每页显示 10 ▾　 1/1 跳转

图 2-38　智能模块信息界面

4. 系统信息

（1）法律信息

法律信息部分包括设备的软件使用许可证、隐私政策和开源软件声明。具体操作步骤如下：登录 PC 客户端，单击➕按钮，选择"运维管理"→"系统信息"→"法律信息"命令，选择需要查看的相关文件说明。

（2）算法版本

算法版本包括算法 License 状态和各智能功能的版本信息，若算法 License 状态异常，则会导致 IVSS 智能功能算法使用异常。具体操作步骤如下：登录 PC 客户端，单击 ➕ 按钮，选择"运维管理"→"系统信息"→"算法版本"命令，如图 2-39 所示。

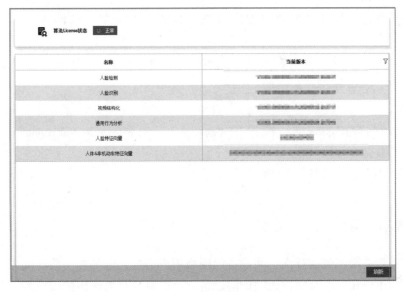

图 2-39　算法版本界面

任务实施

1. 智能诊断

（1）运行日志

查看运行日志，有利于帮助定位问题，提高工作效率。要查看运行日志，必须先选择"安全中心"→"系统服务"命令，在打开的系统服务界面开启运行日志功能，否则无法查看相关数据。具体操作步骤为：登录 PC 客户端，单击 ➕ 按钮，选择"运维管理"→"智能诊断"→"运行日志"命令，相关界面如图 2-40 所示。

☐ (0)	序号	类型	文件名称	操作
☐	1	core	coredump/core-20190923170639@_IVSS2.000.0000002.0.R_▨▨▨123456789012345.gz	↓
☐	2	core	coredump/core-20190924095740@_IVSS2.000.0000002.0.R_▨▨▨123456789012345.gz	↓
☐	3	core	coredump/core-20190921172429@_IVSS2.000.0000002.0.R_▨▨▨123456789012345.gz	↓
☐	4	主控日志	sda/ttylog/20190913195500_IVSS2.000.0000002.0.R_▨▨▨123456789012345@ttylog.bak	↓
☐	5	主控日志	sda/ttylog/20190918073531_IVSS2.000.0000002.0.R_▨▨▨123456789012345@ttylog	↓

图 2-40　运行日志界面

日志导出支持单条导出和批量导出方式。

1）单条导出：单击 ⬇ 按钮，导出该条日志。

2）批量导出：选择日志，单击"导出"按钮，批量导出运行日志。

（2）一键导出

当设备异常时，可以一键导出诊断数据，有助于查看并确认问题。具体操作步骤如下：

1）登录 PC 客户端，单击 ➕ 按钮，选择"运维管理"→"智能诊断"→"一键导出"命令，打开一键导出界面，如图 2-41 所示。

2）单击"生成诊断数据"按钮，生成诊断数据。

3）单击"导出"按钮，导出诊断数据。

图 2-41　一键导出界面

2. 用户管理

用户管理相关操作包括查询访问设备的网络用户信息，也可在一段时间内屏蔽某个用户，被屏蔽的用户在屏蔽时间内无法访问设备，可以提高系统使用的安全性。具体操作步骤如下：

1）登录 PC 客户端。

2）单击 ➕ 按钮，选择"运维管理"→"在线用户"→"在线用户"命令，列表中显示当前连接到设备的用户信息。

3）屏蔽用户。

① 单个屏蔽：单击用户对应的 ⊖ 按钮。

② 批量屏蔽：选择多个需要屏蔽的用户后，单击"屏蔽"按钮。

4）设置屏蔽时间，默认为 30 min，屏蔽操作界面如图 2-42 所示。

5）单击"确定"按钮。

图 2-42　屏蔽操作界面

3. 设备维护

设备维护是指对设备进行重启、恢复默认或系统升级等操作，清除系统运行中发生的故障或错误，可以提高设备运行效率。

（1）升级设备

升级设备主要是指对系统版本的升级。

1）升级本机设备。通过导入升级文件升级设备的系统版本，升级文件为 Bin 类型的文件。该操作的前提条件为已获取正确版本的升级文件，并放置在对应路径下。

① 本地操作时，将升级文件存放在 USB 存储设备中，并将 USB 存储设备接入设备。

② 在 Web 界面或 PC 客户端操作时，将升级文件放置在 Web 或 PC 客户端所在的 PC。

步骤 1：登录 PC 客户端。

步骤 2：单击■按钮，选择"运维管理"→"设备维护"→"升级"→"主机升级"命令。

步骤 3：单击"浏览"按钮，选择升级文件。

步骤 4：单击"立即升级"按钮。

步骤 5：单击"确定"按钮。

2）升级远程相机。可以通过导入升级文件升级远程相机的系统版本，该操作的前提条件为已获取正确版本的升级文件，并放置在对应路径下。

① 本地操作时，将升级文件存放在 USB 存储设备中，并将 USB 存储设备接入设备。

② 在 Web 界面或 PC 客户端操作时，将升级文件放置在 Web 或 PC 客户端所在的 PC。

步骤 1：登录 PC 客户端。

步骤 2：单击■按钮，选择"运维管理"→"设备维护"→"升级"→"相机升级"命令。

步骤 3：选择远程相机，单击"文件升级"按钮。进行操作时，需要先关闭录像，否则可能会升级失败。正在录像的远程相机进行文件升级，系统会弹出提示窗口，如图 2-43 所示。

图 2-43 提示窗口

步骤 4：单击"浏览"按钮，选择升级文件。

步骤 5：单击"立即升级"按钮。

（2）恢复默认

当设备出现运行缓慢、配置出错等情况时，可通过恢复默认来尝试解决问题。具体操作步骤如下：

1）登录 PC 客户端。

2）单击■按钮，选择"运维管理"→"设备维护"→"恢复默认"命令。

3）选择恢复默认方式，可选择恢复默认或恢复出厂设置，如图 2-44 所示。

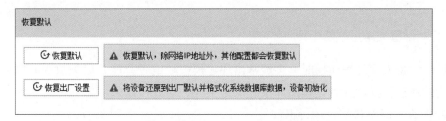

图 2-44 恢复默认/出厂设置界面

4）单击"确定"按钮。

（3）设置自动维护

当设备运行时间较长或出现异常时，可以设置在空闲的时间内自动重启设备或者开启应急维护，维持设备的稳定性。具体操作步骤如下：

1）登录 PC 客户端。

2）单击 ➕ 按钮，选择"运维管理"→"设备维护"→"自动维护"命令。

3）设置自动重启系统的时间，如图 2-45 所示。

图 2-45　自动维护界面

4）开启应急维护。当设备发生升级断电、运行错误等异常，且无法通过现有手段登录操作的情况下，可以通过开启应急维护实现重启、清除配置、升级等操作。开启此功能之前，须先安装故障诊断修复工具。

5）单击"保存"按钮。

（4）导出/导入配置文件

导出设备的配置文件至本地 PC 或 USB 存储设备进行备份。当设备运行异常导致配置丢失时，可通过导入备份的配置文件，快速恢复系统配置。

1）导出配置文件。登录 PC 客户端，单击 ➕ 按钮，选择"运维管理"→"设备维护"→"配置备份"命令，单击"配置导出"按钮，即可导出配置文件至本地 PC 或 USB 存储设备。使用不同界面操作时，文件的保存路径不同，请以实际为准。

① PC 客户端操作时，单击"配置导出"按钮后，选择"下载内容"命令，可查看文件的保存路径。

② 本地操作时，可选择文件的保存路径，本地操作时，需要先将 USB 存储设备接入设备。

③ 在 Web 界面中操作时，文件保存在浏览器的默认下载路径中。

2）导入配置文件。登录 PC 客户端，单击 ➕ 按钮，选择"运维管理"→"设备维护"→"配置备份"命令，单击"浏览"按钮，选择配置文件并单击"配置导入"按钮，导入配置文件。

4. 智能配置类常见故障处理

在进行设备人脸底图建模时，会经常出现建模失败或者智能开启失败等问题，可能是因为智能模块运行异常或者建模图片没有满足条件，对此可以采用如下解决方案：

（1）检查智能模块是否运行正常

选择"运维管理"→"系统资源"→"智能模块信息"命令，跟踪智能模块的实时状态，界面如图 2-46 所示，其中绿色为正常，红色/灰色为异常。若智能模块运行异常，请重新安装，然后检查问题是否已经解决，如果已解决，则完成问题处理，否则继续排查建模图片是否存在问题。

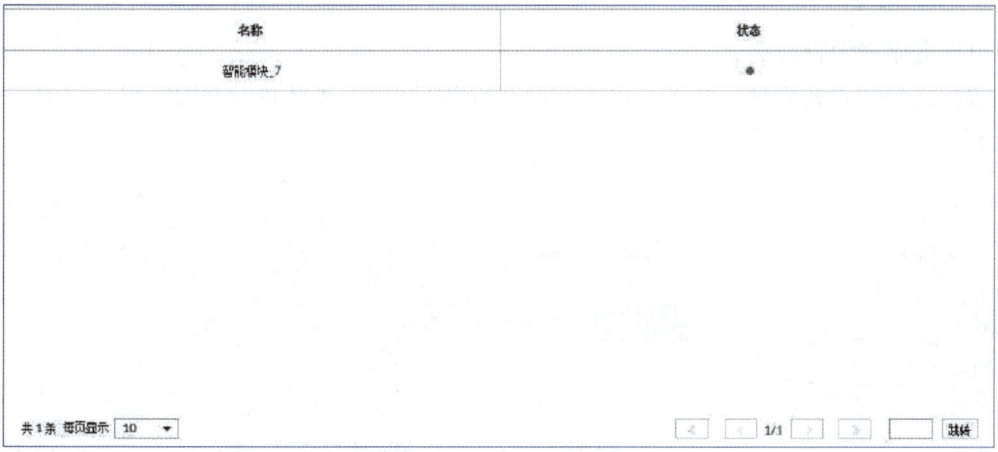

名称	状态
智能模块_7	●

共 1 条　每页显示 10 ▾　　　　　　　　< ‹ 1/1 › >　　跳转

图 2-46　智能模块状态界面

（2）建模图片需要满足的条件

1）建模的图片满足人脸无明显遮挡。

2）口罩/帽子超过人脸有效区域 1/2，非卡通人物，无多人脸。

3）人脸图片小于 4 MB，仅支持 JPG 格式，图片大小要求：100×100 ~ 3 840×2 160 px。

按照上述两步处理后，检查问题是否已经解决。如果已解决，则完成问题处理，否则请联系相关技术支持。

任务 2-4　ICC 基础运维与常见故障处理

任务描述

某公司刚部署了一套视频监控系统及 ICC 管理平台。为了应对客户在日常设备使用过程中遇到的种种问题，领导派小邓到客户现场指导客户利用平台进行日常设备运维及常见问题处理。为此，小邓需要提前了解 ICC 管理平台的常见运维操作。

知识准备

了解 ICC 管理平台基础信息以及配置界面等相关信息以及基本业务配置等相关内容，详见任务 1-4。

任务实施

1. 查看当前设备运行状况

1）登录平台管理端。

2）选择"设备管理"命令，单击左侧"设备组织"，选择要查看的组织，如图 2-47 所示。

图 2-47 设备组织界面

3）选择"设备"页签，查看当前组织下设备的运行状态、离线原因，如图 2-48 所示。

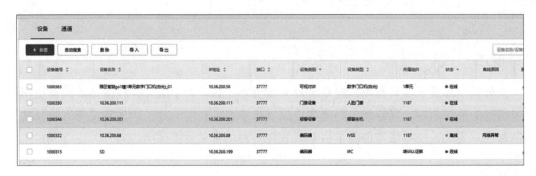

图 2-48 设备信息界面

4）选择"通道"页签，查看当前组织下通道的运行状态，如图 2-49 所示。

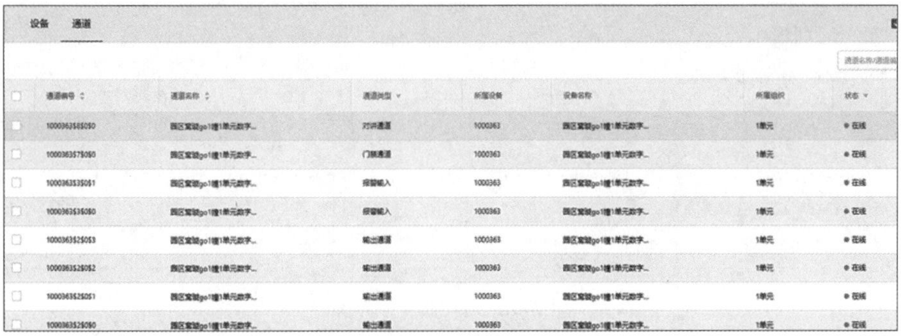

图 2-49　通道信息界面

2. 查看设备日志

1）登录平台管理端。

2）选择"系统管理"→"日志管理"→"设备日志"命令。

3）输入查询条件，单击🔍按钮，然后单击左上角"导出"按钮，导出相关日志。

3. 常见故障处理

（1）平台的视频监控管理或人员布控管理功能发生异常

1）登录运维中心，在浏览器中输入"平台 IP 地址/config"，按 Enter 键。输入用户名和密码（默认用户名为 admin，密码为 123456），单击"登录"按钮。

微课 2-1
ICC 平台升级和
版本查看

2）选择"运维管理"→"服务部署"命令，打开服务部署界面，如图 2-50 所示，查看视频监控系统、人员布控系统是否已安装。若无安装，请参照任务 7-3 子系统安装操作流程。

图 2-50　服务部署界面

3）若已安装，单击∨按钮，查看详细服务以及是否有子服务模块缺失，如图 2-51 所示。

图 2-51 详细服务界面

4）若没有缺失，可以单击 服务状态监控 按钮查看服务状态监控，检查服务器状况，如图 2-52 所示。

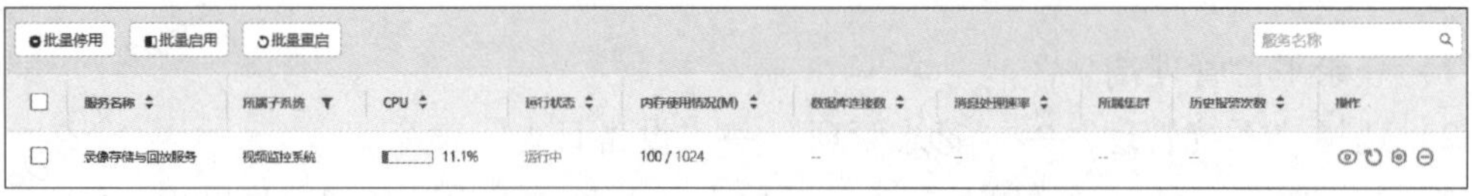

图 2-52 服务状态界面

5）若服务器有异常，可以单击 ↻ 按钮重启服务。

（2）人脸记录图片不展示

注意：Chrome 浏览器 85 版本以上由于安全认证问题，图片默认不显示，需要在浏览器中设置隐私和安全性，将不安全内容改为允许，再刷新页面后图片即可正常显示。如果还不能正常显示，则须检测存储配置是否正常。

（3）实时预览和录像回放中的抓拍图片不显示

1）登录运维中心，在浏览器中输入"平台 IP 地址/config"，按 Enter 键。输入用户名和密码（默认用户名为 admin，密码为 123456），单击"登录"按钮。

2）选择"运维管理"→"存储配置"→"动态图片存储"命令，打开动态图片存储界面，如图 2-53 所示，查看存储服务器配置情况和运行情况是否存在异常。平台支持视频存储、图片存储、动态图片存储以及静态图片存储的配置，4 种存储的分类如下。

图 2-53 动态图片存储界面

① 视频存储：包括联动报警录像以及全天录像等信息的存储。

② 图片存储：过车记录图片的存储。

③ 动态图片存储：人脸、人体、车体、报警联动等抓拍图片的存储。

④ 静态图片存储：包括人员头像等静态图片的存储。

若在设备 Web 端修改设备密码后，设备依然显示在线且可继续上报报警时，可以选择重启设备。

项目实训

某单位安装部署了一套简单的视频监控系统，为确保系统长期稳定运行，需要定期对系统进行维护，如发现问题须及时解决。具体要求如下：

1）将 IPC 的配置进行备份，并导出到本地，最后进行备份恢复。

2）在 NVR 端完成硬盘状态查询及 S. M. A. R. T 报告查看。

3）在 IVSS 端完成运行日志查看与导出，屏蔽用户以及升级远程相机操作。

4）完成 ICC 管理平台服务部署查看及服务运行状态查看操作。

项目总结

本项目重点介绍了视频监控系统中各个设备的基础运维操作以及基础故障处理的方法。通过本项目的学习和实训，读者能够掌握各模块的基础维护方法，如查看日志信息、系统升级、恢复默认等，也能掌握设备常见基础故障的排查方法，并能够通过各种前后端设备独立解决常见故障问题。

课后习题

文本：参考答案

一、选择题

1. 下列（　　）参数不会影响画面亮度。

A. 光圈　　　　　　B. 快门　　　　　　C. 增益　　　　　　D. 3D 降噪

2. 若要抓拍普通行人人脸，快门范围一般设置为（　　）。

A. 0~5 ms　　　　　B. 0~6 ms　　　　　C. 0~10 ms　　　　D. 0~40 ms

3. 下列（　　）操作不会导致 IPC 网络不通。

A. 设备启动异常　　　　　　　　B. 计算机 IP 地址配置错误

C. 清理摄像机控件　　　　　　　D. 设备 IP 地址配置错误

4. NVR 硬盘类异常报警检测，包括（　　）。

A. 无硬盘和硬盘出错　　　　　　B. 存储容量不足

C. 硬盘健康异常　　　　　　　　D. 以上全部

5. IPC Web 预览提示资源有限，可能是（　　　）原因。

A. 安装环境问题　　　　　　　　B. 控件不匹配

C. 网络问题　　　　　　　　　　D. 图像参数配置问题

6. NVR 网络异常检测不包括（　　　）。

A. 网络断开　　　　　　　　　　B. IP 地址冲突

C. MAC 地址冲突　　　　　　　　D. 网络攻击

7. 下列关于 IVSS 检查智能模块状态的说法中，错误的是（　　　）。

A. 在智能模块信息页面可以查看智能模块的实时状态

B. 发现无法做人脸检测功能，与智能模块无关

C. 智能模块状态显示绿色，说明智能模块正常运行

D. 智能模块状态显示红色，说明智能模块运行异常

8. IVSS 设备需要恢复配置到默认状态，但是不希望重新配置 IP 地址，可以（　　　）。

A. 进入恢复默认页面，单击"恢复出厂设置"按钮

B. 进入恢复默认页面，单击"恢复默认"按钮

C. 选择"设备维护"→"自动维护"命令，打开相应界面，配置自动重启

D. 先导出配置，进入恢复默认页面，单击"恢复出厂设置"按钮，设备启动后再导入预先导出的配置

9. ICC 管理平台监控服务状态，需要在（　　　）配置界面。

A. 运维中心　　　　　　　　　　B. 视频客户端

C. 平台管理端　　　　　　　　　D. 以上都可以

10. 若只想提亮画面中暗的部分，可以选择（　　　）。

A. 背光补偿　　　B. 宽动态　　　C. 强光抑制　　　D. 默认

二、判断题

1. 增益会影响画面亮度及噪点，增益越大画面亮度越高，但噪点也会相应增多。（　　　）

2. IPC 人脸场景较暗可以适当拉高曝光补偿。（　　　）

3. IPC 画面中出现亮暗横条纹，可以调整曝光时间解决。（　　　）

4. NVR 事件类型设置为"存储容量不足"时，需要设置硬盘容量"下限"，仅当硬盘剩余可用的容量低于设定值时触发报警。（　　　）

5. IVSS 磁盘无法挂载或正常使用时，可尝试使用文件系统修复功能进行修复。（　　　）

6. IVSS 单击"S. M. A. R. T"按钮，检查磁盘状态是否正常，如果存在异常现象，可以过一天再进行查看。（　　　）

三、简答题

1. 简述造成人脸模糊的可能原因及解决方案。

2. 简述有哪些手段可以帮助分析和排查 NVR 设备故障。

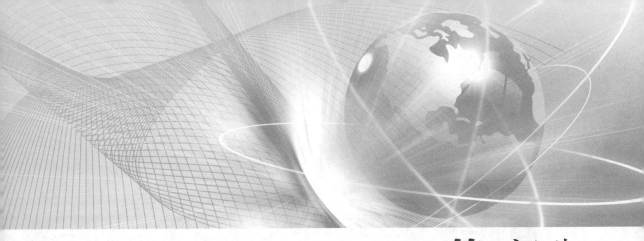

第2部分
入侵和紧急报警系统业务配置与运维

项目 3 入侵和紧急报警系统业务配置与应用

学习情境

很多行业，如军工、金融等，对入侵报警有很高的要求。稳定可靠的入侵报警设备，快速准确的警情上报，迅速确切的远程、本地声光和预案联动，以及监控中心的快速视频报警复核联动、可视对讲联动等功能，都是这些行业安防建设的迫切需求。其中，作为安防子系统之一的报警系统发挥着尤其重要的作用。

在防区内使用多种不同类型的入侵探测器，可以构成看不见的警戒点、警戒线、警戒面或空间的警戒区，将它们交织在一起，便可形成一个多层次、多方位的安全防范报警网。

本项目共分为 3 个学习任务，详细介绍通过报警主机 Web 端、ICC 管理平台以及报警键盘 3 种方式对整个入侵和紧急报警系统进行业务配置的方法，使报警系统能够完成对相应防护区域警情的监测与防范。

PPT：项目 3
入侵和紧急报
警系统业务配
置与应用

学习目标

知识目标

1）理解报警主机说明书中的相关术语和定义。

2）理解键盘、Web、ICC 管理平台 3 种配置工具的差异。

技能目标

1）能够在 Web 上配置报警主机。

2）能够在键盘上配置报警主机。

3）能够在 ICC 管理平台中配置报警主机。

相关知识

1）子系统：报警主机单独划分出来的独立区域，这些区域相当于一套独立的控制系统，提供分区布/撤防能力。

2）防区：系统的探测器设备将分配到各个防区，如将门磁探测器安装在大门上（配置为 001 防区），振动探测器安装在墙上（配置为 002 防区）等。当这些探测器被触发时，相关编号会出现在控制指示设备上。

24 小时防区、延时防区、布/撤防、消警等概念由于内容篇幅过多，有兴趣的读者可以自行查阅配套的报警控制器使用说明书。报警系统各组成设备性能以及安装接线相关知识请参考初级教材，本项目不再赘述。

本项目所涉及的主要设备清单见表 3-1。

表 3-1　报警系统设备清单

报警设备	简介	功能描述
报警主机	控制系统	处理报警信号
Web	本地客户端	本地操作界面
报警键盘	控制指示设备	控制报警主机
警号	告警装置	声光警戒
扩展模块	扩容装置	报警输入/输出路数扩容
ICC 管理平台	远程客户端	远程操作界面

任务 3-1　Web 报警业务配置

任务描述

某金融企业现需要启用入侵报警系统，小张作为项目现场负责人，在完成报警主机等硬件设备的安装接线后，为保障系统正确运行，需要快速配置报警功能。他将通过 Web 工具配置报警主机的基础以及联动功能，主要包括防区配置、报警子系统配置、扩展模块配置、蜂鸣和警号等联动配置、防区布/撤防等。

知识准备

使用 Web 工具操作可以快速、简洁地完成报警主机相关配置和查询工作，其缺点是必须要在计算机上进行配置。

首次使用设备或者设备恢复出厂设置后首次使用时，需要设置 admin 用户的登录密码。同时还可设置预留手机号码，用于在遗忘管理员登录密码时重置密码。

Web 登录运行相关内容详见报警控制器使用说明书，本任务将忽略首次 Web 登录配置相关内容。Web 对报警主机的配置需要根据实际使用情景进行配置，故本任务 Web 相关配置仅供参考。

本任务将主要讲述防区、子系统、扩展模块等基础配置以及键盘、警号、语音短信等联动配置操作。

任务实施

微课 3-1
Web 报警
基础配置

1. 登录 Web

1）在浏览器地址栏中输入设备 IP 地址并按 Enter 键。

2）打开 Web 登录界面，输入用户名和密码，单击"登录"按钮，如图 3-1 所示。

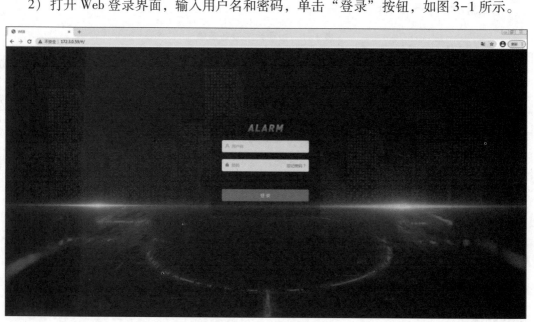

图 3-1　Web 登录界面

2. 本地防区配置

切换到报警配置界面，选择"防区"项，单击右侧"操作"按钮，对本地防区参数进行配置，如图 3-2 所示。将接入的探测器划分到防区中，这样探测器就和防区配置在一起了，探测器选择实际接入的探测器，其余参数说明可以参考表 3-2，图中参数为常见配置，最后单击"确定"按钮。

图 3-2　本地防区配置

表 3-2　防区参数说明

参　　数	说　　　　　明
名称	自定义防区名称
传感器感应方式	根据实际接入的探测器类型选择
防区类型	根据实际需要选择防区
防区电阻	MBUS 模块选择 10 kΩ 电阻，其他根据实际需要选择，如 2.7 kΩ、4.7 kΩ、6.8 kΩ、10 kΩ（MBUS）
传感器类型	根据传感器类型（即探测器类型）选择"常开"或者"常闭"
线尾电阻数量	根据实际需要选择，一般选择 0EOL（没有电阻情况下）或 1EOL（默认值）。如果要支持防短、防拆功能选择 2EOL；如果需要支持防遮挡功能，选择 3EOL。各级数量说明如下： ● 0EOL 正常+报警 ● 1EOL 正常+报警 ● 2EOL 正常+报警+防短+防拆 ● 3EOL 正常+报警+防短+防拆+防遮挡

3. 输入扩展模块防区配置

当要布防的防区很多，而报警主机本地输入接口有限时，可以配置输入扩展模块，进行防区输入扩展。选择"设备信息"页签，查看输入扩展模块的地址，如图 3-3 所示。

切换到报警配置界面，选择"防区"项，单击右侧"操作"按钮，对输入扩展模块防区参数进行配置，如图 3-4 所示。根据实际情况选择防区类型、防区电阻、传感器类型、模块类型、模块地址和模块通道号等，最后单击"确定"按钮。

图 3-3　扩展模块设备信息界面

图 3-4　输入扩展模块防区配置

4. 输出扩展模块防区配置

当报警系统中报警输出设备较多，而报警主机本地报警输出接口有限时，可以使用输出扩展模块扩展防区的输出通道。选择"设备信息"页签，查看输出扩展模块的地址，如图 3-3 所示。切换到报警配置界面，选择"继电器"项，单击右侧"操作"按钮，对输出扩展提供防区参数进行配置，如图 3-5 所示。根据实际情况选择模块类型、模块地址和模块通道号等，最后单击"确定"按钮。

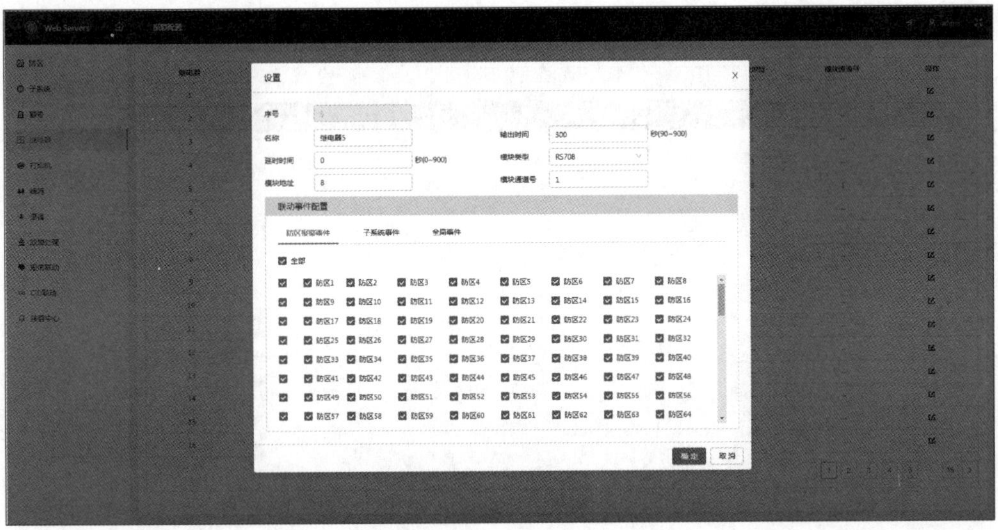

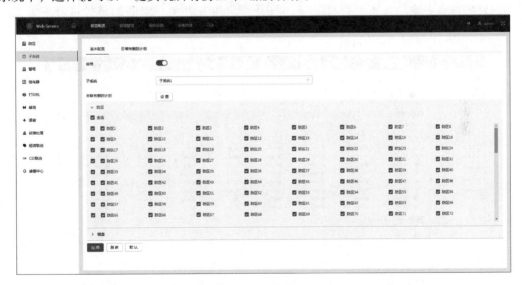

图 3-5 输出扩展模块防区配置

5. 防区关联子系统

选择"子系统"项，打开"启用"开关，选择需要配置的子系统。展开"防区"列表，选中关联的防区，再单击"应用"按钮，如图 3-6 所示。该步骤是将防区关联到子系统中，这样就可以一键实现所有防区布/撤防操作。

图 3-6 防区关联子系统

6. 键盘关联子系统

展开"键盘"列表，选中需要关联的键盘，再单击"应用"按钮，如图 3-7 所示。

该步骤的目的是为了关联键盘，使键盘可以对关联子系统进行布/撤防操作。

图 3-7　键盘关联子系统

7. 声光警号联动事件配置

本操作用来关联防区，当防区发生报警时，声光警号就会被联动开启。注意声光警号的蜂鸣声音较大，因此实操练习中建议通过剪掉连接蜂鸣器的线和主板上面的大电容将警号中的蜂鸣声音去除。选择"警号"项，打开"启用"开关，对联动事件进行配置，最后单击"应用"按钮，如图 3-8 所示。

图 3-8　声光警号联动报警配置

8. 蜂鸣联动事件配置

本操作用来关联防区，当防区发生报警时，主机蜂鸣就会被联动开启。选择"蜂鸣"

项，打开"启用"开关，对联动事件进行配置，再单击"应用"按钮，如图 3-9 所示。

图 3-9　蜂鸣联动事件配置

9. 语音和短信联动配置

选择系统管理界面，选择"用户管理"项，单击"手机用户"按钮，对用户参数进行配置，如图 3-10 所示。根据实际情况填写手机号码、关联子系统，并设置手机用户布/撤防、消警、旁路等权限，以便添加手机用户后可以通过手机进行联动报警和布/撤防等操作，最后单击"确定"按钮。

切换到报警配置界面，选择"语音"项，如图 3-11 所示，根据实际情况关联防区，最后单击"确定"按钮。类似地，进行短信联动配置，如图 3-12 所示。完成配置后，当防区发生报警事件就会自动拨打电话和发送短信。

图 3-10　添加用户界面

10. 遥控器、用户卡配置

选择"系统管理"界面，选择"用户管理"项，单击"遥控器用户"按钮，对遥控器参数进行配置。将遥控器靠近键盘，按住任意键添加遥控器序列号，如图 3-13 所示，根据实际情况关联子系统、键盘，最后单击"确定"按钮。用户卡的添加与遥控器类似，在键盘上刷卡，系统自动识别卡号，使用用户卡可以直接对防区进行布/撤防等操作，如图 3-14 所示。

图 3-11   语音联动配置

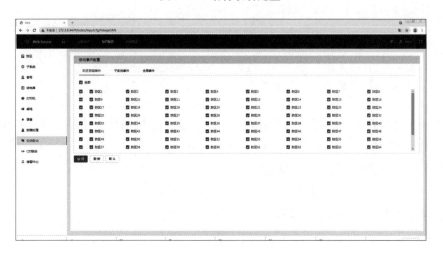

图 3-12   短信联动配置

图 3-13   遥控器配置

图 3-14   用户卡配置

11. 完成子系统/防区的布防

切换到报警管理界面，分别选择"子系统"及"防区"项。单击"外出布防""撤防"以及"消警"等按钮，如图 3-15 所示，即可完成相应的操作，此处不再赘述，也可以通过遥控器直接完成子系统布/撤防操作。

图 3-15　子系统/防区布防

任务 3-2　ICC 报警业务配置

任务描述

小黄是某公司的项目技术支持人员。前期客户已经采购了 ICC 管理平台，根据客户要求，现需要对某园区的报警系统进行业务部署。因此，小黄需要先了解 ICC 管理平台报警配置相关内容，以帮助客户实现报警相关应用。

知识准备

下面对 ICC 管理平台涉及的报警类型进行归纳总结。

ICC 管理平台自带的报警类型包括普通设备类型、网络存储设备类型、云储存设备类型、报警设备类型、视频通道类型、报警通道类型、智能通道类型、雷达通道类型、热成像通道类型、门禁通道类型、人脸通道类型、服务器类型和服务类型。具体报警类型包含的报警事件如下，本任务将介绍报警主机类报警配置。

1）普通设备报警类型包括硬盘满、硬盘故障、设备断线、无硬盘等。

2）视频通道报警类型包括视频丢失、移动侦测、视频遮挡、通道断线等。

3）智能通道报警类型包括绊线入侵、区域入侵、物品遗留、徘徊检测、人员滞留、人群聚集等。

4）人脸通道报警类型包括陌生人报警、黑名单报警。

5）网络存储设备报警类型包括集群切换、RAID 报警等。

6）云储存设备报警类型包括磁盘下线、磁盘变慢等。

7）报警设备报警类型包括紧急求助、机箱入侵等。

8）报警通道报警类型包括外部报警、报警主机报警、烟感等。

9）雷达通道报警类型包括雷达报警。

10）热成像通道报警类型包括火情报警、吸烟检测报警等。

11）门禁通道报警类型包括胁迫报警、非法密码开门等。

12）服务器类型报警类型包括服务器 CPU 使用率、CPU 温度等。

13）服务类型报警类型包括服务 CPU 使用率、数据库连接数等。

任务实施

1. 添加预案计划

预案计划是系统执行相应报警联动动作的时间集合，系统默认已有双休日模板、工作日模板和全时段模板 3 种预案计划模板，如果满足使用需求，可不用添加新的时间模板。若需要使用自己的预案计划，可按照以下操作步骤添加：

1）登录平台管理端。

2）选择"预案计划"命令。

3）单击"新增时间模板"按钮，设置模板名称和时间段，如图 3-16 所示。选中

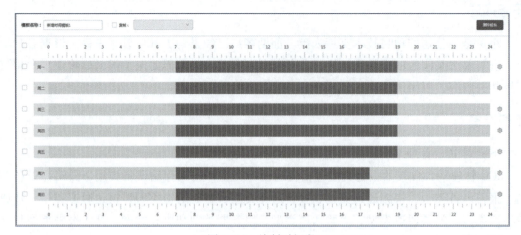

图 3-16　绘制时间段

"复制"复选框，并在下拉框中选择已有的时间模板，可以直接复制该时间模板的设置。也可以直接在时间轴上按住鼠标左键拖动绘制时间段，或者单击星期对应的 ⚙ 按钮，在"详细时间段设置"界面设置时间段。

4）单击"确定"按钮，保存时间模板。

2. 配置报警应用

（1）添加报警主机

使用报警主机功能时，需要先将报警设备添加到管理平台。具体操作步骤如下：

1）登录平台管理端。

2）选择"设备管理"→"设备"命令，在打开的界面中单击"新增"按钮，选择设备类型并单击"下一步"按钮。设备类别选择"报警设备"，设备类型使用报警主机功能时需配置为报警主机，如图 3-17 所示。

3）配置设备基本信息，单击"下一步"按钮。报警设备只支持通过 IP 地址方式添加，不支持设备主动注册，如图 3-18 所示。

图 3-17　选择设备类型

4）配置设备信息，单击"完成"按钮。报警类型根据防区所接探测器进行实际选择或者选择"报警主机报警"，报警主机报警默认表示所有防区的报警，如图 3-19 所示。

图 3-18　配置设备基本信息

图 3-19　配置设备信息

（2）配置报警主机

系统支持管理报警主机，并支持对报警主机进行布/撤防、旁路等操作。布防后，报警控制器会对防区内的报警信号做出响应。具体操作步骤如下：

1）登录视频客户端。

2）选择"综合安防"→"报警主机"命令。

3）选择报警主机和防区，单击"布防"按钮，如图 3-20 所示，防区图标含义如下。

：表示布防。

：表示撤防。在布防或报警状态下，可以对该防区撤防。撤防后，报警控制器将不产生报警。

：表示旁路。旁路后，该防区在此次布防时被屏蔽。当设备撤防时，防区将恢复为旁路之前的状态。如需要布防已经旁路的防区，请先撤防后再布防。

：表示隔离。隔离后，该防区在此次布防时被屏蔽。防区被停用或撤防再布防时，该隔离的防区仍为停用状态。

图 3-20   布防界面

（3）配置报警预案

添加报警预案，才能将报警信息上传给平台，实现报警消息的管理。报警预案的配置，请参考任务 7-3 安全防范综合系统配置。需要注意的是，报警类型需要与添加设备时，选择的报警类型保持一致，如当使用"报警主机"方式进行报警系统部署时，配置报警类型要选择"报警通道"→"报警主机报警"，如果选择其他类型报警类型（如"气感"），触发报警后防区不会显示报警状态。

任务 3-3   键盘报警业务配置

任务描述

在某些大中型企业，除了通过 Web、平台等对报警系统进行配置操作外，有时也可以通过键盘完成报警的基础配置。小杨作为新入职员工，为了更好地保障报警系统的运维，需要熟悉通过键盘配置报警主机的方法，主要包括熟悉键盘说明书内的操作指令，使用键盘实现对报警主机参数配置、布/撤防设置和查询其运行状态。

知识准备

键盘操作的优点是位置固定，方便进行布/撤防操作和事件查询等；缺点则是不够直观，需要熟悉指令。在进行本项目操作前，需要仔细阅读键盘说明书，并使用说明书中的指令进行操作。键盘支持在全局、编程以及步测 3 种模式下操作。全局模式支持系统的布/撤防、消警、旁路等常见操作；编程模式支持用户管理、报警输出配置和报警主机网络设置等常见操作；步测模式一般只在系统部署前期用来进行系统测试，测试当防区触发报警时，系统能否按照相关配置进行输出响应。系统默认进入全局模式。当在编程模式下或者步测模式下 3 分钟内没有任何操作或者退出操作时，系统自动返回全局模式。本任务只将介绍键盘全局模式下常见配置操作。

任务实施

微课 3-2
键盘报警
相关操作

1. 布/撤防操作

（1）功能说明

1）布防：当报警主机和探测器均正常工作时，对防区布防后，报警主机将对防区内的报警信号做出响应。

2）撤防：当有防区处于布防状态时，使防区退出布防状态。

（2）授权用户

授权用户包括管理员、安装员、设备制造商或带布/撤防权限的操作员，不同的用户默认密码不同。

1）admin 用户：默认密码是 1234。

2）Installer 用户：默认密码是 9090。

3）Manufacturer 用户：默认密码是 2008。

（3）编码指令

1）反转系统布防或撤防：【密码】

2）子系统撤防：【密码】+【＊】+【2】+【＊】+【子系统号】

3）子系统外出布防：【密码】+【＊】+【3】+【＊】+【子系统号】

4）子系统强制外出布防：【密码】+【＊】+【4】+【＊】+【子系统号】

5）子系统在家布防：【密码】+【＊】+【5】+【＊】+【子系统号】

6）子系统强制在家布防：【密码】+【＊】+【6】+【＊】+【子系统号】

7）单防区布防：【密码】+【＊】+【10】+【＊】+【防区号】

8）单防区撤防：【密码】+【＊】+【11】+【＊】+【防区号】

其中，反转系统布防或撤防表示反转每个已启用的有效的子系统布/撤防状态，如系统当前处于布防状态，输入编码指令后为撤防状态；防区号统一用 3 位数表示，取值范围为 001~256，不足前面补 0；子系统号统一用 2 位数表示，取值范围为 01~08，不足 2 位前面补 0；继电器号统一用 3 位数表示，取值范围为 001~256，不足 3 位前面补 0。

（4）举例

管理员（默认密码为"1234"）实现对子系统 1 外出布防：在全局模式下（主界面）输入编码指令"1234 * 3 * 01"，按 Enter 键完成。

2. 消警操作

当报警被触发后，通过键盘消除报警。

（1）授权用户

授权用户包括管理员、安装员、设备制造商或带消警权限的操作员。不同用户密码参照布/撤防操作部分说明。

（2）编码指令

1）消除全部：【密码】+【*】+【1】

2）消除子系统：【密码】+【*】+【1】+【*】+【防区号】

3）消除防区：【密码】+【*】+【23】+【*】+【防区号】

（3）举例

管理员（默认密码为"1234"）实现全部消警：在全局模式下（主界面）输入编码指令"1234 * 1"，按 Enter 键完成。

3. 旁路操作

（1）功能说明

当某些探测器出现故障或个别防区范围内有人活动造成系统处于未准备状态而影响整个系统执行正常布防操作时，系统可以允许用户对这些防区进行暂时隔离操作。

1）旁路恢复：将被旁路防区手动恢复到启用状态。

2）暂时旁路：该防区在此次布防时被屏蔽，当设备撤防时，防区在撤防后自动恢复到启用状态。

3）永久旁路：该防区被停用，在设备撤防后再布防时，该防区仍为停用。

（2）授权用户

授权用户包括管理员、安装员、设备制造商或带消警权限的操作员。不同用户密码参照布/撤防操作部分说明。

（3）编码指令

1）单防区旁路恢复：【密码】+【*】+【7】+【*】+【防区号】

2）单防区暂时旁路：【密码】+【*】+【8】+【*】+【防区号】

3）单防区永久旁路：【密码】+【*】+【9】+【*】+【防区号】

（4）举例

管理员（默认密码为"1234"）实现对防区 1 暂时旁路：在全局模式下（主界面）输入编码指令"1234＊8＊001"，按 Enter 键完成。

4. 初始化报警主机

（1）功能说明

因键盘输入字母不便，初始化主机操作的 admin 用户密码规则采用如下规则：

1）用户通过执行以上指令并输入 3～27 位数字密码，初始化主机成功后，实际密码为 admin＋用户输入的数字密码。

2）用户通过执行以上指令并输入 8～32 位的数字和字母混合的密码，初始化主机成功后，实际密码为用户输入的密码。

（2）授权用户

授权用户只有管理员。

（3）编码指令

编码指令格式：【密码】＋【＊】＋【21】＋【＊】＋【给 admin 用户设置的密码】

（4）举例

管理员（默认密码为"1234"）初始化主机，给主机 admin 用户设置的密码为"admin123"：在全局模式下（主界面）输入编码指令"1234＊21＊admin123"，按 Enter 键完成。

5. 进入/退出编程模式

（1）功能说明

登录主机进入编程模式后，可以通过键盘实现用户管理、报警输出配置和报警主机网络设置等功能。

（2）编码指令

1）进入编程模式编码指令格式：【密码】＋【＊】＋【12】

2）退出编程模式编码指令格式：【＊】

（3）举例

管理员（默认密码为"1234"）进入编码模式：在全局模式下（主界面）输入编码指令"1234＊12"，按 Enter 键完成。

管理员（默认密码为"1234"）退出编码模式：在编程模式下，输入编码指令"＊"，按 Enter 键完成。

6. 进入/退出步测模式

（1）功能说明

步测模式主要用来对防区进行调试，即防区被触发只上报警情给键盘，没有其他报警联动输出，永久旁路的防区不会上报警情给键盘。

（2）编码指令

1）进入步测模式编码指令格式：【安装员默认密码】+【＊】+【18】

2）退出步测模式编码指令格式：【安装员默认密码】+【＊】+【19】

（3）举例

安装员（默认密码为"9090"）进入步测模式：在全局模式下（主界面）输入编码指令"9090＊18"，按 Enter 键完成。

安装员（默认密码为"9090"）退出步测模式：在步测模式下，输入编码指令"9090＊19"，按 Enter 键完成。

7. 键盘指令表

键盘常见指令见表 3-3。

表 3-3　键盘指令表

命　令		操　作　指　令
全局模式下	子系统撤防	【密码】+【＊】+【2】+【＊】+【子系统号】
	子系统外出布防	【密码】+【＊】+【3】+【＊】+【子系统号】
	子系统强制外出布防	【密码】+【＊】+【4】+【＊】+【子系统号】
	子系统在家布防	【密码】+【＊】+【5】+【＊】+【子系统号】
	子系统强制在家布防	【密码】+【＊】+【6】+【＊】+【子系统号】
	反转系统布/撤防	【密码】
	单防区布防	【密码】+【＊】+【10】+【＊】+【防区号】
	单防区撤防	【密码】+【＊】+【11】+【＊】+【防区号】
	消警	消除全部：【密码】+【＊】+【1】 消除子系统：【密码】+【＊】+【1】+【＊】+【防区号】 消除防区：【密码】+【＊】+【23】+【＊】+【防区号】
	旁路	单防区旁路恢复：【密码】+【＊】+【7】+【＊】+【防区号】 单防区暂时旁路：【密码】+【＊】+【8】+【＊】+【防区号】 单防区永久旁路：【密码】+【＊】+【9】+【＊】+【防区号】
	继电器输出设置	手动开启继电器输出：【密码】+【＊】+【13】+【＊】+【继电器号】 手动关闭继电器输出：【密码】+【＊】+【14】+【＊】+【继电器号】
	设置 PSTN 测试	PSTN 手动测试：【密码】+【＊】+【15】 短信手动测试：【密码】+【＊】+【16】+【＊】+【手机号码】 电话手动测试：【密码】+【＊】+【17】+【＊】+【手机号码】
	重启主机	【密码】+【＊】+【20】
	初始化主机	【密码】+【＊】+【21】+【＊】+【给 admin 用户设置的密码】
	恢复默认配置	【密码】+【＊】+【22】

续表

命　　令		操 作 指 令
编程模式下	进入编程模式	【管理员默认密码/安装员默认密码/设备制造商默认密码/操作员默认密码】+【＊】+【12】
	管理用户	增加用户：【000】+【密码】 删除用户：【001】+【密码】 增加用户权限：【002】+【用户密码】+【＊】+【权限编码】 删除用户权限：【003】+【用户密码】+【＊】+【权限编码】 修改用户密码：【004】+【用户旧密码】+【＊】+【用户新密码】 用户关联子系统：【005】+【用户密码】+【＊】+【子系统号】 取消用户关联子系统：【006】+【用户密码】+【＊】+【子系统号】 设置一键布防使能：【007】+【用户密码】+【＊】+【0 或 1】 设置布/撤防行为：【008】+【用户密码】+【＊】+【1 或 2 或 3】 设置布防模式：【009】+【用户密码】+【＊】+【0 或 1】 设置强制布防使能：【010】+【用户密码】+【＊】+【0 或 1】
	设置开关量防区	设置传感器类型：【101】+【防区】+【常开或常闭】 设置防区类型：【102】+【防区】+【防区类型】（01：即时防区；02：延时防区） 设置传感器感应方式：【103】+【防区】+【感应方式】 设置进入延时时间：【104】+【防区】+【时间】 设置退出延时时间：【105】+【防区】+【时间】 设置防区模块类型：【106】+【防区】+【0 或 1 或 2 或 3】 设置防区模块地址：【107】+【防区】+【地址】 设置防区模块通道号：【108】+【防区】+【通道号】 设置防区电阻：【109】+【防区】+【电阻值】
	设置继电器输出	设置继电器输出持续时间：【020】+【防区】+【时间】 设置继电器输出模块类型：【021】+【防区】+【0 或 1 或 2 或 3】 设置继电器输出模块地址：【022】+【防区】+【地址】 设置继电器输出模块通道号：【023】+【防区】+【通道号】
	设置警号	设置警号使能：【050】+【0 或 1】 设置警号输出持续时间：【051】+【时间】
	设置报警中心	设置传输介质：【151】+【传输介质类型】 设置拨号尝试次数：【153】+【服务器】+【次数】 设置拨号延时：【154】+【服务器】+【时间】 设置报警中心号码：【155】+【服务器】+【号码】 设置用户码：【156】+【服务器】+【用户码】 设置电话中心参数：【160】+【传输方式】+【拨号次数】+【拨号延时】+【用户码】
	设置测试报告	设置测试报告使能：【170】+【0 或 1】 设置测试报告上传周期：【171】+【时间（天）】或【172】+【时间（小时）】 设置测试报告接警中心开启：【173】+【服务器】 设置测试报告接警中心关闭：【174】+【服务器】 设置第一条测试报告上传周期：【175】+【时间】

续表

命　　令		操 作 指 令
编程模式下	设置 CID 联动	设置协议类型：【200】+【1 或 2】 设置 CID 事件是否上报恢复：【201】+【0 或 1】 开启 CID 事件联动的电话接警中心：【202】+【事件码】+【接警中心】 关闭 CID 事件联动的电话接警中心：【203】+【事件码】+【接警中心】 修改事件码：【204】+【事件码对应的序号】+【修改后的事件码】
	设置打印机	设置打印机使能：【220】+【0 或 1】 设置防区报警事件打印：【221】+【0 或 1】+【0 或 1】 设置系统事件打印：【222】+【0 或 1】+【0 或 1】+【0 或 1】+【0 或 1】+【0 或 1】+【0 或 1】+【0 或 1】+【0 或 1】 设置系统事件恢复打印：【223】+【0 或 1】+【0 或 1】+【0 或 1】+【0 或 1】+【0 或 1】+【0 或 1】+【0 或 1】+【0 或 1】 设置操作事件打印：【224】+【0 或 1】+【0 或 1】+【0 或 1】+【0 或 1】 设置操作事件恢复打印：【225】+【0 或 1】+【0 或 1】+【0 或 1】+【0 或 1】 设置紧急事件打印：【226】+【0 或 1】+【0 或 1】 设置脉冲类事件打印：【227】+【0 或 1】+【0 或 1】
	设置报警子系统	设置子系统使能：【270】+【子系统号】+【0 或 1】 添加防区到子系统：【273】+【子系统号】+【防区号】 删除子系统内的防区：【274】+【子系统号】+【防区号】
	设置主动注册	设置设备 ID：【321】+【ID 号】 设置服务器 IP 地址：【322】+【服务器】+【IP 地址】 设置服务器端口号：【323】+【服务器】+【端口号】
	设置报警中心	设置服务器 IP 地址：【331】+【服务器】+【IP 地址】 设置服务器端口号：【332】+【服务器】+【端口号】
	设置移动网络	设置 2G/4G 模块使能：【340】+【0 或 1】 设置蜂窝网络使能：【341】+【0 或 1】 设置模块参数：【343】+【0 或 1】+【0 或 1】
	设置中心组	设置中心组使能：【360】+【中心组】+【0 或 1】 设置中心组主通道传输方式：【361】+【中心组】+【传输方式】 设置中心组主通道传输协议：【362】+【中心组】+【传输协议】 设置中心组主通道服务器：【363】+【中心组】+【服务器】 设置中心组备份通道传输方式：【364】+【中心组】+【备份通道】+【传输方式】 设置中心组备份通道传输协议：【365】+【中心组】+【备份通道】+【传输协议】 设置中心组备份通道服务器：【366】+【中心组】+【备份通道】+【服务器】

续表

命　令		操 作 指 令
编程模式下	设置主机网络	设置 IP 地址：【573】+【网卡】+【IP 地址】 设置端口号：【574】+【端口号】 子网掩码：【575】+【网卡】+【子网掩码】 网关：【576】+【网卡】+【网关】 首选 DNS：【578】+【网卡】+【首选 DNS】 备选 DNS：【579】+【网卡】+【备选 DNS】 设置 DHCP 使能：【577】+【0 或 1】
	设置遥控器对码	661：开启 662：关闭
	设置报警键盘	关联：【663】+【键盘地址】+【子系统】 取消关联：【664】+【键盘地址】+【子系统】
	设置卡对码	665：开启 666：关闭
	设置 Web 访问控制	【680】+【0 或 1】
	设置扩展网卡事件	扩展网卡断网事件：【691】+【0 或 1】 扩展网卡 IP 地址冲突事件：【692】+【0 或 1】 扩展网卡 MAC 地址冲突事件：【693】+【0 或 1】
	设置键盘一键布防	【700】+【键盘地址】+【0 或 1】
	修改 485 键盘地址	【710】+【修改前的键盘地址】+【修改后的键盘地址】
	修改键盘背光时间	【711】+【键盘地址】+【背光时间】
	查询有线网络信息	＊02
	查询主机信息	＊04
	查询 2G/4G 模块信息	＊05
	退出编程模式	＊
步测模式下	进入步测模式	【安装员默认密码】+【＊】+【18】
	退出步测模式	【安装员默认密码】+【＊】+【19】

项目实训

1. 设备要求

报警主机、扩展模块、键盘、探测器、声光警号、探测器、计算机、各种连接线缆。

2. 项目任务

首先完成报警系统的连接，再根据实际情况对报警主机进行配置。具体要求如下：

1）安装一台报警主机，并且将其添加到 ICC 管理平台，完成布/撤防操作。

2）实现 Web 上防区及子系统配置、探测器配置、扩展模块配置、声光警号配置及联动等一系列操作。

3）实现键盘子系统布/撤防等操作。

项目总结

本项目重点讲解了针对报警主机配置的不同配置方法。通过本项目的学习，读者应能够通过 Web、ICC 管理平台、键盘等工具完成报警主机的业务配置并应用在实际任务中。

课后习题

文本：参考答案

一、选择题

1. 下列方式无法查看报警日志的是（   ）。

A. Web   B. 键盘

C. ICC 管理平台   D. 以上都不行

2. DH-ARM708-RS 输出扩展模块必要的配置步骤包括（   ）。

A. 配置扩展模块地址   B. 配置扩展模块通道号

C. 需要配置继电器   D. 以上都是

3. 键盘全局消警的指令是（   ）。

A.【密码】+【＊】+【1】

B.【密码】+【＊】+【2】

C.【密码】+【＊】+【1】+【＊】+【防区号】

D.【密码】+【＊】+【23】+【＊】+【子系统号】

4. 键盘实现子系统强制外出布防的指令是（   ）。

A.【密码】+【＊】+【1】+【＊】+【子系统号】

B.【密码】+【＊】+【2】+【＊】+【子系统号】

C.【密码】+【＊】+【3】+【＊】+【子系统号】

D.【密码】+【＊】+【4】+【＊】+【子系统号】

5. 型号为 DH-ARC9016C-V3 的一台主机最多可以添加（   ）个键盘。

A. 32

B. 16

C. 64

D. 没有限制

6. 以下不属于全局事件的是（　　）。

A. 防区报警

B. 键盘防拆

C. PSTN 离线

D. 主机防拆

7. 延时防区可以通过选择（　　）进行设置。

A. "报警管理" → "防区" → "操作" 命令

B. "报警配置" → "防区" → "操作" 命令

C. "系统管理" → "防区" → "操作" 命令

D. "网络设置" → "防区" → "操作" 命令

8. 型号为 DH-ARC9016C-V3 的报警主机最多支持（　　）个输入通道。

A. 128

B. 64

C. 256

D. 1 080

9. 撤防状态下，若探测器处于触发状态，在 Web 的报警管理界面的（　　）中可以看到该探测器防区报警字样。

A. 子系统

B. 防区

C. 继电器

D. 警号

10. 防区触发了联动警号，在（　　）中可以实现消警。

A. 键盘

B. Web

C. ICC 管理平台

D. 以上都可以

二、判断题

1. 可以将所有的防区都分配到子系统 1 中。 （　　）

2. 在 Web 上可以查看报警日志。 （　　）

3. 报警联动是指报警事件发生时，联动报警设备以外的其他设备进行动作（如联动警号、地图等）。 （　　）

4. 子系统中存在防区处于触发状态，必须使用强制布防才能完成。 （　　）

5. 键盘不可以初始化报警主机。 （　　）

6. 键盘可以对不用的防区进行隔离操作。 （　　）

三、简答题

1. 某银行要求红外探测器触发后后警号和蜂鸣都会被触发，同时单防区实现断路、短路，应该在 Web 报警配置中如何配置？

2. 对探测器进行配置时，键盘一直提示该防区打开，该如何处理？

项目 4　入侵和紧急报警系统基础运维与故障处理

学习情境

入侵和紧急报警系统在日常使用过程中可能会遇到各类问题，此时需要运维工程师掌握常见的设备运维操作，以保障整个入侵和紧急报警系统的正常运行，并解决设备可能会出现的常见基础故障。

本项目共分为两个学习任务，介绍报警主机的常见系统维护操作以及常见故障分析处理思路。每个任务通过基础知识、任务实施等步骤详解，带领读者了解运维工程师的日常工作，掌握入侵和紧急报警系统的基础运维和故障解决方法。

学习目标

PPT：项目 4
入侵和紧急报
警系统基础运
维与故障处理

知识目标

为了保障入侵和紧急报警系统的正常运行，需要掌握报警主机基础的运维操作，包括异常报警处理、配置备份及恢复、恢复出厂设置、系统升级等，以及常见故障的判断及处理方法，包括无法登录 Web、故障报警、无法布防等。作为公司技术支持工程师，小杨需要掌握报警主机相关的运维手段，具体要求如下：

1）熟悉报警主机的常见运维操作。

2）了解报警主机常见故障的判断及处理方法。

技能目标

1）掌握通过 Web、键盘对报警主机的常见运维操作。

2）掌握报警主机常见故障现象以及处理方法。

相关知识

在报警系统日常运维过程中，经常会出现一些系统异常情况，因此常见的运维操作包括恢复默认、复位重启、原理分析、对比分析等方法。

1. 恢复默认法

设备有许多参数可以设置，设置不当会出现异常现象。处理问题时先将设备恢复默认，可以加快确认问题的速度，有利于定位问题的准确性（在恢复默认前，最好先记录当前设置）。

2. 复位重启法

当设备运行时间过长，可能会出现运行速度过慢、指令回复延滞等问题，此时可以通过后台重启或者设备本地复位重启等方法消除系统冗余，达到设备运行能力提升的效果。

3. 原理分析法

通过对设备的工作原理进行分析从而找出问题所在，这需要维护人员对设备有较为深入的了解。

4. 对比分析法

通过对问题现象的差异进行具体分析，如相同设备的不同表现、同一设备不同环境中的表现等，找出产生问题的原因。

任务 4-1　报警主机系统维护

任务描述

某银行购置的报警主机因使用年限太久且长时间没有维护，现在经常出现对设备进行布/撤防、消警等操作时其反应很慢，且容易卡死的现象。银行要求维护人员小杨完成对设备的维护，解决设备卡顿和反应慢的问题。小杨需要先将该设备的配置进行备份，然后恢复出厂设置，同时需要对设备进行升级优化，最后定期重启维护设备。

知识准备

报警主机是入侵和紧急报警系统中的核心设备，相当于人的大脑，用来处理多路输入的探测器信号，并且通过键盘等设备提供布/撤防操作来控制一整个报警系统，是预防抢劫、盗窃等意外事件的重要设施，所以报警主机的长时间使用会导致设备出现反应变慢、卡顿等情况，需要对于报警主机进行备份、升级、重启等操作，这对于维护报警主机的使用流畅度至关重要。

任务实施

1. 配置备份及恢复

可以通过导出设备配置文件来备份设备的配置信息，通过导入配置文件来快速配置设备信息或者恢复设备配置信息（不同型号的配置不能互相兼容）。具体操作步骤如下：

1）登录 Web 界面，切换到系统管理界面，选择"设备维护"项，如图 4-1 所示。

图 4-1　配置备份界面

2）选择导入配置或导出配置操作。

① 配置导入：单击"请选择文件"按钮，选择本地的配置文件，再单击"导入文件"按钮，将本地备份的配置文件导入到系统中，完成对系统配置数据的恢复。

② 配置导出：单击"导出配置文件"按钮，选择配置文件的保存路径，再单击"保存"按钮，将系统的相关配置导出到本地，完成对系统配置数据的备份。

2. 恢复出厂/默认配置

恢复出厂配置包括报警、报警输出、报警子系统、键盘、布/撤防、主电掉电、欠压、防拆、电话报警中心、PSTN 掉线、子系统状态、断网、IP 地址冲突、MAC 地址冲突、紧急报警等参数的恢复。

（1）Web 恢复出厂配置

切换到"系统管理"界面，选择"设备维护"项，单击"恢复出厂设置"按钮，如图 4-2 所示。

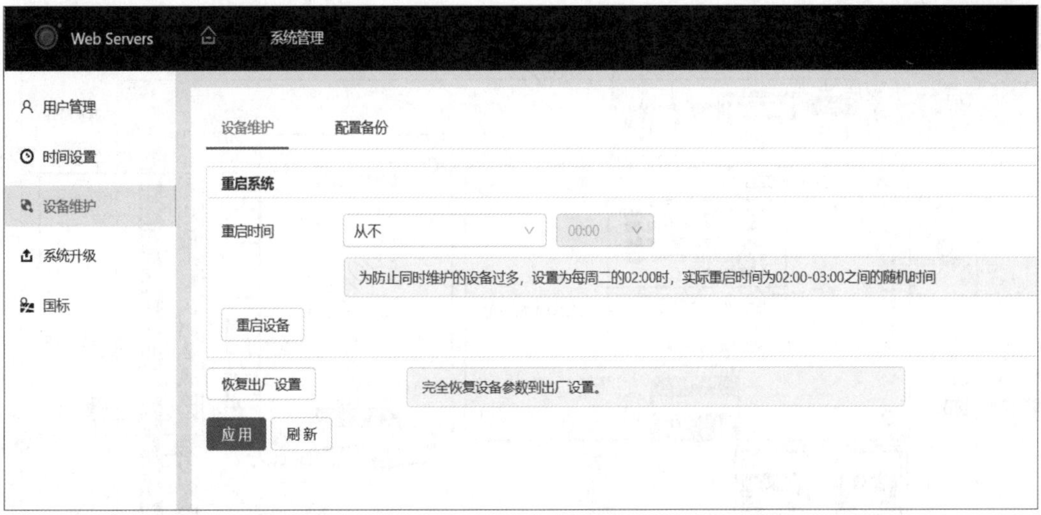

图 4-2　Web 恢复出厂配置

（2）键盘恢复默认配置

键盘恢复默认设置的编码指令为【密码】+【＊】+【22】。例如，管理员（默认密码为"1234"）对报警主机恢复默认配置，操作步骤如下：在全局模式下输入编码指令"1234＊22"，按 Enter 键完成。

（3）硬件恢复出厂配置

以 ARC9016C 系列主板接口为例，恢复出厂设置以及重置密码接口为接口 18，如图 4-3 所示。

3. 系统升级

登录 Web 界面，切换到系统管理界面，选择"系统升级"项，选择升级类型，支持对报警主机、报警键盘、扩展模块等进行升级。可以按需选取要升级的对象，单击"浏览"按钮，选择要导入的升级文件，再单击"升级"按钮即可，如图 4-4 所示。

4. 设备重启

（1）Web 设备重启

在 Web 中切换到系统管理界面，选择"设备维护"项，设置重启时间，单击"重启设备"按钮，如图 4-5 所示。

（2）键盘系统重启

键盘系统重启的编码指令为【密码】+【＊】+【20】。例如，管理员（默认密码为"1234"）对报警主机进行重启，操作步骤如下：在全局模式下输入编码指令"1234＊20"，按 Enter 键完成。

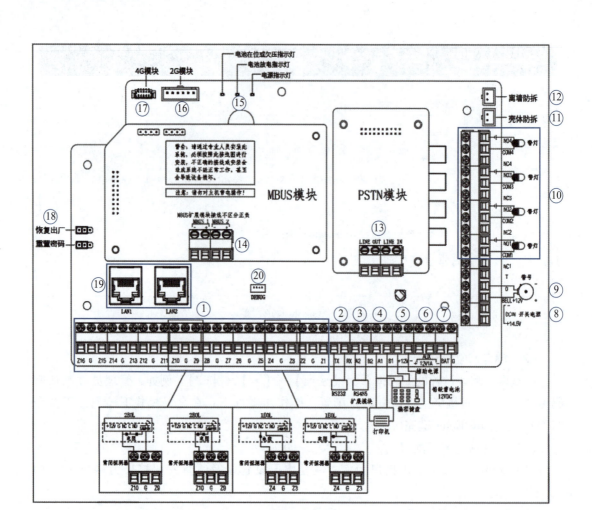

图 4-3　主板接口

图 4-4　Web 系统升级

八 用户管理	设备维护　　配置备份
⏱ 时间设置	**重启系统**
⎙ 设备维护	重启时间　　从不　　　▽　　00:00　▽
⬆ 系统升级	为防止同时维护的设备过多，设置为每周二的02:00时，实际重启时间为02:00-03:00之间的随机时间
⚏ 国标	重启设备
	恢复出厂设置　　完全恢复设备参数到出厂设置。
	应用　刷新

图 4-5　Web 系统重启

任务 4-2　报警主机故障处理

任务描述

　　小杨是刚入职的新员工，对于报警设备功能配置和操作不是很了解。为了能够及时处理设备故障，小杨需要学习一些报警主机常见的故障处理方法。

知识准备

　　掌握任务 3-1 Web 报警业务配置相关内容。

任务实施

1. 输出扩展模块无法使用

当防区发生报警，输出扩展模块上面的警号没有被联动时，相应的解决方案如下：
1）登录 Web 界面，查看"设备信息"中输出扩展模块是否登录上了。
2）查看地址是否选择正确。
3）选择"报警配置"→"继电器"命令，查看相关模块是否配置。

2. 频繁误报警

当没有发现报警输入源，但是防区经常发生报警，相应的解决方案如下：
1）排查探测器是否故障，灵敏度是否调节合理。
2）检查探测器放置位置是否合理。
3）查看探测器布线是否规范，是否接地与强电混放一起。

4）在探测器两端连接示波器，抓取异常报警时的波形进行分析。

3. 提示布防失败

当使用 Web、ICC 管理平台、键盘进行子系统/单防区布防时，提示布防失败，相应的解决方案如下：

1）检查防区探测器是否处于触发或者布防状态。

2）通过 Web 查看探测器类型配置是否选对。

3）暂无条件可先将探测器防区改为旁路处理，或者直接进行强制布防，异常防区会自动旁路。

4. 防区触发不报警

当防区探测器被触发后，却没有发生报警，相应的解决方案如下：

1）登录 Web 界面，查看该防区的配置是否联动了警号。

2）拿掉探测器，短接电阻，然后触发防区查看报警主机的防区是否正常。

3）更换探测器。

5. 键盘提示防区打开

报警主机只使用了其中几路，键盘提示有防区打开，但无法布防，相应的解决方案如下：

1）可以使用主机自带的 2.7 kΩ 的电阻将本地其余路防区短接。

2）登录 Web 界面，选择"报警管理"→"防区"命令，选择不用的防区单击"永久隔离"按钮。

3）键盘单防区永久旁路编码指令为【密码】+【＊】+【9】+【＊】+【防区号】。

6. 没有语音和短信

当防区发生报警，没有拨打电话或发短信到用户手机，相应的解决方案如下：

1）查看报警主机手机卡是否插好。

2）检查 Web 中网络设置是否启用。

3）在 Web 中选择"系统管理"→"手机用户"命令，检查被呼叫的手机号码是否正确。

4）检查 Web 中"报警配置"项中的"短信"和"语音联动"功能是否被选中启用。

7. 配置或操作异常时

当 Web、键盘配置出现不知名情况无法处理时，需要抓取日志发给技术人员，具体配置步骤如下：选择"日志"→"日志抓取"项，单击"导出"按钮，配置界面如图 4-6 所示。

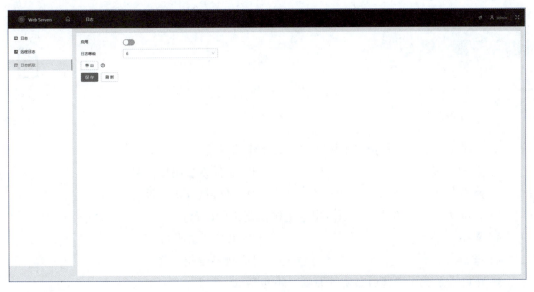

图 4-6　日志导出界面

项目实训

1. 场地设备要求

报警主机、键盘、计算机、各种连接线缆。

2. 工作任务

某单位安装部署了一套简单的入侵报警系统，为确保系统能长期稳定运行，需要定期对系统进行维护，如发现问题需要及时解决。具体要求如下：

1）设置报警主机的自动维护时间为每周三白天 12：00 自动重启。

2）检查报警主机的版本信息，确保设备版本均为最新版。

3）键盘、Web 提示无法布防，要判断原因并解决。

4）Web 端检查近一周的操作日志信息并导出。

项目总结

本项目重点介绍了入侵报警系统的常见运维操作以及基础故障处理的方法。通过本项目的学习和实训，读者能够掌握各报警主机的基础维护方法，如设备重启、系统升级、恢复出厂设置等，也能掌握设备基础故障的排查方法，并能够独立解决基础故障问题。

课后习题

文本：参考答案

一、选择题

1. 下列方式中，不是报警主机常用运维操作的是（　　）。

A. 系统升级　　　　　　　　　　　B. 软件恢复出厂设置

C. 换设备　　　　　　　　　　　　D. 硬件恢复出厂设置

2. 下列（　　）方式不可以对报警主机恢复出厂设置。

A. Web　　　　　　　　　　　　　B. ICC 管理平台

C. 键盘　　　　　　　　　　　　　D. 硬件复位

3. 导致子系统无法普通布防的原因，不包括（　　）。

A. 某个防区探测器短路　　　　　　B. 系统故障事件

C. 某个防区探测器断路　　　　　　D. 某个防区被隔离

4. 浏览器输入设备 IP 地址后，不显示 Web 登录界面，可能是（　　）原因导致的。

A. IP 地址输入错误　　　　　　　　B. 浏览器防火墙将 Web 拦截

C. 计算机与设备之间的网线断开了　D. 以上原因都可能

5. 导致单个防区无法普通布防的原因，不包括（　　）。

A. 探测器短路　　　　　　　　　　B. 系统故障事件

C. 探测器断路　　　　　　　　　　D. 常闭探测器损坏

6. 下列（　　）方式可以实现报警主机自动重启维护。

A. 键盘　　　　　　　　　　　　　B. Web

C. ICC 管理平台　　　　　　　　　D. 以上都不行

7. 下列（　　）方式可以实现备份报警主机的配置。

A. 键盘　　　　　　　　　　　　　B. Web

C. SmartPSS Plus　　　　　　　　　D. 以上都不是

8. 防区经常发生误报警，可能是下面（　　）原因导致的。

A. 探测器接触不良　　　　　　　　B. 探测器灵敏度过高

C. 探测器线路和强电混合一起　　　D. 以上都是

9. 有某个防区处于报警状态，无法普通布防，可以通过（　　）方式实现布防。

A. 直接强制布防　　　　　　　　　B. 将处于触发状态的防区旁路

C. 将处于触发状态的防区隔离　　　D. 以上都是

10. 下列（　　）方式是常见的故障分析方法。

A. 恢复默认法　　　　　　　　　　B. 原理分析法

C. 对比分析法　　　　　　　　　　D. 以上都是

二、判断题

1. 设备需要定期重启维护。　　　　　　　　　　　　　　　　　（　　）
2. 在恢复出厂设置前，可以通过导出配置达到备份的目的。　　　（　　）
3. 设备升级可以通过 Web 实现。　　　　　　　　　　　　　　（　　）
4. 不清楚报警设备的配置，可以通过恢复出厂设置，再重新配置。（　　）
5. 输入正确的 IP 地址，Web 界面无法显示，可能是浏览器防火墙导致的。（　　）
6. 故障事件联动了声光警号和蜂鸣，可以在键盘上面取消该事件联动。（　　）
7. 提示布防失败不可能是防区处于触发状态导致的。　　　　　　（　　）
8. 普通布防无法布防上子系统，可以通过强制布防实现。　　　　（　　）

三、简答题

1. 简要描述对子系统进行普通布防提示布防失败可能的原因以及对应解决方式。
2. 对子系统进行普通布防提示布防失败，暂时无法进行排查怎么办？

第3部分
出入口控制系统业务配置与运维

项目 5　出入口控制系统业务配置与应用

学习情境

　　完成出入口控制系统各设备的组网后，设备能够正常上电，并且已经完成了基础配置，但是还不足以完全满足企业实际应用需求，所以往往需要技术支持工程师根据企业要求对系统进行业务配置，以满足各模块功能。

　　本项目共分为 3 个学习任务，分别为通过 ICC 管理平台对出入口控制系统完成满足企业实际需求的业务配置，以及在人脸门禁系统的本地页面和 Web 页面完成相关设备的业务配置，确保系统能够正常运行。

PPT：项目 5 出入口控制系统业务配置与应用

学习目标

知识目标

1）了解在 ICC 管理平台出入口控制系统配置基本知识。

2）了解人脸门禁系统常见的本地配置参数。

3）了解人脸门禁系统 Web 端视频人脸检测及报警联动配置参数。

技能目标

1）掌握在 ICC 管理平台进行出入口控制系统配置的方法和操作。

2）掌握人脸门禁系统的本地端常见配置。

3）掌握人脸门禁系统的 Web 端人脸检测参数及报警联动配置方法。

相关知识

1. 出入口控制系统配置流程

出入口控制系统完整的配置一般按照图 5-1 所示步骤进行，分别为门禁设备添加、人员添加、人员发卡权限创建、门禁配置、门禁管理、事件联动。

图 5-1　出入口控制系统的配置步骤

1）门禁设备添加：将需要配置的门禁设备通过绑定 IP 地址的方式在工具和客户端添加，只有添加的设备才能进行配置操作。

2）人员添加：以人为单位在客户端上添加，后续可以以人为单位在出入口控制系统上进行卡号绑定和权限创建。

3）人员发卡权限创建：在出入口控制系统上对添加的人员进行卡号绑定，针对人员进行通行权限创建。

4）门禁配置：修改门禁名称，远程配置该门禁进门和出门读头、常开和常闭时段、门禁的高级配置等功能。

5）门禁管理：通过配置可以实现远程操作门禁开关、重启门禁设备、设置门禁常开常闭功能等。

6）事件联动：可以通过配置实现相关事件的系统联动，包括在系统上发出声音提示、发送邮件提醒、联动报警输出等。

2. 人脸门禁一体机

人脸门禁一体机是新型门禁设备，支持刷卡、指纹、人脸、密码、二维码及其组合识别等多种识别认证方式，其中人脸识别方式是人脸门禁一体机的主要功能。该方式基于深度人脸识别算法，精准定位目标人脸 360 个以上关键点位置，支持人脸识别的角度为 0°～90°，人脸验证准确率可以高达 99.5%，识别速度快且准确率高，广泛应用于园区、普通写字楼、学校、工厂、普通住宅区等多种场景。

出入口控制系统各组成设备的产品性能、描述以及安装接线等相关知识请参考初级教材，本项目不再赘述。

任务 5-1　ICC 出入口控制系统业务配置与应用

任务描述

某公司新安装了一套门禁设备。小黄作为技术支持工程师，按照客户的要求，需要通过 ICC 管理平台对系统进行门禁分组管理、开门计划、门禁控制策略等配置，实现相应的功能。

知识准备

了解门禁设备在平台的添加方法，登录管理平台，在设备管理界面中添加门禁设备，远程设备添加具体详细操作步骤可以参考任务 1~任务 4。门禁业务配置支持通过平台管理端或视频客户端配置功能，两者配置方法类似，本任务以平台管理端为例介绍配置过程。

微课 5-1
ICC IP 添加
门禁设备

任务实施

1. ICC 管理平台人员添加

人员是执行门禁通行、出入口通行、考勤、可视对讲等业务模块的基础，门禁通行等业务功能使用前，需要先在系统中添加人员信息。具体操作步骤如下：

1）登录平台管理端。

2）选择"人员管理"，单击"自定义字段"按钮，平台支持自定义业务系统上报的人员字段，可以按照客户需求进行字段的定制，如图 5-2 所示。

微课 5-2
ICC 管理平台
添加部门和人员
信息

图 5-2　自定义用户字段

3）单击"确定"按钮，完成人员字段的配置。

4）单击"新增"按钮，完成人员字段的配置，配置人员的基础信息，如图 5-3 所示。首次访问"人员管理"菜单，系统会提示"系统未检测到读卡插件"，需要根据提示进行插件的下载和安装。

图 5-3　人员基础信息界面

5）选择"卡片信息"页签，单击"添加卡片"按钮，录入人员的卡片。添加人员信息时必须录入卡片，否则门禁权限不会下发。系统支持人工录入卡号或者通过外接读卡器识别卡号。

6）单击"确定"按钮，完成人员信息的添加。

2. ICC 管理平台添加门组

授权门组添加是指将多个门禁通道加入同一个门组，便于对门组中的设备批量授予相同的权限。具体操作步骤如下：

1）登录管理平台。

2）选择"门禁管理"→"门禁控制"→"门组分配"命令。

3）单击"添加"按钮，输入门组名称和所属组织，如图 5-4 所示。

4）单击"添加"按钮，选择多个需要添加的门禁点，再单击"确定"按钮，如图 5-5 所示。

5）单击"确定"按钮，完成门组添加。

3. ICC 管理平台配置开门计划

通过添加开门计划，并将计划下发到设备后，可实现在计划时间内以刷卡、人脸等方

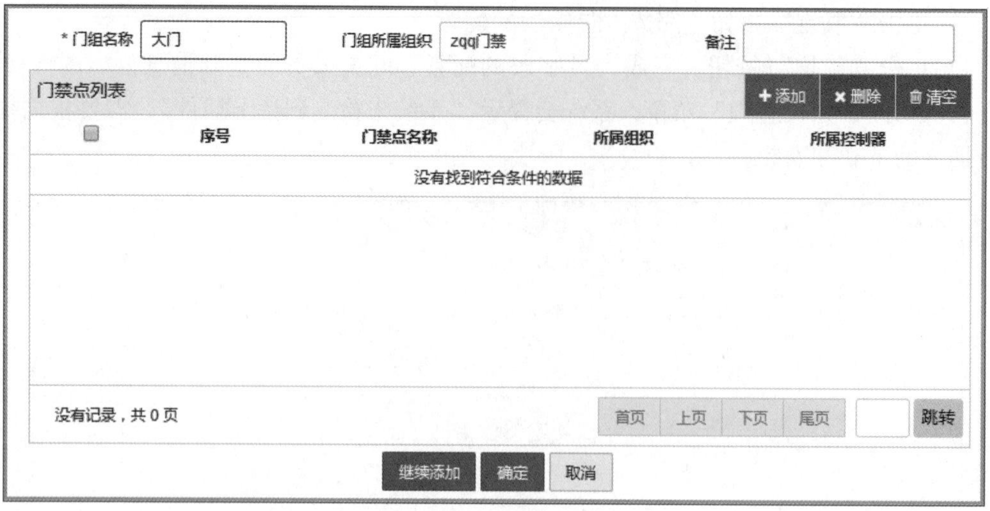

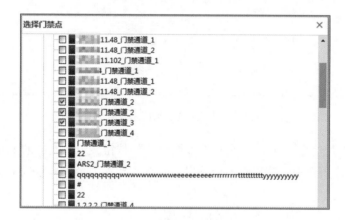

图 5-4　门组信息配置界面

图 5-5　选择门禁点界面

式进出相应门禁点。具体操作步骤如下:

1) 登录管理平台。

2) 选择"门禁管理"→"门禁控制"→"开门计划"命令。

3) 单击"添加"按钮,指定开门时间段,如图 5-6 所示。周一的开门时间段设置完成后,在周一对应行的"复制到"下拉框中选择需要复制的其他时间,可快速完成时间段的复制。

4) 单击"确定"按钮,完成开门计划的配置。

4. ICC 管理平台配置门禁控制策略

采用不同的门禁控制策略,可以满足不同应用场景下的门禁需求。常见的门禁控制策略如下:

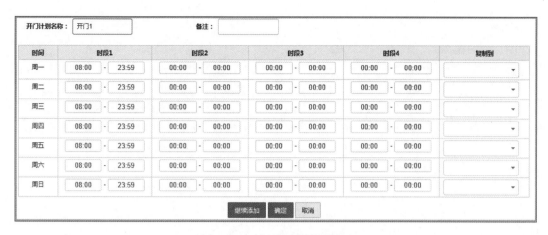

图 5-6　开门时间段配置界面

① 首卡开门：某些门禁必须要求特定人先开门后，其他人才能正常开门通过。例如，财务室要求财务人员先刷卡开门后，其他人员才可以刷卡开门。

② 多卡开门：某些特定门禁场合下，只有特定人必须在场，依次刷卡才能开门；单人或部分人刷卡门不开，通常应用在金库、博物馆等高价值场所。例如，设置金库门禁必须要求保安、押解员、值班经理各在场 1 人，才能开门。

③ 多门互锁：指其中一个门必须关好后，才能刷卡或者刷脸打开另外一道门。多门互锁是一种防尾随功能的门禁技术，应用在金融等对安全防护高的场景。

④ 常开常闭：用于将门固定在某种状态，如在高峰期将门处于常开状态。配置常开常闭前，需要先配置开门计划。

⑤ 反潜回：指验证的人员从某个门组进，从指定门组出，刷卡记录必须一进一出严格对应。进门未验证而尾随别人进入，出门时会验证不通过；同理如果出门未验证而尾随别人出去，下次进门时验证不通过。

⑥ 远程验证：设置远程验证的设备，在设置的时间段内人员使用刷卡、指纹、密码等方式开门时，需要客户端确认后才可以打开门禁。

（1）首卡开门配置

1）登录管理平台。

2）选择"门禁管理"→"门禁控制"→"首卡开门"命令。

3）单击"添加"按钮，指定门和首卡开门的人员，如图 5-7 所示。

微课 5-3
ICC 管理平台
首卡开门配置

4）单击"保存"按钮，完成配置。在"首卡开门"列表中，通过开关可以开启/关闭本功能，如图 5-8 所示。

（2）多卡开门配置

1）登录平台管理端。

2）选择"门禁管理"→"门禁控制"→"多卡开门"命令，单击"人员组管理"按钮。

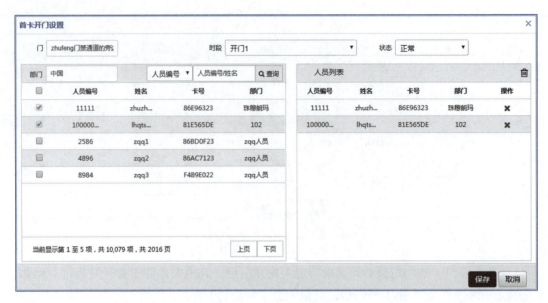

图 5-7　首卡开门配置界面

图 5-8　首卡开门开关

3）单击"添加"按钮，配置人员组，如图 5-9 所示。当多卡开门有多人时，可以通过人员组方式指定。

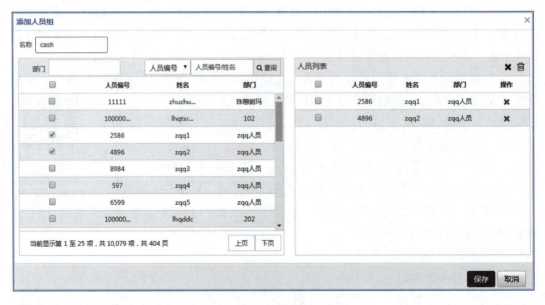

图 5-9　人员组添加界面

4）单击"保存"按钮，完成人员组配置。

5）单击"添加"按钮，配置多卡开门策略，如图 5-10 所示。

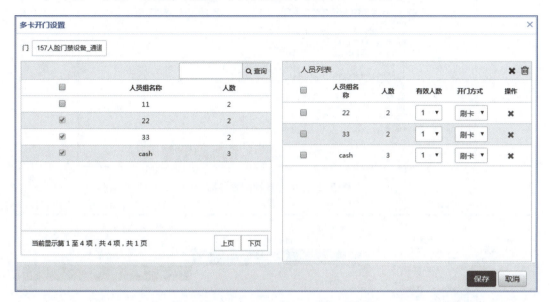

图 5-10　多卡开门配置界面

6）单击"保存"按钮完成配置。在"多卡开门"列表中，通过开关可以开启/关闭本功能。

（3）多门互锁配置

1）登录平台管理端。

2）选择"门禁管理"→"门禁控制"→"多门互锁"命令。

3）单击"添加"按钮，将门禁设备列表中的设备添加到门通道组，如图 5-11 所示。注意：

① 支持组内多门互锁，不支持组间多门互锁。

② 只有大于 3 个通道的设备才能配置两个门通道组。

③ 每个门通道组中至少选择两个在线通道，设备不能同时加入到门通道组 1 和门通道组 2。

4）单击"确定"按钮，完成配置。在"多门互锁"列表中，通过开关可以开启/关闭本功能。

（4）常开常闭配置

1）登录管理平台。

2）选择"门禁管理"→"门禁控制"→"常开常闭"命令。

3）单击"添加"按钮，在左侧选择门禁通道，在常开/常闭计划中分别选择开门计划。如图 5-12 所示，同一个门禁点，常开计划和常闭计划不能选择相同的开门计划，且要求常开计划和常闭计划的时间不允许重叠。

图 5-11 多门互锁配置界面

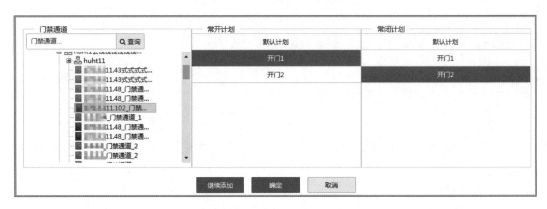

图 5-12 常开常闭配置界面

4）单击"确定"按钮，完成常开常闭计划配置。

（5）反潜回配置

1）登录管理平台。

2）选择"门禁管理"→"门禁控制"→"反潜回"命令。

3）单击"添加"按钮，配置反潜回，如图 5-13 所示。

重置时间：用户违反反潜规则，设置时间内无法刷卡开门；无法刷卡时间超过设置时间，用户可以重新刷卡开门。

单击"添加读卡器组"按钮，至少配置两组读卡器组。

4）单击"确定"按钮，完成反潜回配置。

（6）远程验证配置

1）登录管理平台。

2）选择"门禁管理"→"门禁控制"→"远程验证"命令。

3）单击"添加"按钮，完成反潜回配置，在左侧选择门禁通道和开门计划，如图 5-14 所示。

图 5-13　反潜回配置界面

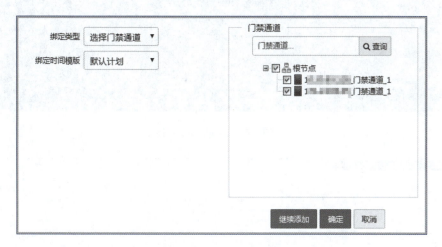

图 5-14　远程验证配置界面

4）单击"确定"按钮，完成远程验证配置。

5）管理员登录管理客户端，当用户使用刷卡、指纹、密码等方式开门时，客户端弹出对话框进行远程验证，允许开门请单击"开门"按钮；否则请单击"拒绝"按钮，如图 5-15 所示。

5. 配置门禁授权

（1）按人授权

授权后，人员的指纹和人脸图片将通过卡片下发给授权的门禁设备，实现开门通行。具体操作步骤如下：

1）登录平台管理端。

2）选择"门禁管理"→"门禁授权"→"按人授权"命令。

3）选择未授权的人员，单击"人员授权"按钮，如图 5-16 所示。

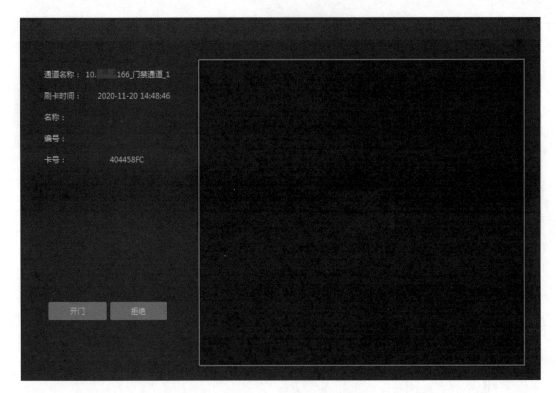

图 5-15 远程验证界面

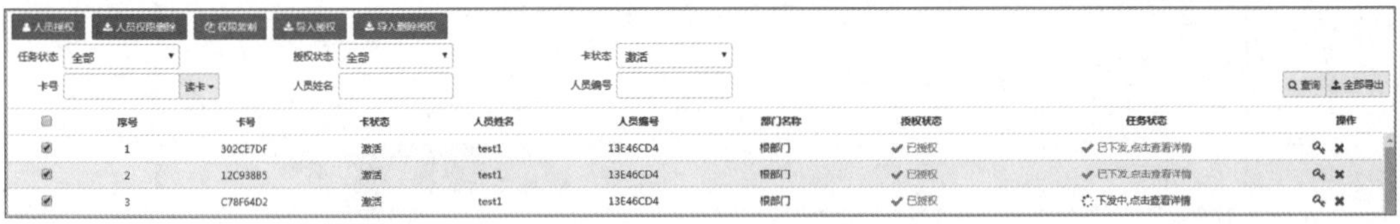

图 5-16 按人授权

4）选择开门计划，指定门禁点或门组，再单击"确定"按钮，如图 5-17 所示。

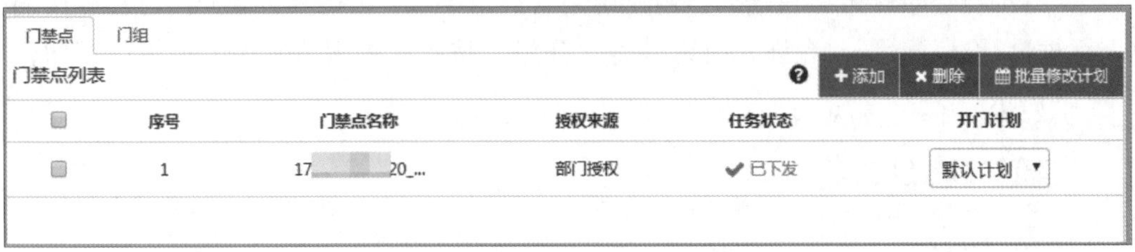

图 5-17 添加门禁点或门组权限

5）单击"确定"按钮，完成授权。如果下发成功，任务状态会显示"已下发"。

（2）按部门授权

前面介绍过，通过门通道或者门组方式对人员实现批量授权，授权后，人员的指纹和人脸图片通过卡片下发给授权的门禁设备，实现开门通行。按部门授权，则可绑定部门与门组间关系，部门人员变动和门组中的设备变动，都会自动授权。当出现新增多层子部门，新增的子部门会有父部门的全部权限，并自动授权给加进来的人员。如给部门 A 授权设备 1，在部门 A 下添加人员，该人员自动授权；再在 A 下面新增子部门 A1，此时在 A1 部门加入人员，该人员会有部门 A 和 A1 的全部权限。具体操作步骤如下：

1）登录平台管理端。

2）选择"门禁管理"→"门禁授权"→"按门授权"命令。

3）在左侧选择"门通道"或者"门组"页签，在右侧选择按人员或者按部门授权。本任务以门通道为例介绍配置过程，如图 5-18 所示。

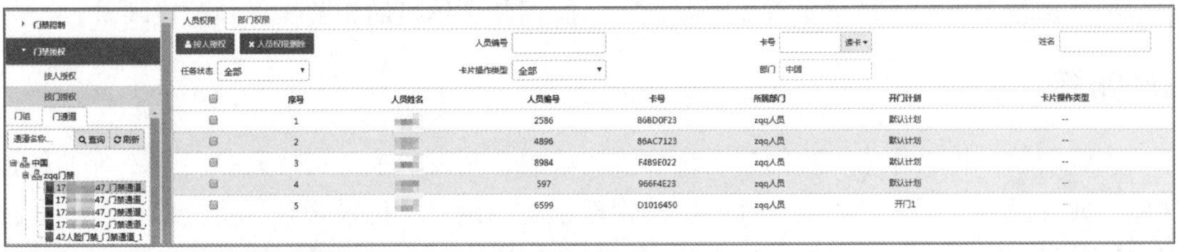

图 5-18　按门授权

① 按部门授权，如图 5-19 所示。

步骤 1：选择"部门权限"页签，单击"按部门授权"按钮。

步骤 2：选择开门计划和待授权的部门。

步骤 3：单击"确定"按钮，完成授权。

图 5-19　按部门授权

② 按人员授权。

步骤 1：选择"人员权限"页签，单击"按人授权"按钮。

步骤 2：选择开门计划和待授权的人员。

步骤 3：单击"确定"按钮，完成授权。

任务 5-2   人脸门禁设备本地配置

任务描述

某智慧园区的人脸门禁系统已经安装部署完成，现在需要对人脸门禁一体机设备进行本地配置。技术支持人员小张首先需要熟悉人脸门禁一体机的相关操作和配置入口。

知识准备

人脸门禁一体机作为人脸门禁系统的控制单元，其设备本身支持人脸门禁系统的各种功能，如开门方式配置、人员管理、门禁管理、功能设置、记录管理、系统信息等，并可以进行单机工作，所以在设备本地进行配置就可以实现人脸门禁系统相关的管控功能。

任务实施

1. 基本配置流程

人脸门禁一体机本地配置可以参照图 5-20 所示流程进行。

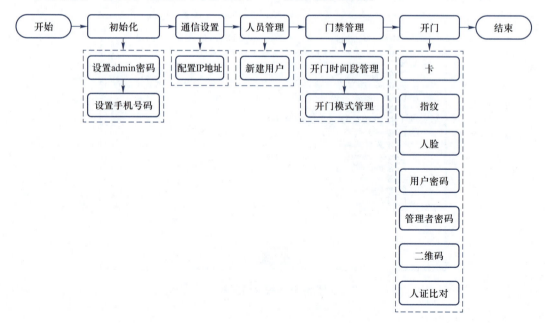

图 5-20   人脸门禁设备基本配置流程

2. 常用按键

在使用人脸门禁一体机本地端进行配置时，常使用的按钮说明见表 5-1。

表 5-1　人脸门禁一体机本地端按钮说明

按　　钮	说　　　　明
	主菜单按钮
	确认按钮
	将列表翻至第一页
	将列表翻至最后一页
	翻动列表至上一页
	翻动列表至下一页
	返回上一层菜单
	启用
	关闭

3. 设备初始化

设备初次上电启动时，需要设置 admin 用户密码和手机号，该账号用于操作设备菜单，或通过 Web 和平台登录设备。设备初始化界面如图 5-21 所示。

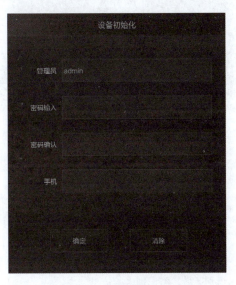

微课 5-4
人脸门禁一体
机开门方式
本地配置

图 5-21　设备初始化界面

4. 待机界面

设备完成配置后，在待机界面可以通过识别人脸、输入密码和扫描二维码等方式进行开门，如图 5-22 所示，相关图标说明见表 5-2。

图 5-22　待机界面

表 5-2　待机界面说明

名　　称	说　　明
状态显示栏	显示 Wi-Fi（如果可用）、网络和 U 盘等状态
开门方式指示	显示当前设备支持的开门方式
人脸识别区	人脸进入识别区域，将识别人脸信息
二维码开门	单击该按钮，将二维码置于屏幕显示扫描框中，实现二维码开门

续表

名　　称	说　　明
对讲功能	单击该按钮，进入对讲功能页面
密码开门	使用用户密码开门方式开门
	使用管理者密码开门方式开门
设备主菜单	进入系统主菜单。仅 admin 用户和权限类型为管理员的用户可以进入主菜单，进入时需要验证信息
显示日期时间	显示当前日期和时间

5. 登录主菜单

微课 5-5
忘记人脸门禁
管理员密码
操作

配置设备参数时，需要先登录主菜单进行操作。具体操作步骤如下：

1）在待机界面，单击 ▦ 按钮。

2）选择登录方式，注意不同的设备支持的开门方式不同，请以实际界面为准。主菜单界面如图 5-23 所示，常见的登录方式如下。

① 人脸：选择后直接刷管理员人脸进入主菜单。

② 刷卡：选择后直接刷管理员卡进入主菜单。

③ 密码：选择后输入管理员用户 ID 和管理员密码，进入主菜单。

④ admin：选择后直接输入 admin 用户的密码进入主菜单。

6. 配置 IP 地址

设备只有在正确配置 IP 地址后，才能正常接入网络。具体操作步骤如下：

1）登录主菜单界面。

2）选择"通信设置"→"网络设置"→"IP 设置"命令，打开 IP 地址设置界面。

3）对相应参数进行设置，如图 5-24 所示。

7. 新建用户

通过本地端人员管理功能，可以实现通过录入编号、姓名、人脸等信息添加新用户，并完成为用户设置权限、有效期等信息操作。具体操作步骤如下：

图 5-23　主菜单界面

1）在待机界面中，单击  按钮。

2）使用管理员权限登录系统，选择"人员管理"→"新建用户"命令，打开新建用户界面。

3）设置参数项，如图5-25所示，参数说明见表5-3。

图5-24　IP地址设置界面

图5-25　新建用户界面

表5-3　新建用户参数说明

参　　数	说　　明
编号	输入用户编号，用于识别不同的用户，每个编号都是唯一的，最多支持32个字符（包括数字、字母或者数字和字母的组合），如工号
姓名	输入用户姓名，最多支持10个汉字或者32个字符（包括数字、符号和英文）
指纹	采集用户指纹，一个用户最多可采集3枚指纹，每枚指纹需要验证3次，请根据语音提示进行操作，完成后提示"登记成功"。选择对应指纹下面的单选框，可将对应指纹设置为胁迫指纹。设备开启胁迫报警后，使用该指纹开门时，将触发胁迫报警
人脸	注册时请将人脸放于采集框中心区域，系统自动完成抓拍，如对抓拍到的图片不满意，则选择重新录入
卡片	卡片信息，每个用户可以登记5张卡片。在卡片登记界面，输入卡号或在刷卡区刷卡，系统将自动识别该卡卡号。可将卡片设置为胁迫卡片，设备开启胁迫报警后，使用该卡片开门时，将触发胁迫报警
密码	用户开门时需要输入的密码，支持1~8位数字

续表

参　　数	说　　明
用户权限	设置用户权限。 ● 用户：仅有门禁权限 ● 管理员：可登录系统，配置设备相关参数
时段	为用户添加门禁时段序号，在该时段内，用户门禁权限有效。默认值为 255，即不为该用户配置任何时段
假日计划	为用户配置假日时段序号，在该时段内，用户门禁权限有效。默认值为 255，即不为该用户配置任何假日计划
有效期	设置该人员门禁有效时间
用户类型	用户类型可设置为以下类型 ● 普通用户：该类型用户可以正常使用门禁权限 ● 黑名单用户：该类型用户进入时，后台会对服务人员进行提醒 ● 来宾用户：该类型用户有门禁使用次数/时间的限制，超过使用次数/时间后，门禁权限失效 ● 巡逻用户：该类型用户可在任何时间巡逻打卡，但没有门禁权限 ● VIP 用户：当该类型用户进入时，后台对服务人员提醒 ● 特殊用户：当该类型用户进入时，开门持续时间增加 5 s
使用次数	使用次数，当用户类型为来宾用户时，可设置该用户门禁权限的使用次数

4）参数配置完成后，单击"保存"按钮，系统提示"添加用户成功"。

8. 门禁管理设置

（1）时间段管理

通过时间段管理，可以设置门禁的时间段，包括假日时段、常开时间段和常闭时间段等。

1）配置时段。用户开门权限在设置的时间段内有效，其他时间开门无效。系统支持 0~127 共 128 个时段配置，在每个时段中，可根据需要设置一周中的时段，每天支持 4 个时段。具体操作步骤如下：

① 登录主菜单界面。

② 选择"门禁管理"→"时间段管理"→"时段配置"命令，打开时段配置界面，如图 5-26 所示。

③ 在屏幕右上角单击■按钮，新建时段。

④ 对相应参数进行设置，如图 5-27 所示。

⑤ 单击■按钮保存时段配置。屏幕提示"保存成功"，并显示时段配置列表。

2）配置假日组。将假日分组，为假日组设置不同的假日计划。可根据需要设置假日组的起止时间段，用户在该时段内，有门禁权限。系统支持 0~127 共 128 个假日组配置，每个假日组支持 16 个假日。具体操作步骤如下：

图 5-26 时段配置界面

图 5-27 新建时段

① 登录主菜单界面。

② 选择"门禁管理"→"时间段管理"→"假日组配置"命令，打开假日组配置界面，如图 5-28 所示。

③ 单击  按钮，新建假日组。

④ 对相应参数进行设置，如图 5-29 所示。

⑤ 在假日组配置界面中添加假日，如图 5-30 所示。

⑥ 单击 ✓ 保存按钮。屏幕提示"保存成功"，显示假日组列表。

图 5-28 假日组配置界面

图 5-29 新建假日组

图 5-30 添加假日

3）配置假日计划。将配置好的假日组添加到假日计划中。对所有假日进行统一管理，所有假日期间可按照假日时间段配置关联的时段开启门禁，其余时间则开门无效。具体操作步骤如下：

① 登录主菜单界面。

② 选择"门禁管理"→"时间段管理"→"假日计划配置"，命令，打开假日计划

界面，如图 5-31 所示。

③ 单击■按钮，添加假日计划。

④ 对相应参数进行设置，如图 5-32 所示。

图 5-31　假日计划界面　　　　　　　　　　图 5-32　添加假日计划

⑤ 单击✔按钮保存假日计划。

4）配置常开、常闭时间段。设置常开/常闭时段后，门禁在该时段内一直处于打开/关闭状态。常开（常闭）时间段的权限高于其他时间段权限。具体操作步骤如下：

① 登录主菜单界面。

② 选择"门禁管理"→"时间段管理"→"常开时间段配置"命令，打开常开时间段配置界面。

③ 输入预先在"时段配置"中配置好的时段编号，单击✔按钮保存。

5）配置远程验证时间段。在该时间段中，需要设备端和平台端同时验证成功才能开门。设备端验证成功后须上报平台，平台确认后下发远程开门指令，完成开门。具体操作步骤如下：

① 登录主菜单界面。

② 选择"门禁管理"→"时间段管理"→"远程验证时间段配置"命令，打开远程验证时间段配置界面。

③ 输入预先在"时段配置"中配置好的时段编号，单击✔按钮保存。

④ 启用远程验证时间段。

（2）开门模式管理

1）任意组合开门。该模式要求使用刷卡、指纹、人脸和密码任意一种或者多种组合的方式开门。具体配置步骤如下：

① 登录主菜单界面。

② 选择"门禁管理"→"开门模式管理"→"任意组合开门"命令。设备不同支持的开门方式也不同，请以实际界面为准，如图 5-33 所示。

③ 选择门禁组合元素。

④ 选择组合方式。

● +与：表示和，如"人脸+密码"，表示先人脸，再密码才可以开门。

● /或：表示或，如"人脸/密码"，表示使用人脸或者密码都可以开门。

⑤ 单击☑按钮保存，返回开门模式管理界面。

⑥ 启用任意组合开门。

2）分时段开门。该操作用来设置不同时段不同的开门方式。例如，时段一选择人脸开门，时段二选择密码开门。具体操作步骤如下：

① 登录主菜单界面。

② 选择"门禁管理"→"开门模式管理"→"分时段开门"命令，打开分时段开门配置界面，如图5-34所示。

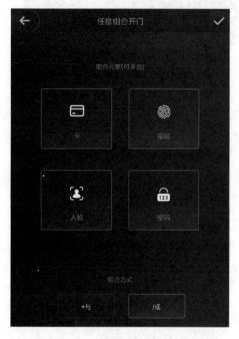

图5-33　任意组合开门界面

图5-34　分时段开门配置界面

③ 按对应时段设置时间，在下拉列表框中选择开门方式。

④ 单击☑按钮保存，返回开门模式管理界面。

⑤ 启用分时段开门。

3）多人组合开门。该操作用来设置多个用户或者多个用户组授权后才能开门。具体操作步骤如下：

① 登录主菜单界面。

② 选择"门禁管理"→"开门模式管理"→"多人组合开门"命令，打开多人组合开门配置界面，如图5-35所示。

③ 单击◙按钮新建组，创建多人开门组合。

④ 单击☑按钮保存，屏幕提示"设置成功"。

⑤ 启用多人组合开门。

9. 开门方式

图 5-35　多人组合开门配置界面

（1）卡开门

将已下发的门禁卡放入刷卡区域，即可开门。

（2）指纹开门

将已录入的指纹对应的手指按在指纹区域，即可开门。

（3）用户密码开门

使用设置的用户密码开门。具体操作步骤如下：

1）在待机界面单击▦按钮，打开密码类型选择界面。

2）单击"密码开门"按钮。

3）输入用户 ID 和密码，再单击"确定"按钮，设备提示开门成功。

（4）管理者密码开门

管理者密码比用户密码权限更高。使用管理者密码时，不受用户、开门模式、时间段、假日时间、反潜权限限制，只受常闭的门状态限制。注意，一台设备仅支持设置一个管理者密码。具体操作步骤如下：

1）在主界面单击▦按钮，打开密码类型选择界面。

2）单击"管理者密码开门"按钮。

3）输入管理者密码并单击✔按钮保存，设备提示开门成功。

（5）人脸开门

将已录入的人脸对准设备摄像头采集区域，人脸验证通过即可开门。

（6）二维码开门

通过扫描访客机生成的打印纸条二维码开门。具体操作步骤如下：

1）在主界面单击▦按钮，打开二维码扫描框。

2）将纸条对准摄像头，确保二维码完整显示在屏幕框中。

3）设备识别二维码，验证通过即可开门。

任务 5-3　人脸门禁设备 Web 配置

任务描述

某智慧园区人脸门禁系统已经安装部署完成，并且已经在本地端进行了业务配置，实现了人员出入基本门禁功能。在此基础之上，需要将人脸门禁一体机在 Web 端进行优化参数配置。配置人员需要熟悉人脸门禁一体机的 Web 配置功能及方法。

知识准备

人脸门禁一体机作为人脸门禁系统的控制单元，支持在 Web 端配置和操作，通过 Web 可以配置设备的网络参数、视频参数等，轻松实现对设备的管理。工程上 Web 门禁实现业务功能参数配置更多使用管理平台或者本地配置，本任务只介绍人脸门禁一体机 Web 端报警联动配置以及人脸及视频等相关优化参数配置操作。

微课 5-6
人脸门禁设备
Web 配置

任务实施

1. 报警联动

人脸门禁一体机支持接入报警输入设备，所以可根据需要修改报警配置的参数，从而当产生报警时可以联动对应的报警输出和门禁状态。具体操作步骤如下：

1）登录设备 Web 端。

2）选择"报警联动"页签，打开报警联动界面，如图 5-36 所示。

图 5-36　报警联动界面

3）单击 按钮，修改报警联动参数，如图 5-37 所示，具体参数说明见表 5-4。

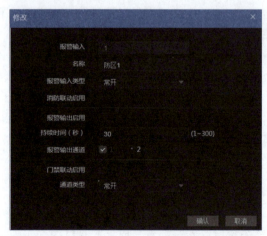

图 5-37　报警参数设置

4）单击"确认"按钮，完成参数设置。

表 5-4　报警参数说明

参　数	说　明
报警输入	报警输入编号
名称	自定义
报警输入类型	需要根据购买的报警设备设置报警输入类型 ● 常开：设备保持开路状态，报警时线路闭合 ● 常闭：设备保持闭合状态，报警时线路开路
消防联动启用	消防联动启用后，当产生消防报警，设备联动报警输出、联动门禁。若启用消防联动，设备默认启用报警输出和门禁联动常开
报警输出启用	报警输出启用后，继电器可向外输出报警信息
持续时间/s	报警持续时间，时间范围可设置为 1~300 s
报警输出通道	人脸门禁一体主机有两路报警输出，需要根据安装的报警设备，选择报警输出通道
门禁联动启用	启用后，当有报警信号输入时，设备联动门按通道类型保持。通道类型可选择常开或常闭。
通道类型	● 常开：当有报警信号输入时，门常开 ● 常闭：当有报警信号输入时，门常闭

2. 人脸检测参数配置

该操作用来设置人脸检测的各项参数及检测区域，以提高设备人脸识别开门时候的精准度。具体操作步骤如下：

1）登录设备 Web 系统。

2）选择"人脸检测"页签，打开人脸检测参数配置界面。

3）配置参数，如图 5-38 所示，各参数说明见表 5-5。

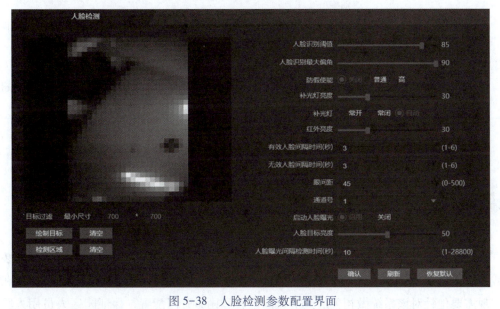

图 5-38　人脸检测参数配置界面

表 5-5　人脸检测参数说明

参　　数	说　　明
人脸识别阈值	阈值越大，要求识别成功的相似度越大，但是识别成功率越低
人脸识别最大偏角	偏角越大，可检测到人脸的范围也更大
防假使能	防止使用有权限人员的照片、模型等冒用人脸信息情况的发生 • 关闭：关闭防假使能 • 普通、高：设置防假使能等级
补光灯亮度	调整设备识别人脸时，白光补光灯的亮度
补光灯	设置设备识别人脸时白光补光的情况 • 常开：补光灯保持开启状态 • 常闭：补光灯保持关闭状态 • 自动：当周围光线充足的情况下（如白天），补光灯关闭；当周围光线暗的情况下（如夜晚），补光灯开启
红外亮度	调整设备识别人脸时，红外补光灯的亮度
有效人脸间隔时间（秒）	设置同一有权限人员在同一台设备上识别，重复提示识别成功的间隔时间
无效人脸间隔时间（秒）	设置同一人员在同一台设备上识别，重复提示识别失败的间隔时间
眼间距	双眼之间的像素值，由人脸大小、人脸与镜头距离相关。如一般成年人距离镜头 1.5 m 时，眼间距为 50~70 px
通道号	1 为白光视频，2 为红外光视频
启动人脸曝光	室外环境下，启动后，仅对人脸部分曝光，更能清晰地识别人脸，提高识别率 • 人脸目标亮度：室外环境下，启动人脸曝光后，根据设定的人脸目标亮度，对人脸部分单独曝光，更能清晰地识别人脸，提高识别率 • 人脸曝光间隔检测时间：人脸曝光后，在间隔时间内再次检测人脸时，不会重新对人脸部分曝光，因为上一次的曝光还在持续中，直到超过间隔时间

4）单击"确认"按钮，完成设置。

项目实训

　　某园区技术人员已经完成一套普通出入口控制系统和一套人脸门禁系统的设备安装和接线，包括门禁控制器、人脸门禁一体机、读卡器、磁力锁、开门按钮的设备安装和接线，现需要他针对该系统做相关的人员权限配置和刷脸开门配置，保证园区人员用人脸识别无感通行。具体要求如下：

1）在 ICC 管理平台完成人员信息导入及门禁授权。

2）在本地端将安装的人脸门禁设备，应用一两个开门策略，并进行通行演示。

3）通过 Web 端配置人脸门禁人脸检测参数，提升检测准确度。

项目总结

通过本项目的学习，可以帮助读者掌握出入口控制系统的 ICC 管理平台配置、本地配置和 Web 端配置，掌握出入口控制系统的相关功能含义以及操作，能够根据客户的要求独立完成出入口控制系统的功能配置工作。具体要求如下：

1）掌握人脸门禁系统设备的本地配置和 Web 配置功能和含义。

2）掌握出入口控制系统 ICC 管理平台的配置方法。

3）学会出入口控制的常见门禁策略和应用场景。

文本：参考答案

课后习题

一、选择题

1. 财务室门禁适合下列（   ）策略。

A. 首卡开门 B. 多卡开门

C. 常闭常开 D. 多门互锁

2. 金库门禁适合下列（   ）策略。

A. 首卡开门 B. 多卡开门

C. 常闭常开 D. 多门互锁

3. 远程验证的允许开门操作在下列（   ）位置进行控制。

A. ICC 管理平台 B. 视频客户端

C. 运维中心 D. 相关设备

4. 下列不属于人脸门禁本地基础配置流程的是（   ）。

A. 读卡器添加 B. 初始化

C. 门禁管理 D. 人员管理

5. 通过管理员密码开门，人脸门禁设备本地支持（   ）个管理者密码。

A. 4 B. 3

C. 2 D. 1

6. 下列不属于新建用户输入信息的是（   ）。

A. 编号 　　　　　　　　　　　 B. 身份证号

C. 姓名 　　　　　　　　　　　 D. 人脸

7. 下列不属于管理平台中配置功能的是（　　　）。

A. 添加人员 　　　　　　　　　 B. 门禁管理

C. 分配门禁权限 　　　　　　　 D. IP 地址设置

8. 下列针对来宾用户的说明中，正确的是（　　　）。

A. 该类型用户可以正常使用门禁权限

B. 该类型用户有门禁使用次数/时间的限制，超过使用次数/时间后，门禁权限失效

C. 该类型用户可在任何时间巡逻打卡，但没有门禁权限

D. 当该类型用户进入时后台对服务人员提醒

9. 人脸门禁系统共支持（　　　）个时段配置。

A. 32 　　　　　　　　　　　　 B. 64

C. 128 　　　　　　　　　　　　 D. 256

10. 组合开门配置"人脸+密码"，则下列可以开门的是（　　　）。

A. 人脸 　　　　　　　　　　　 B. 密码

C. 先密码，再人脸 　　　　　　 D. 先人脸，再密码

二、判断题

1. 人脸门禁二维码置于摄像头前，可以直接扫描。 （　　　）

2. 人脸门禁设备在一个界面无操作超过 30 s，系统将返回到待机界面。 （　　　）

3. 设置 VIP 用户后，当该类型用户进入时，后台会对服务人员提醒。 （　　　）

4. "人脸/密码"表示使用人脸或者密码都可以开门。 （　　　）

5. 开门模式管理中，不支持分时段开门。 （　　　）

6. 常闭时间段的权限低于其他时间段权限。 （　　　）

7. 时间段管理可以设置门禁的时间段，包括假日时段、常开时间段和常闭时间段等。

（　　　）

三、简答题

1. 在报警参数配置中打开反潜开关，其含义是什么？

2. 简述人脸门禁的 5 个开门方式。

项目6 出入口控制系统基础运维与故障处理

学习情境

出入口控制系统的常见设备包括读卡器、门禁控制器、人脸门禁一体机、磁力锁及配件等多种配件，硬件安装接线及配置复杂，专业性强，需要理解系统的相关功能和知识点，才能提高日常运维工程中的维护效率。

本项目共分为两个学习任务，分别介绍人脸识别相关故障排查方法和管理平台的日常维护功能。通过这两个任务模块的学习，使读者掌握出入口控制系统的基本问题排查和管理平台的日常维护功能，并且可以自行解决人脸识别相关故障。

PPT：项目6
出入口控制系
统基础运维与
故障处理

学习目标

知识目标

1）了解使用管理平台进行门禁存储及远程开关门配置的相关知识和参数。

2）了解使用管理平台进行任务查询、日志查询以及服务管理的相关知识和参数。

3）熟悉常见的人脸识别相关故障。

技能目标

1）掌握使用管理平台进行门禁存储配置方法。

2）掌握使用管理平台进行远程开关门配置方法。

3）掌握使用管理平台进行任务查询和日志查询操作方法。

4）掌握使用管理平台进行服务开启/关闭操作方法。

5）掌握人脸识别相关故障排查方法。

相关知识

人脸门禁一体机是较新型的门禁设备，通过识别人脸来核对身份，以实现无感化通行，支持刷卡、人脸、密码、二维码及其组合识别方式。其内部集成高性能处理器，可以支持身份迅速精准识别且可离线使用，配合管理平台，可实现多种功能。人脸门禁一体机的典型拓扑结构如图 6-1 所示。

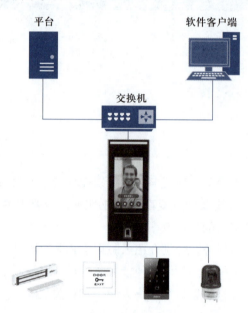

图 6-1　人脸门禁一体机控制系统拓扑结构

任务 6-1　ICC 出入口控制系统基础运维

任务描述

某客户刚部署了一套出入口控制系统，并且还部署了 ICC 管理平台。公司派小张前往现场指导客户利用平台进行日常运维操作，进行相关问题排查。因此，小张需要掌握平台常见运维操作以及方法。

知识准备

了解出入口控制系统 ICC 管理平台业务配置相关操作，详见任务 5-1。在本任务的实施环节将对 ICC 管理平台日常维护操作进行讲述。

任务实施

1. 配置门禁存储参数

门禁存储参数配置用来配置刷卡记录和认证对比记录保留时间，可以在日常运维过程中对相关事件进行回溯。具体操作步骤如下：

1）登录平台管理端。

2）选择"系统配置"→"门禁管理"命令。

3）设置认证比对等数据存储策略，方便事后进行数据分析和回溯，再单击"保存"按钮，如图 6-2 所示。

图 6-2　配置门禁存储参数

2. 远程控制

平台支持在门组中控制通道的开关门状态，实现远程开门、关门等操作，可在日常维护中对门锁状态和系统连通性进行检查。具体操作步骤如下：

1）登录平台管理端。

2）选择"门禁管理"→"门禁控制"→"门通道控制"命令。

3）在左侧选择门通道或门组，在右侧选择实际的门禁通道，单击"开门""关门""常开""常闭"和"正常"等动作按钮。单击"正常"按钮，可以将常开和常闭的门切换为正常状态，如图 6-3 所示。

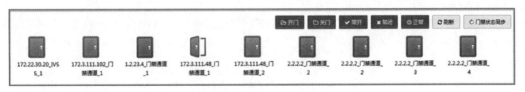

图 6-3　远程控制门通道

① ▮：开门状态。

② ▮：关闭状态。

③ ▮：常开状态。

④ ▮：常闭状态。

⑤ ▮：离线状态。

3. 任务查询

任务查询操作用来查询任务下发是否成功，包括人员授权任务、发卡授权任务、指纹授权任务、人脸授权任务、快速下发任务、特征提取任务，可以帮助用户确认定位一些系统故障原因。具体操作步骤如下：

1）登录平台管理端。

2）选择"门禁管理"→"任务查询"→"发卡授权任务"命令。

3）选择对应的通道，以发卡授权任务为例，输入查询条件，单击"查询"按钮查看数据，如图6-4所示。

图6-4 查询发卡授权任务

4）对于未正常下发的任务，单击操作列中的 ❂ 按钮，重新下发；或者单击"一键重发"按钮，将失败的所有授权任务重新下发。

4. 查看日志

通过查阅日志可以帮助用户在日常运维过程中了解业务运作过程，确保业务安全运行。系统支持查看刷卡记录、补采日志和认证记录等日志，其中补采日志可查看刷卡记录断线续传后成功失败条数和认证记录离线补采后成功失败条数。具体操作步骤如下：

1）登录平台管理端。

2）选择"门禁管理"→"日志记录"→"刷卡记录"命令。

3）选择对应的通道，输入查询条件（体温区间、是否戴口罩等），单击"查询"按钮查看日志，如图6-5所示。单击"断线续传"按钮，可以将离线的刷卡记录同步到平台，如图6-6所示。

开始时间	2021-11-23 00:00:00		结束时间	2021-11-23 23:59:59			卡片类型	全部			人员名称	
门通道			部门	根部门			卡号		读卡▾		事件类型	全部
开门结果	全部			人员编号			开门类型	全部			体温类型	全部
体温范围	℃- ℃		口罩佩戴	全部			安全帽佩戴	全部				

序号	时间	人员名称	卡号	人员编号	部门	门通道名称	开门类型	开门结果	事件类型	失效原因	体温	体温类型	口罩佩戴	安
1	2021-11-23 11:10:07	--	--	--	--	10.36.200.137_门禁通道_1	非法刷卡开门	失效	进门	未授权	--	--	--	
2	2021-11-23 11:09:59	--	--	--	--	10.36.200.137_门禁通道_1	正常开门	成功	进门	--	--	--	--	
3	2021-11-23 11:09:56	wzq	C45D36AA	001	wzq	10.36.200.137_门禁通道_1	合法刷卡开门	成功	进门	--	--	--	--	
4	2021-11-23 11:09:56	--	--	--	--	10.36.200.137_门禁通道_1	正常开门	成功	进门	--	--	--	--	
5	2021-11-23 11:03:53	--	--	--	--	10.36.200.137_门禁通道_1	正常开门	成功	进门	--	--	--	--	
6	2021-11-23 11:03:50	--	--	--	--	10.36.200.137_门禁通道_1	正常开门	成功	进门	--	--	--	--	

图6-5 查询刷卡记录

4）选择"门禁管理"→"日志记录"→"补采日志"命令，输入查询条件，单击"查询"按钮查看日志，如图 6-7 所示。

5）选择"门禁管理"→"日志记录"→"认证记录"命令，输入查询条件，单击"查询"按钮查看记录，如图 6-8 所示。单击"离线补采"按钮，选择设备和部门，将指定智能身份核验终端上的人员信息同步到平台指定部门，如图 6-9 所示。

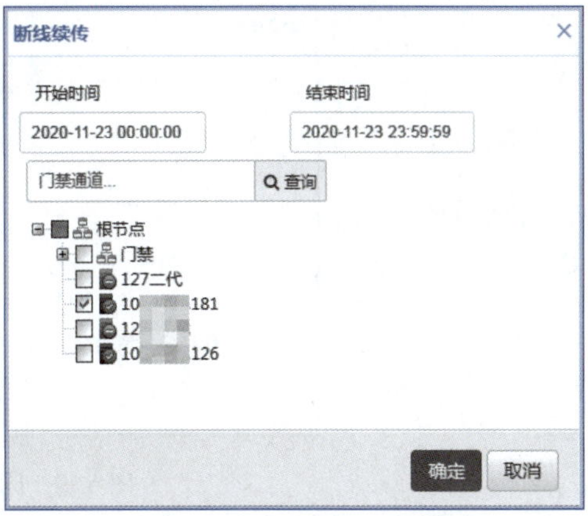

图 6-6　断线续传界面

5. 服务管理

服务管理用来管理系统启用的服务，主服务器会启用主服务，从服务器会启用从服务。通常情况下，服务会自动开启，不需要人工关闭/开启，关闭服务会导致业务不能正常工作，所以当设备运行过程中出现一些如设备不能接入等情形时，可以在服务管理界面查看相关服务是否被禁用，若被禁用则需要开启。具体操作步骤如下：

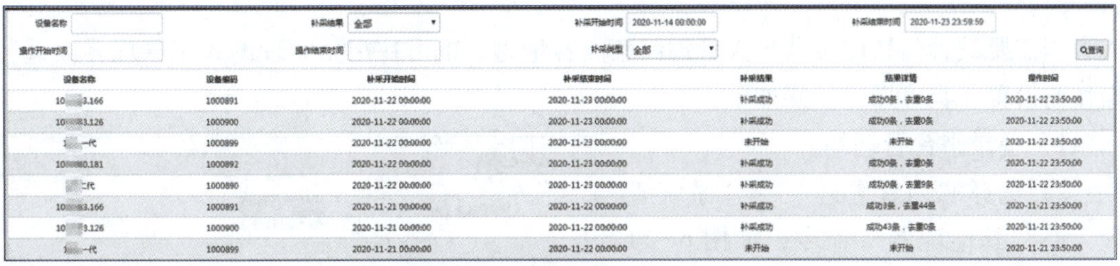

图 6-7　查询补采日志界面

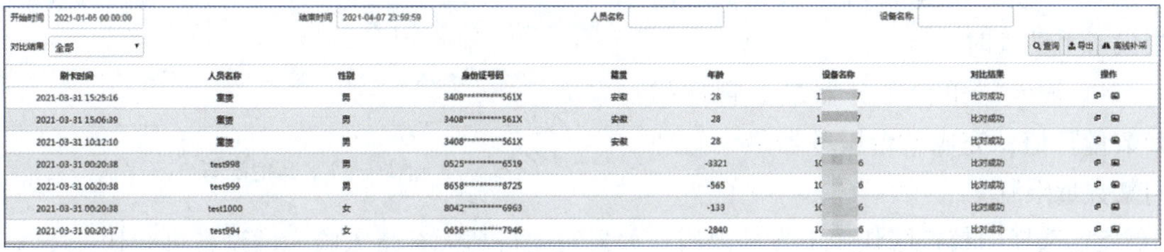

图 6-8　查询认证记录界面

1）登录平台管理端。

2）选择"门禁管理"→"系统管理"→"服务管理"命令。

3）选择服务，单击"禁用"按钮或者"启用"按钮，如图 6-10 所示。

6. 其他配置

若在日常运维过程中发现门禁设备相关事件日志显示时间与事件实际发生事件存在不一致，可以使用系统管理界面的门禁设备手动校时，同步门禁设备与平台服务器的时间，

图 6-9　同步补采人员信息界面

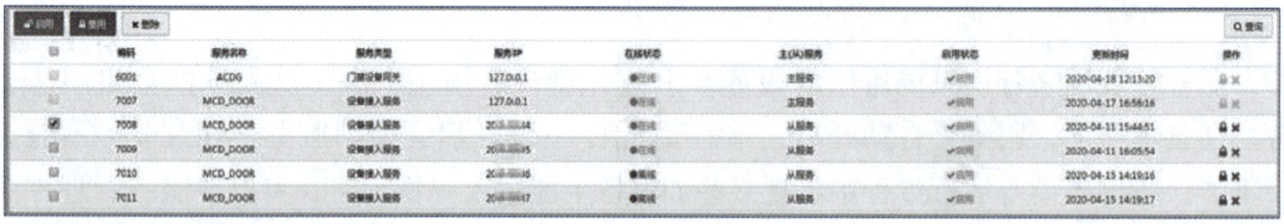

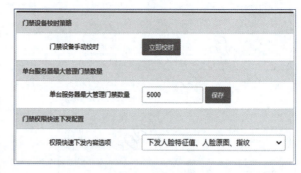

图 6-10　禁用/启用服务界面

或者当需要设置门禁服务器最大管理门禁点容量时，也可在门禁管理的系统管理界面进行操作与设置。具体操作步骤如下：

1）登录平台管理端。

2）选择"门禁管理"→"系统管理"→"其他配置"命令，如图 6-11 所示。

3）单击"立即校时"按钮，对门禁设备手动校时。

4）输入"单台服务器最大管理门禁数量"值，完成单台服务器最大管理门禁数量限制。

图 6-11　其他配置

5）选择门禁权限快速下发的内容。如果对支持超大容量人脸库的设备进行快速下发，只能选择"下发人脸特征值，不下发人脸原图、指纹"。

任务 6-2　人脸门禁一体机人脸识别相关故障排查

任务描述

人脸识别技术是基于人的脸部特征，对输入的人脸图像或者视频流进行人脸检测和识别，并跟设备内存储的人脸图片或者人脸特征值进行比对。其工作流程为首先判断是否存在人脸，如果存在，则进一步给出每个脸的位置、大小和各个主要面部器官的位置信息，并依据这些信息进一步提取每个人脸中所蕴含的身份特征，再将其与已知的人脸进行对比，从而识别每个人脸的身份。为了快速解决现场出现的人脸出入口控制系统的各种异常问题，现场工程人员需掌握人脸录入／比对的注意事项，并能够快速定位原因并找出解决方案。

知识准备

1. 人脸位置

人脸距离设备过高、过低、过近或者过远，均会影响录入和比对的效果，如图 6-12 所示。

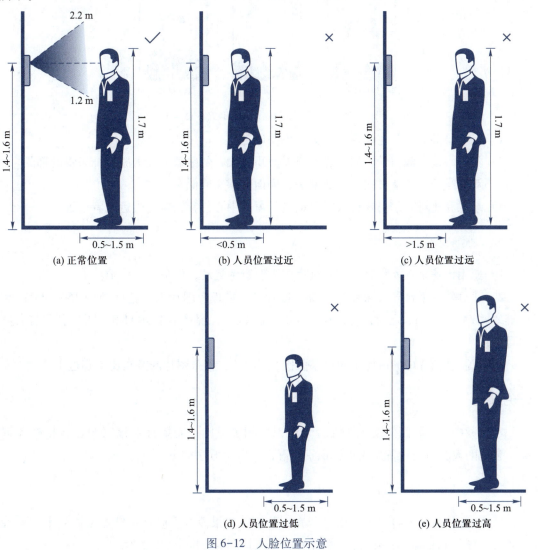

图 6-12　人脸位置示意

2. 人脸要求

为了保证人脸录入和比对的精确度，需要注意以下事项，相关示意图如图 6-13 和图 6-14 所示。

(a) 正常　　(b) 偏头　　(c) 侧面　　(d) 仰头　　(e) 低头

图 6-13　头部示意

(a) 正常　　(b) 过近　　(c) 过远

图 6-14　人脸位于窗口位置示意

1）保持脸部清洁，建议露额，头发不要遮挡。

2）勿戴眼镜、戴帽子、胡子过长或者面积过大，勿佩戴影响人脸特征采集的饰品。

3）双眼睁开、表情自然，请勿偏头、侧面、仰头或低头。

4）录入和比对时，需要将人脸尽量位于窗口中心位置，避免过近或者过远。

3. 人脸录入说明

1）使用设备录入人脸时，录入过程中需要避免晃动，以免录入失败。

2）通过软件平台导入图片时，需要参考导入模板，图片像素范围处于 150×300 px ≤ 分辨率 ≤ 600×1 200 px 之间，建议在 500×500 px 以上，容量小于 100 KB，图片名称与人员编号一致。

3）人脸在图片中的占比不超过整张图片的 2/3，整张图片的宽高比不超过 1:2。

任务实施

本任务中，人脸门禁设备开机后无法识别相关人脸，需要针对该问题进行排查和解决。常见的人脸门禁设备无法进行识别情况以及解决方法如下。

1. 设备人脸识别无反应

1）检查设备的人脸识别界面是否有人脸框，如果没有人脸框，针对不同版本的设备需要重新导入 License 文件授权，或者重新升级 firmware. bin 算法文件。

2）检查设备开门模式是否已经包含了人脸识别模式。输入工程密码进入设备本机后台，选择"门禁管理"→"开门模式管理"→"任意组合开门"命令，在相关界面中进行确认。

3）检查当前人员是否在检测范围内，在设备配置中查看人脸检测框大小、人脸检测区域是否合理。

2. 设备人脸识别提示识别失败或者提示陌生人

1）检查设备的人脸库中是否有该人员照片底图。输入工程密码进入设备本机后台，选择"人员管理"→"用户列表"或者"人员管理"→"管理员列表"命令，在相关界面中检查该人员信息，查看人脸底图是否符合要求或者人脸是否是近期照片。

2）检查设备人脸识别阈值大小，一般情况下，建议阀值 80~90。可以输入工程密码进入设备本机后台，选择"系统设备"→"人脸参数设置"→"人脸识别阀值"命令，在相关界面中查看。

3）检查设备防假是否打开。输入工程密码进入设备本机后台，选择"系统设备"→"人脸参数设置"→"防假使能"命令，在相关界面中查看，如果关闭防假了可以识别，则是防假过度问题，需要进一步收集素材分析。

项目实训

1. 实训所需设备

门禁控制器、人脸门禁一体机、门锁、计算机。

2. 任务要求

1）随机分配一台未知 IP 地址的门禁控制器，通过平台使门禁设备完成远程开门和关门操作。

2）操作人脸门禁一体机录入 5 张人脸数据，并测试人脸识别成功，通过平台导出相关记录。

项目总结

本项目分别对人脸识别相关故障排查方法和平台门禁日常维护进行了讲解。通过本项目的学习，读者应该能够掌握人脸识别相关故障排查方法，并且会使用平台对设备进行日常维护及日志查询等操作，解决常见的出入口控制系统使用问题。

课后习题

文本：参考答案

一、选择题

1. 遇到突发情况需要临时远程开门，可以在门禁管理系统的（　　）中操作。

A. 门禁控制模块 　　　　　　　　　　B. 任务查询模块

C. 日志记录模块 　　　　　　　　　　D. 服务管理模块

2. 想要查看异常开门记录，可以在门禁管理系统的（　　）中查看。

A. 门禁控制模块 　　　　　　　　　　B. 任务查询模块

C. 日志记录模块 　　　　　　　　　　D. 服务管理模块

3. ICC 管理平台的远程开门功能不能实现（　　）。

A. 开门 　　　　　　　　　　　　　　B. 关门

C. 常开 　　　　　　　　　　　　　　D. 闭门回锁

4. 在 ICC 管理平台门禁日常维护过程中，下列不支持的操作是（　　）。

A. 查看设备信息 　　　　　　　　　　B. 同步时间

C. 重启设备 　　　　　　　　　　　　D. 添加人员

5. 以下人脸录入图片大小符合要求的是（　　）。

A. 80 KB 　　　　　　　　　　　　　B. 120 KB

C. 160 KB 　　　　　　　　　　　　 D. 240 KB

6. 人脸整张图片的宽高比不超过（　　）。

A. 1∶2 　　　　　　　　　　　　　　B. 2∶3

C. 3∶4 　　　　　　　　　　　　　　D. 4∶5

7. 小张录入人脸后，经常被识别成另一个人，可以采用（　　）方式解决。

A. 调高阈值 　　　　　　　　　　　　B. 调低阈值

C. 调节亮度 　　　　　　　　　　　　D. 调节眼间距

8. 人脸场景较暗，可以适当拉高（　　）。

A. 对比度 　　　　　　　　　　　　　B. 人脸阈值

C. 补光灯亮度 　　　　　　　　　　　D. 强光抑制

9. 以下针对人脸录入的说法中，错误的是（　　）。

A. 人脸识别跟脸部胡子长短等无关，不会影响识别

B. 登记和验证时，需要保持脸部清洁

C. 登记时戴眼镜可能影响登记效果

D. 登记时戴帽子可能影响登记效果

10. 以下针对人脸录入的说法中，错误的是（　　）。

A. 注册过程中请勿晃动，以免注册失败

B. 录入时无须避免两张人脸同时出现在框内

C. 将人脸放置于采集框中心区域

D. 人脸距离设备过高、过低、过近或者过远，均会影响录入和比对的效果

二、判断题

1. 人脸录入登记时戴眼镜、戴帽子和大胡子不会影响登记效果。　　　（　　）

2. 人脸录入戴帽子不能遮住眉毛。　　　　　　　　　　　　　　　　（　　）

3. 人脸录入设备距离灯源至少 2 m，距离窗口及门口至少 3 m，避免逆光、阳光直射、斜射或灯光近距离照射。　　　　　　　　　　　　　　　　　　　　　（　　）

4. 人脸距离设备过高、过低、过近或者过远，均会影响录入和比对的效果。（　　）

5. ICC 管理平台门禁权限快速下发配置包括组合开门方式。　　　　　（　　）

6. 人脸识别阈值设置设备识别人脸的精准度，数值越大，精准度越高。（　　）

7. 人脸识别最大偏角设置设备拍摄人侧脸的角度，数值越大，识别的侧脸范围越小。

（　　）

8. 防假功能开启后，防止使用有权限人员的照片、模型等冒用人脸信息情况的发生。

（　　）

三、简答题

1. 简述人脸门禁设备人脸识别无反应后的处理操作。

2. 简述门禁设备人脸识别提示识别失败或者提示陌生人的处理过程。

第4部分
安全防范综合系统部署与运维

项目 7 安全防范综合系统规划与配置

学习情境

在实际业务场景中，对于一个成熟的技术支持工程师而言，除了要能完成基本的业务配置外，还需要掌握业务前端售前解决方案的部分技能，从而加深对于整个项目的理解，保证项目交付的质量。同时，在实际项目中，对于安防整体系统的勘测与规划要点的熟练程度，以及对于安防整体系统复杂业务的部署和配置操作，也是技术支持工程师能力进阶的必然要求。

本项目共分为 3 个学习任务，首先介绍售前解决方案撰写的整体框架，帮助技术支持工程师加深对项目全貌的理解，扩大其技能广度；然后讲解安全防范常见系统的一些典型设备勘测要点，保证后期项目交付的质量和进度；最后介绍安全防范综合系统复杂功能配置和资源部署相关内容，提升技术支持工程师的技能深度，从而能够更好地适应当前越来越复杂的系统对于技术人员的能力要求。

学习目标

PPT：项目 7
安全防范综合
系统规划与配
置

知识目标

1）了解安全防范综合系统技术解决方案整体框架。

2）了解安全防范综合系统点位设计要素。

3）了解 ICC 管理平台安全防范综合系统业务部署相关知识以及复杂功能配置参数。

技能目标

1）掌握安全防范综合系统技术解决方案撰写基础框架和重点要素。

2）掌握安全防范综合系统前期点位选择注意事项。

3）掌握 ICC 管理平台安全防范综合系统业务部署以及复杂功能配置方法。

相关知识

微课 7-1
安防概述

安全防范，从字面意义上看就是"安全"和"防范"，即采取防范的手段来达到安全的目的。安防从其发展过程来看，主要可以分为物防、人防、技防 3 个阶段。

1）物防：最原始也是最简单的防范手段，如围墙、栅栏、门锁等，但是物防很大程度上只能起到威慑作用，其不能判断危险也不会做出反应。

2）人防：为了提高安全性，在物防基础上，可以增加人力防范，例如保安巡逻就是一种人防手段。相比于物防，人防比较灵活，但是一般保安只在大门口或重要位置进行值守，其他地方就会存在监控盲区。

3）技防：相比于人防和物防，引入技术防范的手段更加安全可靠，视频监控就是一种最常见的技术防范手段。针对园区盲区，可以部署视频监控设备来实现全天候、无死角的监控。除了视频监控系统之外，入侵和紧急报警系统以及出入口控制系统也是安全防范系统最基本的防范系统。视频监控系统典型拓扑结构如图 7-1 所示，入侵和紧急报警系统典型拓扑结构如图 7-2 所示，出入口控制系统典型拓扑结构如图 7-3 所示。

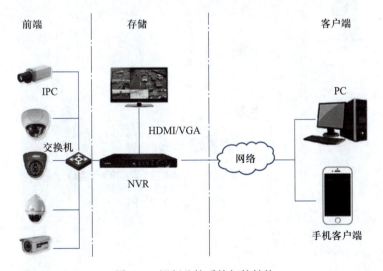

图 7-1 视频监控系统拓扑结构

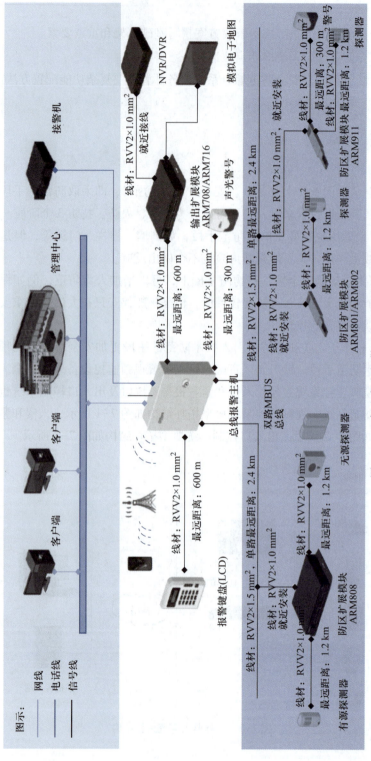

图 7-2 入侵和紧急报警系统拓扑结构

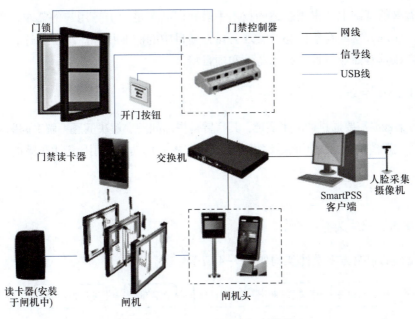

图7-3 出入口控制系统拓扑结构

任务 7-1 安全防范综合系统技术解决方案撰写

任务描述

在企业的实际业务营销流程中，一个完整的业务闭环一般包括项目初创阶段（建项、制订计划）到售前阶段（项目设计、招投标）到售中交付阶段（进度管理、质量管理等）再到售后服务阶段（用户体验、需求挖掘）。在某大型安防综合系统建设项目中，小张作为项目交付负责人，将对整个系统技术方案进行补充优化，并输出专业的技术解决方案。为了保证能保质保量完成任务，小张需要掌握撰写解决方案的基础框架和要素。具体要求如下：

1）了解解决方案的定义及框架。

2）掌握解决方案的书写格式。

3）掌握解决方案撰写的相关工具。

知识准备

1. 解决方案定义

解决方案是针对项目某些已经体现出的，或者可以预期的问题、不足、缺陷、需求等所提出的一个解决整体问题的方案（建议书、计划表等），是对一个具体项目的规划设计，围绕具体的需求而展开，重点阐述技术、方法、产品和应用。因此，解决方案的设计应在充分理解需求的基础上，采用合适的技术手段和产品满足和引导用户的需求，并能阐述方案的特色，体现方案的竞争优势，实现公司在项目中的商业目标。综上所述，一个合格的解决方案应该具有商业特性、技术特性和项目特性。

2. 配置清单定义

解决方案最终需要通过产品来实现，其宗旨是提出问题、解决问题，解决问题的实质载体为产品，而配置清单就是为了满足解决方案所提出的一切功能应用所衍生出来的产品列表。

任务实施

1. 解决方案总体架构

一个完整的解决方案整体架构如图 7-4 所示。

图 7-4　解决方案整体架构

对于多系统综合性方案，以子系统为章节分开阐述，每个子系统都需要包含子系统设计、产品介绍、设备清单等重要组成部分。

2. 解决方案分述

1）方案概述：通常包括客户行业的发展趋势、国内外先进的技术与管理方式、本方案的目的以及意义等内容。客户的技术负责人对概述部分一般会有清晰的了解，会直接跳过，但是客户公司领导往往会关注这方面的信息，而好的概述甚至能够增加决策者对公司的好感和信任。

2）需求分析：决策者和客户技术负责人主要关注的内容，体现了方案是否理解了客户想采用什么技术、达到什么功能，以及对客户需求把握的准确性。准确性强的需求分析能够使得客户体会到设计方在切实地为用户考虑实际问题，详细的需求分析能够增强双方的亲近感。

3）系统设计：包含总体设计和详细设计两个部分。系统总体设计主要阐述系统模式、系统的架构、系统的组成、系统功能、系统特点以及重点问题解决手段。这是客户技术负责人重点关注的地方，因为通过总体设计可以把握整个系统设计的大方向。在系统总体设计部分一定要力争体现整个方案的精华所在，以取得客户技术负责人的基本认可。详细设计主要是指每个子系统的设计，主要面向客户的技术人员，其会对每个技术细节进行认真阅读、比较和分析，对每个指标和功能进行核实，和客户实际使用需求对应、比较。因此，系统设计一定要详细、明确，要分层次、分子系统进行阐述和介绍。

4）产品介绍：主要介绍与该解决方案相关的软硬件产品，描述这些产品的背景、概述、适用场景与行业以及功能组成等，然后在此基础上再分别描述具体模块的功能。

5）设备清单附件：需要列出本解决方案给出的系统包含的所有软硬件清单，包含设备名称、数量、规格和推荐型号等内容，并且需要指出其中哪些可以直接使用客户单位的现有设备。附件主要包括公司在其他地方已经推广落地的部分典型用户案例，用来进一步证明公司提供的解决方案是先进、实用的，是一套科学的、可操作的解决方案。典型案例选择需要有针对性，即选择与客户公司在行业、特殊需求、项目类型等方面有相似之处的案例。

3. 配置清单输出

配置清单撰写的一般步骤如图 7-5 所示。

1）需求分析：准确的需求分析是配置清单输出的前提，要特别关注客户的项目预算、规模、技术要求细节等方面，有利于针对性地进行产品选型。

图 7-5　配置清单撰写步骤

2）素材获取：在正式开始配置清单撰写之前，需要提前进行相关材料的获取，来辅助进行设备配置清单的输出。当前，安防行业厂家一般都有自己建立的产品管理系统、资料管理系统等，其可以快速辅助进行相关产品的选型以及资料的收集。

3）输出清单：主要包含设备名称、数量、规格和推荐型号等内容。在输出设备清单时，要多收集竞争对手的信息，综合考虑产品性价比。

4. 撰写解决方案常用工具

撰写解决方案过程中常使用的工具如图 7-6 所示。

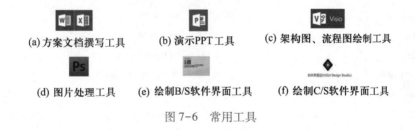

(a) 方案文档撰写工具　　(b) 演示PPT工具　　(c) 架构图、流程图绘制工具

(d) 图片处理工具　　(e) 绘制B/S软件界面工具　　(f) 绘制C/S软件界面工具

图 7-6　常用工具

5. 解决方案行文格式萃取

解决方案行文格式主要包括全文格式、编号格式、图片格式、表格格式等，以下为项目过程中经常使用的较合理的行文格式。

1）全文格式：定义了整篇文档格式，如正文格式、标题格式等。一般要求 A4 版面、方案正文为 1.5 倍行距、字体为宋体、字号为小四等，经过此行文格式的定义，整篇文档的标题、字体、段落能够达到良好的一致性。

2）编号格式：在解决方案中，对编号应采用一致的方式，主要包含编号的序号方式和编号的标点符号两个方面。在书写过程中，应当避免出现各种各样的编号方式，整篇行文的一致性要体现到标点为止，可以体现整个方案的严谨性。

3）图片格式：在图片使用过程中，可以灵活使用文档编辑工具的图片转换、裁剪等功能，为了防止出现格式相关问题，建议采用 BMP 和 PNG 格式的图片。

4）表格格式：表格是解决方案中经常出现的元素，对表格格式经常进行的操作包括对齐到窗口、重新格式线粗细、跨页重复标题行、突出标题行的颜色，并且建议表格的字体比正文小一档。

6. 解决方案撰写误区

在日常的解决方案过程中，新手会经常存在以下误区，需要着重避免。

1）论点充足，方法不足。只有论点，没有论证，不好的解决方案粗看起来非常厚重，但其实都是功能罗列，就像手册摘要，而不像一份方案说明书。

2）以产品为导向。公司有什么产品，就拿对应的解决方案给客户推广，而不考虑客户的实际需求，违背以客户需求导向为中心的原则。

3）以概念为根本。整个解决方案概念性太强，太多主观性内容，无法真正落地实操。解决方案作为项目的重要文件，必须具备客观可实施性。

4）需求无过滤。用户的需求成分中，要分析清楚什么样的需求是真实需求，虚假需求会存在真实需求当中，需要理清楚什么需求是需要做的或值得做的，同时还需要分析团队的能力和状况。

如图 7-7 所示为某项目智慧园区警戒解决方案大纲示例，仅供参考。

第 一 章　方案概述 5
　1.1 建设背景 5
　1.2 设计原则 5
　1.3 设计依据 7
　1.4 需求分析 9
第 二 章　热成像周界方案设计 10
　2.1 方案设计 10
　2.2 方案架构 10
　2.3 方案优势 11
　2.4 业务功能 13
第 三 章　球球联动周界方案设计 18
　3.1 方案设计 18
　3.2 方案架构 18
　3.3 方案优势 18
　3.4 部署说明 19
　3.5 典型应用 20
　3.6 产品推荐 22

第 四 章　声光警戒周界方案设计 23
　4.1 方案设计 23
　4.2 方案架构 23
　4.3 方案优势 24
　4.4 产品推荐 27
第 五 章　电子围栏周界方案设计 28
　5.1 方案设计 28
　5.2 方案架构 28
　5.3 方案优势 28
　5.4 产品推荐 31
第 六 章　设备配置清单 32

图 7-7　解决方案大纲示例

任务 7-2　安全防范综合系统勘测

任务描述

　　小黄在进行技术方案深化设计时，需要对整个安防系统进行统筹勘测。结合客户需求以及客户现场实际环境，进行设备安装点位的选取。因此，小黄需要对网络摄像机设备、人脸门禁一体机、探测器等前端采集设备在不同应用场景下的功能、场景、环境、安装要求有较全面的认识，掌握对应勘点要素。

知识准备

　　物体像素点会直接影响到算法对物体的识别，因此在前端智能应用中至关重要。下面将介绍一种计算像素点的方法，通过该方法可以准确测算出物体在画面中所占像素的多少。具体计算方法如下：

　　1）在相机 Web 端单击"截图"按钮进行抓图（物体需要在画面中），如图 7-8 所示。

图 7-8　Web 端"截图"按钮

　　2）通过存储路径查看抓图存储的地址，找到对应图片，使用画图工具将其打开。存储路径查看方式：选择"设置"→"相机设置"→"视频"→"存储路径"命令，如图 7-9 所示。

图 7-9　抓图存储路径

　　3）通过画图工具中的框选方式，即可得到物体所占的像素点数量，如图 7-10 所示。

① 单击画图工具中"选择"按钮。

② 框选物体（如图 7-10 所示中的魔方），左下角即会显示该物体所占像素数量。

图 7-10   使用画图工具测算像素点

任务实施

本页彩图

1. 智能摄像机点位设计要素

（1）动态检测

1）适用场景。动态检测在各类场景中均能应用（既可以应用在需要运动物体报警的场景，也可以应用在需要节省存储空间，只录制画面中有运动物体的场景）。

2）不适用场景。动态检测不适用于复杂的、经常变化的灯光场景，该场景会导致检测效果不好（场景图可参考智能动检）。

3）安装要求。动态检测安装要求与通用的安装要求一致，无特殊要求。基本设备安装要求在初级教材中有详细描述，这里不再赘述。

（2）智能动检

1）适用场景。

① 室内外中大型场景监控，用于区分人、车或非机动等个体的场景，典型场景有工厂、小区、机场、边界、车站等。

② 场景尽量简单。

③ 无复杂的、变化的灯光影响。

2）不适用场景。

① 画面中树木等遮挡过多，导致对目标运动轨迹的隔断，如图 7-11 所示。

② 安装于道路边，夜间车辆车灯直射镜头使得亮度忽明忽暗，影响检测效果，如图 7-12 所示。

图 7-11　不适用场景 1　　　　　　　　　　图 7-12　不适用场景 2

本页彩图

③ 安装于室内背光场景，存在明显的逆光现象，如图 7-13 所示。

④ 室外由于阳光直射后反光严重的场景，如图 7-14 所示。

图 7-13　不适用场景 3　　　　　　　　　　图 7-14　不适用场景 4

3）安装要求。目前推荐相机正对布控位置安装，如一些室内外的出入口、车库步行街、草坪湖泊等限制区域。目前算法要求在 200 万分辨率下的最小像素点为 60×60 px，目标检测物的最大像素要求均不超过画面高度或者宽度的 2/3。相机布控示意如图 7-15 所示。

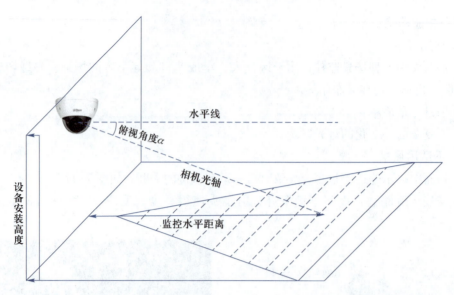

图 7-15　智能动检相机布控示意图

对此有一些推荐的安装值，若安装距离缩短，布控宽度会等比例缩小。一些镜头焦距的推荐安装距离见表 7-1。

表 7-1　安装距离推荐表

焦距/mm	2.8	3.6	6	8	12	30
安装距离/m	6	8	13	17	26	65

推荐安装高度 $h>3\,m$，上限根据镜头确认（根据布控距离及安装角度换算）；推荐安装角度 0~45°（俯仰角度）。

（3）IVS（周界部分）

1）适用场景。

① 边境线、小区围栏、院落和草坪。

② 铁路、站台和高速公路周边人员跨越检测。

③ 地下车库人员进入、步行街车辆进入检测。

④ 湖泊人员掉落检测、天台和草坪等人员进入检测。

⑤ 私人院落和施工工地等特定时间人员进入检测。

⑥ 场景尽量简单，没有大量的移动目标。

⑦ 无复杂的、变化的灯光影响。

2）典型安装应用场景。

① 沿着绿植、围栏等周界配置针对人员的布控规则，如图 7-16 和图 7-17 所示。

② 布控人员进入限制的草坪、湖泊、河流等区域，如图 7-18 和图 7-19 所示。

③ 人车分流的区域，布控进入人行区域的车以及进入车行区域的人，如图 7-20 和图 7-21 所示。

图 7-16　典型场景 1

图 7-17　典型场景 2

图 7-18　典型场景 3

图 7-19　典型场景 4

图 7-20　典型场景 5

图 7-21　典型场景 6

本页彩图

④ 超市、便利店等场所，白天触发欢迎语音，夜晚布控人员进入，如图 7-22 和图 7-23 所示。

图 7-22　典型场景 7

图 7-23　典型场景 8

3）不适用场景。

① 拌线周边树木等遮挡过多，导致产生对目标运动轨迹的隔断，如图 7-24 所示。

② 平行安装于道路边，夜间车辆车灯直射镜头使得亮度忽明忽暗，影响检测效果，如图 7-25 所示。

图 7-24　不适用场景 1

图 7-25　不适用场景 2

本页彩图

4）安装要求。

① 正对布控：推荐相机正对布控位置安装，如一些室内外的出入口、车库步行街、草坪湖泊等限制区域，目前算法在 200 万分辨率下像素点要求为 60×60 px，布控示意如图 7-26 所示。

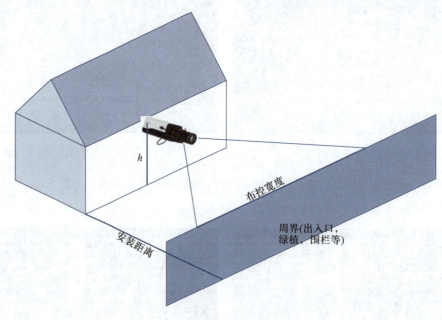

图 7-26　正对布控示意图

对此有一些推荐的安装值，若安装距离缩短，布控宽度会等比例缩小。相机对于人的最大布控宽度是 12 m。一些镜头焦距的推荐安装距离见表 7-2。

表 7-2　推荐安装距离表

焦距/mm	2.8	3.6	6	8	12	30
安装距离/m	6	8	13	17	26	65

推荐安装高度 h>3 m，上限根据镜头确认；推荐安装角度 0~45°（俯仰角度）；推荐匹配镜头：短焦距，大视野。

② 平行布控：适用于围栏、河流等环境下，为避免遮挡同时兼顾布控距离，可以把相机安装在周界边上拍摄周界顶部的场景，布控示意如图 7-27 所示。

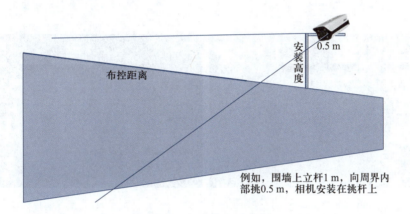

图 7-27　平行布控示意图

平行布控会存在盲区，相机一些焦距的布控距离见表 7-3。

表 7-3　推荐布控距离表

焦距/mm	2.8	3.6	6	8	12	20	30
布控距离/m	1~10	1~13	2~20	3~25	4~40	8~65	12~100

考虑到人员在翻越周界时模型会有所变化，因此目前最远选用 7~35 mm 焦段相机，安装高度为围墙上 1 m，相机拍摄区域的布控距离大致为 12~60 m。采用两个相机对射可以避免盲区。

（4）人脸检测

1）勘点要求。

① 人流方向：正对人流方向，且人流方向单一。如图 7-28 所示，相机正对人流方向，且人流方向单一，比较合适；如图 7-29 所示，人流走向复杂，不合适。

② 光照条件：光照条件充足均匀（≥100 lx）。如图 7-30 所示，场景光照充足，比较合适；如图 7-31 所示，光线不足，抓拍人脸很暗，不合适。

图 7-28　合适场景 1

图 7-29　不合适场景 1

图 7-30　合适场景 2

图 7-31　不合适场景 2

③ 逆光场景：无逆光环境或者逆光强度不大。如图 7-32 所示，人脸处于逆光环境外，比较合适；如图 7-33 所示，严重逆光，不合适。

图 7-32　合适场景 3

图 7-33　不合适场景 3

④ 布控宽度：布控宽度合适。如图 7-34 所示，场景宽度符合布控数据，比较合适；如图 7-35 所示，宽度过大，不合适。

⑤ 安装角度：安装位置的垂直俯角（10°~15°）和水平偏角（<25°）合适。如图 7-36 所示，俯角和水平角度合适；如图 7-37 所示，俯角太大，不合适。

本页彩图

图 7-34　合适场景 4

图 7-35　不合适场景 4

图 7-36　合适场景 5

图 7-37　不合适场景 5

本页彩图

2）推荐场景。

① 室内外出入口场景，如图 7-38 和图 7-39 所示。

图 7-38　推荐场景 1

图 7-39　推荐场景 2

② 室内外人形通道，如图 7-40 和图 7-41 所示。

图 7-40　推荐场景 3

图 7-41　推荐场景 4

③ 室内外闸机，如图 7-42 和图 7-43 所示。

图 7-42　推荐场景 5　　　　　　　图 7-43　推荐场景 6

本页彩图

3）安装要求。

① 布控示意。如图 7-44 所示，一个人脸卡口场景，关键的参数值包括相机安装高度、相机到目标的水平布控距离和目标所在平面的布控宽度。

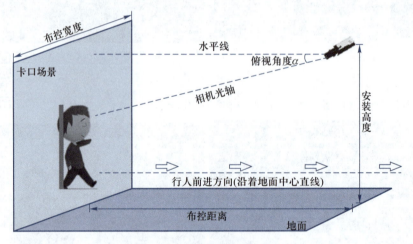

图 7-44　人脸检测布控示意图

② 安装角度。建议人脸摄像机正对人流方向，要求水平偏角<25°，尽量避免侧脸。要求人脸摄像机安装的垂直俯视角度为 10°~15°，俯角过大会造成抓拍人脸额头占比过多，影响识别效果；俯角过小易造成前后通过的人脸遮挡。俯角一定的情况下，摄像机布控的水平距离越远，要求的安装高度越高。如图 7-45 所示，取人员身高 1.7 m、安装俯角 $\alpha=10°$ 时，安装高度 $H=\tan(10°)L+1.5$，即 $H=0.18L+1.5$ m。

③ 布控宽度。摄像机布控的场景落在平面上是一个扇形，如图 7-46 所示。布控宽度是指画面中人脸（建议人脸处于画面中央）像素符合要求时所在位置的宽度，画面近处实际宽度会小于布控宽度，画面远处的实际宽度大于布控宽度。实际应用中，200 万像素分辨率设备的人脸两耳间像素点需要达到 100×100 px，才能有比较好的细节信息提供给后端做人脸比对，如图 7-47 所示。

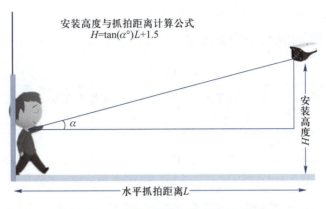

安装高度与抓拍距离计算公式
$H=\tan(\alpha°)L+1.5$

图 7-45　安装高度与抓拍距离关系图

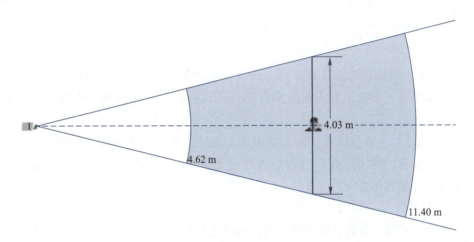

图 7-46　布控场景俯视图

图 7-47　布控宽度示意图

本页彩图

④ 布控数据。表 7-4 列出了实际项目顶装布控的数据,实际使用安装可以进行参考(实际应用中以具体型号的数据为准),测算标准如下:

· 人脸摄像机水平方向上正对人脸,安装俯视角度为 10°。

- 人脸位于画面中心位置，人员身高为 1.7 m。
- 后端比对的像素值按 100 像素计算。

表 7-4　人脸摄像机（枪形）布控数据表

焦距段/mm	安装高度/m	布控距离/m	布控宽度/m
2.7~13.5	2.5	1.5~5	3

半球形态的摄像机最小俯视角度按照 15°来安装，布控数据见表 7-5。

表 7-5　人脸摄像机（半球）布控数据表

焦距段/mm	安装高度/m	布控距离/m	布控宽度/m
2.7~13.5	2.5~3	1.5~5	3

（5）人数统计

1）勘点要求。场景亮度要有保障，至少保证检测区域内人员头和双肩的轮廓清楚。人流方向相对单一，相机正对人流方向，避开光线频繁变化、逆光、光线直射等复杂的场景。

2）安装要求。人数统计最佳的安装方式为顶装，该方式能够有效地避免当人员密集时遮挡导致的漏检。在实际应用过程中若存在无法顶装的情况，可以采用斜装的布控方式。以下为二者的具体要求：

① 顶装场景。

- 相机需正对行人方向，保证行人方向和规则线垂直。
- 需要保证设备镜头与水平面成 70°~90°。
- 双目客流设备一般要求不能高于 5 m，超过 5 m 建议使用单目变焦设备。
- 检测画面内无遮挡。
- 检测画面中头肩必须完整露出。

② 斜装场景。

- 相机正对行人方向，保证行人方向和规则线垂直。
- 相机俯角需在 30°~70°之间，一般角度越大，效果越好（角度越大，越不容易遮挡检测人员的头肩）。
- 双目客流设备安装高度一般普遍不能高于 5 m，超过 5 m 建议使用单目变焦设备。
- 检测画面内无遮挡。
- 检测画面中头肩要尽可能完整露出。

3）推荐场景。

① 人数统计顶装场景。

- 室内通道场景，人流方向相对单一，如图 7-48 所示。
- 出入口场景，要避免一半空旷、一半存在墙面或者玻璃的情况。如果墙壁两边反光严重，人通过的时候会有影子存在，容易产生误检，如图 7-49 所示。

图 7-48　顶装室内通道场景　　　　　　　　　图 7-49　顶装出入口场景

● 地铁安检、游乐园等需要统计人数的出入口场景，如图 7-50 所示。

② 人数统计斜装场景。与顶装场景类似，斜装可布控在通道或者出入口的场景。

● 通道场景，如图 7-51 所示。

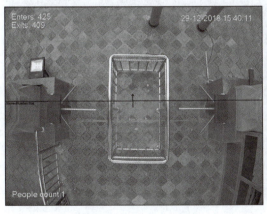

图 7-50　顶装安检场景　　　　　　　　　　图 7-51　斜装通道场景

● 出入口场景，如图 7-52 所示。

③ 区域内人数统计顶装场景。

● 室内的对人员数量有特殊要求的场景，如银行内部办公区、自助区等区域，如图 7-53 所示。

本页彩图

● 一些需要特殊人员在岗的值班区域，如图 7-54 所示。

● 室内需要统计区域内人数的场景，如餐厅取餐区域以及地铁等候区域，如图 7-55 所示。

图 7-52　斜装出入口场景

图 7-53　银行自助区域

图 7-54　值班区域

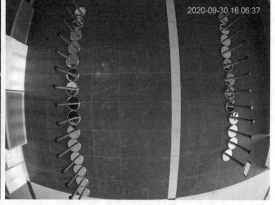

图 7-55　餐厅取餐区域

④ 区域内人数统计斜装场景。典型场景为通道区域，如图 7-56 所示。

⑤ 排队管理推荐场景。排队管理功能普遍应用在需要对区域中的排队情况进行统计的场景，如食堂的排队区域、商场等候区域等，如图 7-57 和图 7-58 所示。

本页彩图

图 7-56　通道区域

图 7-57　食堂排队区域

图 7-58　商场等候区域

本页彩图

4）布控数据。

① 布控示意图。

• 当设备顶装时，布控的场景落在平面上是个矩形，如图 7-59 所示。

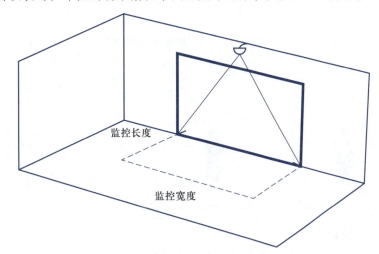

监控长度

监控宽度

图 7-59　顶装场景示意图

• 当设备斜装时，布控的场景落在平面上是一个梯形，如图 7-60 所示。

• 布控距离以近端看到脚、远端看到头为准，布控宽度以画面里面看到完整人体并满足检测要求的有效宽度为准，如图 7-61 所示。

② 顶装数据。以下为实际项目双目客流设备顶装布控的数据，见表 7-6，实际安装使用时可以进行参考（实际应用中以具体型号的数据为准）。

表 7-6　双目顶装布控数据

产品形态	像素	焦段/mm	安装高度/m	监控宽度/m	监控长度/m	有效监控面积/m²
双目	300 W	2.8	2.2	1.1	0.6	0.8
			2.6	1.8	1.1	1.9
			2.8	2.4	1.5	3.8
			3	2.8	1.8	5.2

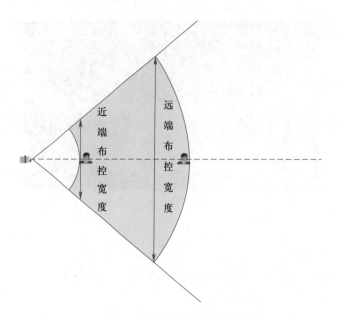

图 7-60 斜装场景俯视图

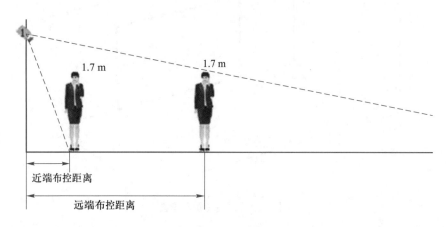

图 7-61 布控场景侧视图

- 俯角默认为 90°。
- 以下布控数据均以 1.7 m 身高为参考：高于参考值，数据偏小；低于参考值，数据偏大。
- 32.8 mm 焦段的推荐安装高度为 2.2~3.8 m。

③ 斜装数据。斜装布控数据以相机视线和水平面夹角 30°以上为前提，推荐俯角控制在 30°~70°之间。表 7-7 列出了实际项目双目设备斜装布控的数据，实际使用时可进行参考（实际应用中以具体型号的数据为准）。

表 7-7 双目产品斜装布控数据表

产品形态	像素	焦段/mm	安装高度/m	安装角度	近端布控距离/m	近端布控宽度/m	远端布控距离/m	远端布控宽度/m	有效监控面积/m²
双目	300 W	2.8	2.2	30°	0.2	4.9	1.2	10	26.3
				60°	0	1.1	1.1	2.6	2
			2.6	30°	0.4	4.8	2.2	10.9	28.6
				60°	0	1.9	2	4.7	6.4
			2.8	30°	0.5	4.8	2.6	10.9	29
				60°	0	2.4	2.5	5.7	9.6
			3	30°	0.6	4.7	3	10.9	28.5
				60°	0	2.8	2.9	6.8	13.6

2. 人脸门禁一体机点位设计要素

（1）安装环境

1）离设备 0.5 m 处的最小光源照度不低于 100 lx。

2）建议将设备安装在室内，距离窗口、门口 3 m 以外，距离灯源 2 m 以外。

3）避免逆光、阳光直射、斜射或灯光近距离照射。

（2）安装环境光源参考值

典型常见光源要求光照度如图 7-62 所示。

(a) 蜡烛：10 lx   (b) 灯泡：100~850 lx   (c) 日光：大于 1 200 lx

图 7-62 安装环境光源参考值

（3）安装位置

工程推荐安装位置如图 7-63 所示，常见典型安装不适场景如图 7-64 所示。

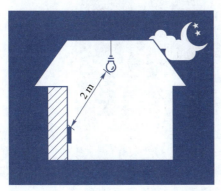 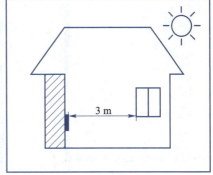

图 7-63 推荐安装位置

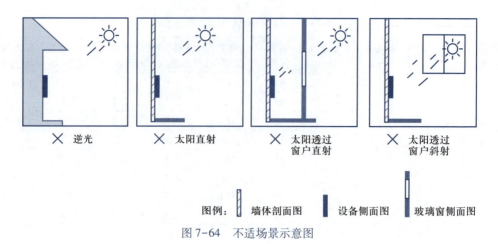

图 7-64　不适场景示意图

（4）安装高度

人脸门禁一体机推荐安装高度（镜头中心到地面高度）为 1.4 m，如图 7-65 所示。

3. 探测器点位设计要素

探测器误报或者漏报是实际工程经验中经常发生的问题，良好的点位选择可以大大降低探测器的误报率。以 DH-ARD2233 微波和被动红外复合入侵探测器为例，系统部署时点位选择与安装需要考虑以下多种要素。

（1）探测范围

1）探测器内部 PCB 高度刻度要和实际安装高度相符，如图 7-66 所示，即图中红框里这个突起指向的刻度要和探测器实际安装高度一致，如不一致就会造成如图 7-67 所示问题。

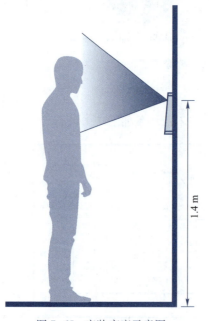

图 7-65　安装高度示意图

图 7-66　PCB 高度刻度

本页彩图

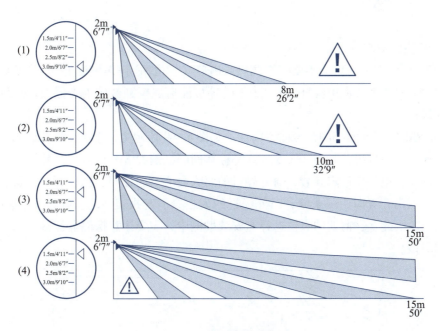

图 7-67　探测范围示意图

在图 7-67 中，第 1 种和第 2 种情况是因为刻度高于实际安装高度，造成探测范围变小，未达到实际 15 m 的探测距离。第 4 种情况是指向刻度低于实际安装高度，最远探测距离够了，但是下视窗位置出现盲区。第 3 种情况是合理位置。

2）微波距离应调整至中间位置，调节过低跟过高都会影响使用效果，如图 7-68 所示。

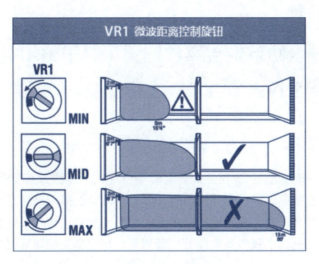

图 7-68　微波距离调整

3）探测器的探测范围除了和高度和微波距离调整有关系外，垂直角度也会有影响。探测器安装默认是壁装垂直，如果使用万向支架，需要注意安装俯角过大也会造成探测距离缩短。

（2）安装位置

1）安装时需要注意附近不要有空调热风出口（管道振动+热风温度）、荧光灯管（频闪造成的微波触发及光源中红外线）、热水壶等可能造成探测区域内类似人体热源的物体从而引发误报。

2）安装时需要注意探测区域的方向性。如图7-69所示为一个探测器安装示意图，图中标示了6个安装位置，其中2/3/5位置都存在问题，例如2号位置，虽然可以防止入侵者从窗户进入，但如果窗户开着，窗外经过的路人也会引起报警；同理5号位置虽然防护住了门口，但门开着即使一条缝，门外经过的人也会引起报警；3号则是因为被门挡住，会产生漏报。因此，在前期的点位选择与安装勘测中，需要注意探测器探测朝向，避免产生误报和漏报。

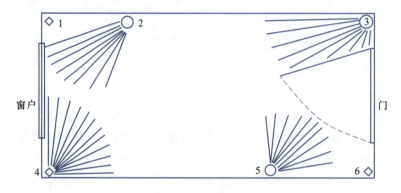

图7-69 探测器安装示意图

任务7-3 安全防范综合系统配置（基于 ICC 管理平台）

任务描述

某园区采购了一套智能物联/园区综合管理平台（以下简称为 ICC 管理平台）。小张作为团队交付成员，在前期跟客户充分沟通的基础上，需要根据用户场景化需求完成业务部署，以及基于 ICC 管理平台完成相应安防子系统的联动配置工作和系统性能可靠性保障技术方案部署工作，为此，小张需要掌握 ICC 管理平台相应复杂联动配置操作以及复杂运维管理操作。

知识准备

ICC 管理平台由基础业务与各业务子系统构成，其中，基础业务包括基础功能和运维中心，各业务子系统包括报警管理、门禁管理、可视对讲、视频监控、停车管理等。安装ICC 管理平台时，基础业务模块会默认安装，其他各业务子系统需要用户按需安装。

ICC 管理平台支持 3 种配置界面，分别为运维中心、平台管理端和视频客户端，3 种配置界面登录方式可以参考任务 1-4。其中，运维中心用于配置控制 ICC 管理平台的网络参数、基础参数、安全参数、服务器等设备参数，以及用于系统升级和系统自检。平台业务正常运行的基础功能以及相应业务功能配置则由平台管理端或视频客户端来配置，两种方式支持功能略有差异，见表 7-8，其中√表示本功能支持在平台管理端或视频客户端进行配置，×表示不支持。对于平台管理端和视频客

表 7-8 功能配置异同点

功 能	平台管理端	视频客户端
系统管理	√	×
行政办公	√	√
综合安防	×	√
系统配置	√	×
综合管控	√	√

户端都支持的功能，二者配置方法类似。本任务主要对在运维中心进行系统业务部署、存储、可靠性保障部署等方面相应配置操作以及管理端复杂联动配置操作进行介绍。

任务实施

1. 业务子系统部署

ICC 管理平台系统架构采用子系统/服务形式，用户需要按需求安装本地子系统（除基础功能和运维中心）。安装子系统时会先检查子系统的版本依赖，如果不满足依赖关系，则会要求先满足依赖关系才可以安装。例如，访客子系统依赖门禁管理子系统，如果安装访客子系统时还没有安装门禁管理子系统，则会要求首先安装门禁管理子系统。具体操作步骤如下：

1）登录运维中心。

2）选择"运维管理"→"服务部署"命令，选择服务器。如果没有新增过服务器，就选择本地服务器。

3）单击"新增/升级服务"按钮，选择系统中已经存在的安装包，如果需要安装的子系统安装包不存在，就单击"上传安装包"按钮上传新的软件包，如图 7-70 所示。或者也可以通过选择"运维管理"→"资源中心"→"软件中心"命令，上传软件包。

4）单击"安装"按钮，待系统提示"安装完成"后单击"关闭"按钮即可，如图 7-71 所示。

5）子系统安装完成后，可以登录配置界面（平台管理端或视频客户端），检查功能菜单是否存在。如果存在，表示安装正常。例如，安装可视对讲子系统后，登录平台管理端/视频客户端，检查是否存在"可视对讲"菜单。

图 7-70   新增/升级服务界面   图 7-71   安装完成界面

2. 系统集群配置

系统集群用于提高 ICC 管理平台的处理能力。配置集群管理前，需保证添加了多台服务器且同一集群的服务器时钟同步。添加其他服务器的操作步骤如下：

1）登录运维中心。

2）选择"运维管理"→"服务器管理"命令，在打开的界面中单击"新增"按钮。

3）配置新服务器参数，联机模式选择业务集群节点，单击"连接测试"按钮，测试通过后单击"确定"按钮。

常见的集群管理方式包括服务集群和分布式系统两种形式。

① 服务集群：将服务分别部署在多台服务器上，通过负载均衡策略，提高 ICC 管理平台的业务处理能力。当前支持服务集群的服务有电子地图、日志服务、事件中心、级联服务等。

② 分布式系统：通过部署多个系统，提高单系统的性能。例如，门禁管理系统只能接入 1 000 个接入设备，当需要接入 1 500 个设备时，可以再部署一个门禁管理系统来提高整系统能力。当前，视频监控、停车管理、门禁管理、可视对讲业务系统支持分布式。

项目实际应用时会一同部署，具体配置步骤如下：

1）登录运维中心。

2）选择"运维管理"→"集群管理"→"集群设置"命令，单击+按钮，新增集群。

3）配置集群参数，完成后单击"确定"按钮。选择需要扩容的服务，服务器需要选择至少两台，如图 7-72 所示。

4）选择"运维管理"→"集群管理"→"分布式设置"命令，单击+按钮，新增分布式系统。

5）配置分布式系统参数，完成后单击"确定"按钮。选择需要扩容的系统，服务器需要选择至少两台，如图 7-73 所示。

图 7-72　新增服务集群界面　　　　　　　　　图 7-73　分布式配置界面

3. 配置双机热备

双机热备主要用于解决 ICC 管理平台单点故障的问题，提高整个系统的稳定性。配置双机热备前，需要保证有两台服务器，服务器添加操作请参照"系统集群配置"相关描述且需要保证两台服务器时钟同步。主备管理平台通过心跳接口实时备份数据，当主设备出现断电、断网等故障时，由备机代替其工作。当主设备故障恢复后，会自动切回工作状态。双机热备组网拓扑结构如图 7-74 所示。

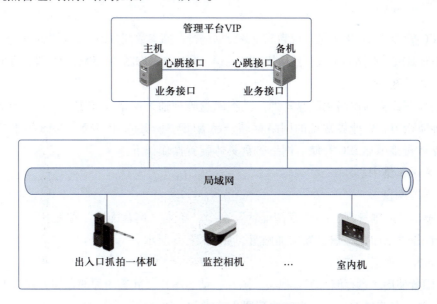

图 7-74　双机热备组网拓扑结构

（1）双机热备的 IP 地址规划

1）心跳 IP 地址：主机、备机各 1 个，如主机 IP 地址为 10.1.1.1，备机 IP 地址为 10.1.1.2。主机/备机的心跳接口必须是 eth1，使用网线直连。

2）业务 IP 地址：主机、备机各 1 个，如主机 IP 地址为 10.1.2.1，备机 IP 地址为 10.1.2.2。主机/备机的业务接口必须是 eth0。

3）VIP（虚 IP）地址：与业务 IP 地址同网段的空余 IP 地址，全局 1 个，如 10.1.2.254。对于其他设备而言，VIP 地址即是管理平台的 IP 地址。例如，在监控相机中设置管理平台的 IP 地址时，需要使用 VIP 地址。

（2）双机热备具体配置步骤

1）登录运维中心。

2）选择"运维管理"→"双机热备配置"命令。

3）配置双机热备参数，如图 7-75 所示。

图 7-75　双机热备参数配置界面

4）单击"检测"按钮，检测通过后单击"执行"按钮。

4. 存储配置

在 ICC 管理平台上对人脸、视频等业务数据进行存储参数配置前，需要先完成系统存储方式（网络磁盘或云存储）配置，然后依次对视频、图片、动态图片、静态图片设置存储方式。

（1）网络磁盘

网络存储又称为网络化磁盘阵列，是将磁盘阵列通过网络（IP 或者 FC）与服务器连接的一种应用方式，业界常见的网络存储产品有 EVS，支持 IP SAN、NAS 标准文件共享服务，支持直接添加 IPC 存储。网络磁盘具体配置操作如下：

1）登录运维中心。

2）配置网盘。

① 选择"运维管理"→"存储配置"命令，单击"网盘配置"按钮。

② 单击"添加"按钮，新增加网盘，如图 7-76 所示。

③ 单击"确定"按钮。

3）配置使用磁盘存储。配置视频、图片、动态图片、静态图片的存储方式，如图 7-77 所示，以视频存储为例，其他内容的配置方式类似。

图 7-76　新增网盘

图 7-77　添加磁盘存储界面

① 单击配置的内容（视频存储、图片存储、动态图片存储、静态图片存储），存储方式选择"磁盘存储"。

② 单击"添加磁盘存储"按钮，选择需要增加的磁盘。

③ 单击"确定"按钮。

（2）云存储

如果使用云存储，需要先完成云存储的安装和部署，该内容本教材暂不涉及。云存储具体操作步骤如下：

1）登录运维中心。

2）配置云存储。

① 选择"运维管理"→"存储配置"命令，单击"云存储配置"按钮。

② 配置云储存参数，单击"应用"按钮，如图 7-78 所示。

图 7-78　配置云存储

● 图 7-78 中的云存储参数，可以向云存储管理员获取。

● 冗余 N+M：备份策略。默认采用 4+1，即最多 1 台节点故障时，数据写入正常；也可以采用 8+2，即最多 2 台节点故障时，数据写入正常。

● 视频存储/动态图片存储、图片存储、静态图片存储不能使用相同的用户名。

3）配置使用云存储。如图 7-79 所示，以视频存储为例，其他内容的配置方式类似。

① 单击配置的内容（视频存储、图片存储、动态图片存储、静态图片存储），存储方式选择"云存储"。

② 选中"云存储"单选按钮，下面的参数根据云存储参数配置步骤自动带出。

③ 单击"保存"按钮。

图 7-79 设置云存储方式

5. 安全防范综合系统联动配置

(1) 资源绑定

资源绑定通过将两个通道绑定,可以实现功能的关联。例如,将报警输入通道、卡口通道、门禁通道与视频通道资源绑定,绑定后支持在报警、人脸等业务中查看实时监控的画面。具体操作步骤如下:

1) 登录平台管理端。

2) 选择"资源绑定"命令。

3) 在左侧的组织树中选择待绑定的通道或设备,单击"绑定资源"按钮。

4) 选择目标绑定资源,完成后单击"确定"按钮,如图 7-80 所示。绑定后单击 按钮,可以解除通道绑定。

(2) 配置报警预案

配置报警预案后,当预案中关联的报警源触发报警时,将执行录像、联动门禁、联动报警输出、联动上墙、联动发送短信邮件等动作,可以满足客户多样化的场景需求。添加报警预案后,还需要在报警源设备上开启与配置相应的报警事件,才能产生报警信息以及报警联动。例如,客户要求前端 IPC 触发人脸检测后,联动的报警输出端口触发门禁控制器,进而触发开门动作,则需要先在前端 IPC 或者后端智能存储设备开启人脸检测报警事件,才能执行报警预案相关的联动动作,具体的前端设备报警事件配置操作可以参考项目1 相关内容。报警预案配置具体操作步骤如下:

1) 登录平台管理端。

2) 选择"报警预案"命令。

3) 单击"新增"按钮,设置预案,输入报警类型以及报警源等参数,再单击"下一步"按钮,如图 7-81 所示。新增预案计划相关配置请参考本书相关任务。

图 7-80　绑定资源配置界面

图 7-81　添加报警预案

4）配置联动动作，如图 7-82 所示。

图 7-82 配置联动动作

ICC 管理平台中常见的联动动作如下。

① 联动录像：需要在"录像"页签中选择视频通道，设置预录时间和录像时间。

② 联动门禁：选择门禁通道并设置联动动作（开门、常开、常闭等）。

③ 联动道闸：选择道闸通道并设置联动动作（起、落、常开、常闭等）。

④ 联动抓图：请选择抓拍的视频通道。

⑤ 联动云台：云台转到指定的预置点。

⑥ 联动输出：在指定设备的报警输出通道上输出报警信号。

⑦ 联动电视墙：将视频通道推送到电视墙上显示。

⑧ 联动电话：将报警以语音方式推送到指定的用户。单击右侧的 ⚙ 按钮，配置电话网关。

⑨ 联动邮件：将报警推送到指定邮箱。单击右侧的 ⚙ 按钮，配置邮件服务器参数。

⑩ 联动短信：将报警以短信方式推送到指定的用户。单击右侧的 ⚙ 按钮，配置短信服务器参数。

5）单击"确定"按钮。

项目实训

某园区交付人员已经完成 ICC 管理平台、出入口控制系统以及视频监控系统的安装与基础配置，下面需要根据客户特定需求，完成相应配置。具体要求如下：当需要远程验证的门发生刷卡事件时，联动门附近的球机转动到监控门全貌的预置点，并且在 ICC 管理平台视频客户端预览到相应的球机画面。请按照客户的场景化需求，完成对应的功能配置。

项目总结

通过本项目的学习，读者应当掌握安全防范综合系统技术解决方案撰写要素及方法，了解安全防范综合系统点位设计要素，从而能够进行项目的深化设计以及点位图设计。此外，本项目还介绍了 ICC 管理平台运维、可靠性保障、联动功能等业务配置操作的步骤，帮助读者在实际项目中完成系统特定功能的业务配置与部署。

课后习题

一、选择题

1. 下列（　　）是 ICC 管理平台支持集群的服务。

文本：参考答案

A. 电子地图 　　　　　　　　　　　B. 日志服务

C. 事件中心 　　　　　　　　　　　D. 以上都是

2. 下列属于解决方案撰写常见误区的是（　　）。

A. 只有论点，没有论证 　　　　　　B. 概念性太强

C. 不考虑客户的实际需求 　　　　　D. 以上都是

3. 下列（　　）是人脸检测的适用场景。

A. 光照条件充足均匀 　　　　　　　B. 无逆光环境或者逆光强度不大

C. 正对人流方向，人流方向单一 　　D. 以上都是

4. 200 万分辨率下，相机 IVS（周界）要求的最小像素点为（　　）。

A. 60×60 px 　　　　　　　　　　　B. 70×70 px

C. 80×80 px 　　　　　　　　　　　D. 100×100 px

5. 下列不属于人数统计相机顶装安装要求的是（　　）。

A. 相机需正对行人方向，保证行人方向和规则线垂直

B. 需保证设备镜头与水平面成 70°～90°

C. 检测画面内无遮挡

D. 检测画面中头肩不用完整露出

6. 下列安装环境不影响人脸识别的是 （　　）。

A. 人脸逆光　　　　　　　　　　B. 人脸迎光

C. 太阳直射　　　　　　　　　　D. 窗户斜射

7. 人脸门禁安装的光照环境应该满足 （　　）。

A. 不低于 100 lx，距离灯源 2 m 以外，避免逆光、阳光直射

B. 不低于 200 lx，距离灯源 2 m 以外，避免逆光、阳光直射

C. 不低于 100 lx，距离灯源 1 m 以外，避免逆光、阳光直射

D. 不低于 200 lx，距离灯源 1 m 以外，避免逆光、阳光直射

8. 人脸门禁的安装高度建议是 （　　）。

A. 镜头离地 1.1 m　　　　　　　　B. 镜头离地 1.2 m

C. 镜头离地 1.3 m　　　　　　　　D. 镜头离地 1.4 m

二、判断题

1. 评价一份解决方案好不好，最核心的标准是内容充不充实。　　　　（　　）

2. ICC 平台管理端支持综合安防功能。　　　　　　　　　　　　　（　　）

3. ICC 视频客户端支持系统配置功能。　　　　　　　　　　　　　（　　）

4. 对视频通道设置报警预案后，当视频通道产生相应报警时，系统就会执行相对应的报警联动动作。　　　　　　　　　　　　　　　　　　　　　　　（　　）

5. 周界设备平行布控围墙，建议围墙上立杆 1 m 并向周界内部挑 0.5 m。　（　　）

6. 人数统计最佳安装方式为斜装。　　　　　　　　　　　　　　　（　　）

三、简答题

1. 简述一个完整的解决方案一般包括哪些部分。

2. 简述在配置双机热备时，需要配置哪几类 IP 地址。

项目8 安全防范综合系统运维

 学习情境

　　安防系统在日常使用过程中可能会遇到各类问题，因此定期对系统进行运维尤为重要。通过运维发现系统和设备运行的风险和隐患并及时处理解决，可以有效避免因故障发生而影响业务的连续性和安全性。

　　本项目共分为两个学习任务，分别对主机操作系统、网络设备的维护方法以及机房环境、外场摄像头等前端设备和配套设备的巡检方法进行讲解，带领读者了解安防系统相关设备及环境运维的基本方法，帮助读者完成实际工作中的现场运维工作。

 学习目标

知识目标

1）了解主流操作系统常规维护的基础知识。

2）了解主流网络设备常规维护的基础知识。

3）了解常见机房环境基础设施巡检的基础知识。

4）了解外场监控摄像头及配套设备巡检的基础知识。

技能目标

1）能够独立完成主流操作系统常规检查。

2）能够独立完成主流网络设备常规检查。

3）能够独立完成常见机房环境基础设施常规检查。

4）能够独立完成外场监控摄像头等前端设备及配套设备常规检查。

PPT：项目8
安全防范综合
系统运维

相关知识

1. 运维服务介绍

运维服务是指为保证客户业务系统运行的可用性和连续性，采用相关的方法、手段、技术、制度、流程和文档等，依据客户提出的服务级别和考核指标要求，定制客户化运维解决方案，对其所使用的信息系统运行环境、业务系统等提供的综合服务。

2. 运维范围

运维范围分为内场运维和外场运维，内场运维包含机房环境及配套设施、服务器、网络、存储的外观、状态、性能等，外场运维包含监控摄像头外观、可用性等。内外场运维内容见表 8-1。

表 8-1　运 维 内 容

维 护 范 围	设 备 种 类
机房环境及配套设施	温湿度探测器、水浸探测器、精密空调、供电设备、UPS 电源、灭火器和消防管道等
服务器	刀片式服务器、机架式服务器、Linux 操作系统、Windows 操作系统等
网络设备	交换机、路由器、防火墙等
前端设备	监控摄像头、补光灯、爆闪灯、车辆卡口等

任务 8-1　安全防范综合系统维护

任务描述

服务器是安防系统的核心组件之一，承载着安防系统后台应用软件，若发生故障常会导致整个安防系统无法使用。网络设备也是安防系统的核心组件之一，承载着视频流、业务数据等各类信息，若发生故障，特别是核心机房网络设备或汇聚网络设备发生故障，极有可能导致安防系统业务大面积瘫痪，给客户业务的正常使用带来严重影响。小明是某公司负责安防系统运维的工程师，为了保障系统稳定可用，及时发现隐藏的风险和问题，降低故障发生率，他需要定期对服务器中的操作系统以及网络设备进行状态和性能维护，记录并分析检查结果，对发现的风险和问题及时汇报并推动解决。具体要求如下：

1）了解 Linux 操作系统基础知识，具备系统登录和简单命令动手执行能力。

2）熟悉 Linux 操作系统日常维护，掌握维护结果分析判断标准。

3）能够利用 SecureCRT 等远程操作工具登录主机，执行检查命令。

4）了解网络基础知识，具备系统登录和简单命令动手执行能力。

5）熟悉网络设备日常维护方法，掌握维护结果分析判断标准。

6）能够利用 SecureCRT 等远程操作工具登录网络设备，执行检查命令。

知识准备

1. Linux 操作系统

Linux 的全称为 GNU/Linux，它是一个基于 POSIX 的多用户、多任务、支持多线程和多 CPU 的免费类 UNIX 操作系统，支持 32 位和 64 位硬件。Linux 继承了 UNIX 以网络为核心的设计思想，是一个性能稳定的多用户网络操作系统，目前有上百种不同的发行版，如基于社区开发的 Debian 和 Arch Linux，以及基于商业开发的 Red Hat Enterprise Linux、SUSE、Oracle Linux 等。

2. Telnet 和 SSH 协议

Telnet 和 SSH 都是连接远程计算机的连接协议，可以完成对计算机的控制，并方便维护。它们都是基于 TCP/IP 协议簇下的，所以连接时都需要知道目标机的网址或者域名。此外，它们都是与远程主机连接的通道，但是 Telnet 是明文传送，而 SSH 是加密传送，并且支持压缩。Telnet 的默认端口号为 23，SSH 的默认端口号为 22。SSH 使用公钥对访问的服务器用户验证身份，进一步提高了安全性，Telnet 则没有使用公钥。

操作系统运行状态检查一般由维护人员在现场接入设备系统，或通过远程以命令登录方式对相关设备系统进行检查，并对所有相关命令执行后返回的界面结果进行识别和判断。因此，读者需要提前了解 Linux 操作系统基础知识，具备系统登录和简单命令动手执行的能力。主要检查内容见表 8-2。

表 8-2 Linux 操作系统巡检内容

序号	检 查 项	检 查 操 作	检 查 内 容
1	系统登录检查	命令操作，查看返回结果	能够正常登录到系统
2	系统时钟检查	命令操作，查看返回结果	系统时间和硬件时间一致，且与当前时间偏差在 30 s 以内
3	系统日志检查	命令操作，查看返回结果	日志文件中后 200 行内没有 error、warning、failed 等关键字内容
4	CPU 使用率检查	命令操作，查看返回结果	CPU 使用率小于 80%
5	内存使用率检查	命令操作，查看返回结果	内存使用率小于 80%

续表

序号	检 查 项	检 查 操 作	检 查 内 容
6	内存交换区使用率检查	命令操作，查看返回结果	观察 xx used 参数值是否在不断变化
7	文件系统使用率检查	命令操作，查看返回结果	没有文件系统超过 80% 的现象
8	僵尸进程检查	命令操作，查看返回结果	当 zombie 前的数量不为 0
9	网卡状态检查	命令操作，查看返回结果	Link detected：yes 表示已连接
10	网络连接状态检查	命令操作，查看返回结果	5 min 左右无丢包延迟现象

3. 网络设备

网络设备及部件是连接到网络中的物理实体，其种类繁多且与日俱增。基本的网络设备有交换机、网桥、路由器、光纤收发器等。

其中，交换机是一种用于电（光）信号转发的网络设备，它可以为接入交换机的任意两个网络节点提供独享的电信号通路。最常见的交换机是以太网交换机，它是一种基于以太网传输数据的交换机。以太网是采用共享总线型传输媒体方式的局域网，能同时连通许多对端口，使每一对相互通信的主机都能像独占通信媒体那样进行无冲突地传输数据。常见的企业级交换机设备厂商包括 H3C、Dahua 等。

4. 使用 SecureCRT 连接网络设备

1）打开 SecureCRT 后，单击"New Session"按钮，如图 8-1 所示。

2）修改名称，以便自动保存后能够更加直观地看到之前连接过的信息。协议选择 Telnet，如图 8-2 所示。

3）切换到 Telnet 项，在 Hostname 文本框中填写好远程设备的 IP 地址，如图 8-3 所示。

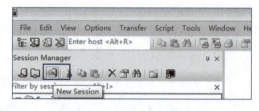

图 8-1 New Session 操作按钮

4）单击"OK"按钮，在左侧自动生成 session 项。双击该项，即可呈现所需要登录设备的登录界面，如图 8-4 所示。

与操作系统运行状态检查类似，网络设备运行状态检查一般由维护人员在现场接入设备，或通过远程以命令登录方式对相关设备进行检查，并对所有相关命令执行后返回的界面结果进行识别和判断。因此，读者首先应当了解网络设备基础知识，并具备登录和简单命令动手执行的能力。主要检查内容见表 8-3。

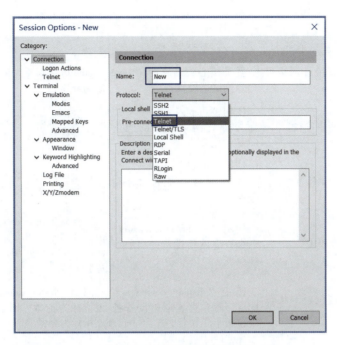

图 8-2　修改名称及协议

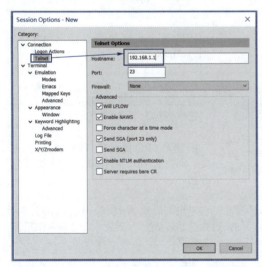

图 8-3　IP 地址设置

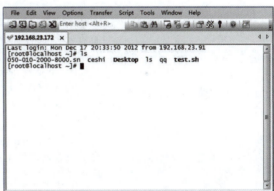

图 8-4　设备登录界面

表 8-3　网络设备巡检内容

序号	检 查 项	检 查 操 作	检 查 内 容
1	设备面板指示灯状态检查	现场观察设备的状态指示灯是否有红灯闪烁	若存在红灯，则设备系统存在异常；若不存在红灯，则设备系统工作正常

续表

序号	检 查 项	检 查 操 作	检 查 内 容
2	远程网管地址网络可达检查	登录核心设备，使用 ping 命令测试巡检设备	ping 可达判断为正常；ping 不可达判断为异常
3	CPU 使用率检查	使用"display cpu-usage"命令查看网络设备的当前 CPU 利用率	命令回显值一般为百分比。数值小于 80%判断为正常，反之判断为异常
4	内存使用率检查	使用"display memory"命令查看网络设备的内存剩余率	命令回显值一般为百分比。大于 20%则判断为正常，反之判断为异常
5	设备温度检查	使用"display environment"命令查看网络设备的当前工作温度	若回显 Temperature 列数值小于 Alarm 值，则判断该指标为正常；若 Temperature 列数值大于 Alarm 值，则判断该指标为异常
6	设备各槽位板卡状态检查	使用"display device verbose"命令查看巡检设备各槽位板卡工作状态	回显 Master/standby/Normal/则判断该指标为正常；回显 Abnormal 则判断该指标为异常
7	设备风扇状态检查	使用"display fan"命令查看网络设备的风扇是否正常工作	回显 Normal 则判断该指标为正常；回显 Abnormal 则判断该指标为异常
8	设备电源状态检查	使用"display power"命令查看当前网络设备电源的工作状况	回显 Normal 则判断该指标为正常；回显 Abnormal 则判断该指标为异常
9	设备时间同步状态检查	使用"display clock"命令查看当前网络设备的时间	回显值和当前时间相符，则判断该指标为正常；回显值和当前时间不符，则判断该指标为异常
10	设备端口状态检查	使用"display interface GigabitEthernet 设备端口号"命令查看设备核心端口的端口状态	回显无 CRC 错包则判断该指标为正常；回显有 CRC 错包则判断该指标为异常
11	设备告警日志检查	使用"display logbuffer"命令查看网络设备的当前日志情况	未出现级别为 1、2、3 等级的日志，则判断该指标为正常，反之判断该指标为异常
12	设备堆叠状态检查	使用"display irf link"命令查看当前设备堆叠状况	IRF 接口状态均为 UP，则判断该指标为正常；IRF 接口状态存在 DOWN 状态，则判断该指标为异常
13	设备用户检查	使用"display local-user"命令查看当前设备的用户配置情况	配置具备管理员权限的用户不超过 2 个，则判断该指标为正常；配置具备管理员权限的用户超过 2 个，则判断该指标为异常
14	设备 Telnet 和串口登录检查	通过 Telnet 和串口登录巡检设备	提示输入用户名/密码，则判断该指标为正常，反之判断该指标为异常

续表

序号	检　查　项	检　查　操　作	检　查　内　容
15	设备光收功率检查	使用"display transceiver diagnosis interface 端口号"命令检查设备端口的光收情况	回显值在-4dBm 至-24dBm 范围内,则判断该指标为正常;回显值超过-4dBm 至-24dBm 范围,则判断该指标为异常
16	设备端口出入流量检查	使用"display counters rate inbound interface"命令查看交换机设备端口出口/入口带宽流量使用情况	回显值小于80%,则判断该指标为正常;回显值大于80%,则判断该指标为异常
17	设备端口描述完整性检查	使用"display interface brief description"命令查看交换机设备端口描述信息是否完整	接口存在描述词语,则判断该指标为正常,反之判断该指标为异常
18	设备配置备份检查	查看设备配置备份信息是否完备	有设备配置备份文档,则判断该指标为正常,反之判断该指标为异常

任务实施

1. Linux 操作系统日常维护

（1）系统登录检查

1）检查方法：使用 SecureCRT 或者 Xshell 连接,输入用户名、密码登录。

2）示例：如图 8-5 所示。

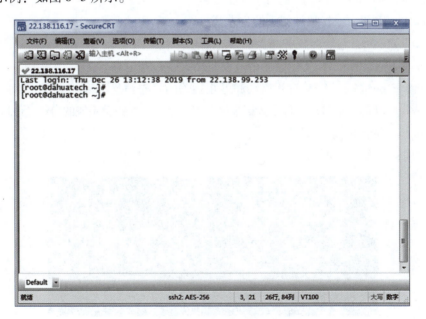

图 8-5　系统登录检查

3）结果判断：输入用户名、密码后正常连接登录，则判断该指标正常，反之判断为异常。

（2）系统时钟检查

1）命令：

查看系统时间：# date

查看硬件时间：# hwclock --show

2）示例：

```
# date
    Fri Sep 6 06:23:50 EDT 2019
# hwclock --show
    Fri Sep 6 15:28:42 2019 -0.975018 seconds
```

3）结果判断：系统时间和硬件时间一致，且与当前时间偏差在 30 s 以内，则判断该指标正常，反之判断为异常。

（3）系统日志检查

1）命令：# tail -显示的行数_/var/log/文件名 │more

例如：

```
# tail -200 /var/log/maillog │ more
```

系统日志文件名清单如下。

- /var/log/message：系统启动后的信息和错误日志。
- /var/log/secure：与安全相关的日志信息。
- /var/log/maillog：与邮件相关的日志信息。
- /var/log/cron：与定时任务相关的日志信息。
- /var/log/spooler：与 UUCP 和 news 设备相关的日志信息。
- /var/log/boot.log：守护进程启动和停止相关的日志消息。
- /var/log/wtmp：该日志文件永久记录每个用户登录、注销及系统的启动、停机的事件。
- /var/log/dmesg：内核日志。

2）示例：如图 8-6 所示。

图 8-6　系统日志检查

3）结果判断：日志文件中后 200 行内没有 error、warning、failed 等关键字内容则判断该指标正常，反之判断为异常。

（4）CPU 使用率检查

1）命令：# top

2）示例：如图 8-7 所示。

```
top - 18:12:13 up 96 days, 13:57,  2 users,  load average: 0.00, 0.00, 0.00
Tasks: 270 total,   1 running, 269 sleeping,   0 stopped,   0 zombie
Cpu(s):  0.3%us,  0.2%sy,  0.0%ni, 99.4%id,  0.2%wa,  0.0%hi,  0.0%si,  0.0%st
Mem:   8016892k total,  7684852k used,   332040k free,   642412k buffers
Swap:  8388604k total,   420096k used,  7968508k free,  4139224k cached
```

图 8-7　CPU 使用率检查

3）结果判断：参照样例第 3 行 Cpu(s)，观察空闲 CPU 百分比（yy%id），若 yy%>20% 则为正常，反之判断为异常。

（5）内存使用率检查

1）命令：# top

2）示例：如图 8-8 所示。

```
top - 18:12:13 up 96 days, 13:57,  2 users,  load average: 0.00, 0.00, 0.00
Tasks: 270 total,   1 running, 269 sleeping,   0 stopped,   0 zombie
Cpu(s):  0.3%us,  0.2%sy,  0.0%ni, 99.4%id,  0.2%wa,  0.0%hi,  0.0%si,  0.0%st
Mem:   8016892k total,  7684852k used,   332040k free,   642412k buffers
Swap:  8388604k total,   420096k used,  7968508k free,  4139224k cached
```

图 8-8　内存使用率检查

3）结果判断：参照样例第 4 行 Mem，观察 xx used 和 xx total 两个参数，若 xx used/xx total * 100%<80%、xx free/xx total * 100%>20% 则为正常，反之判断为异常。

（6）内存交换区使用率检查

1）命令：# top

2）示例：如图 8-9 所示。

```
top - 18:12:13 up 96 days, 13:57,  2 users,  load average: 0.00, 0.00, 0.00
Tasks: 270 total,   1 running, 269 sleeping,   0 stopped,   0 zombie
Cpu(s):  0.3%us,  0.2%sy,  0.0%ni, 99.4%id,  0.2%wa,  0.0%hi,  0.0%si,  0.0%st
Mem:   8016892k total,  7684852k used,   332040k free,   642412k buffers
Swap:  8388604k total,   420096k used,  7968508k free,  4139224k cached
```

图 8-9　内存交换区使用率检查

3）结果判断：参照样例第 5 行 Swap，观察 xx used 参数，若该数值在不断变化，说明内核在不断进行内存和 Swap 的数据交换，即真正的内存不够用了，判断为异常。

（7）文件系统使用率检查

1）命令：# df

2）示例：如图 8-10 所示。

3）结果判断：参照样例 Use% 列<80% 则判断为正常，反之判断为异常。

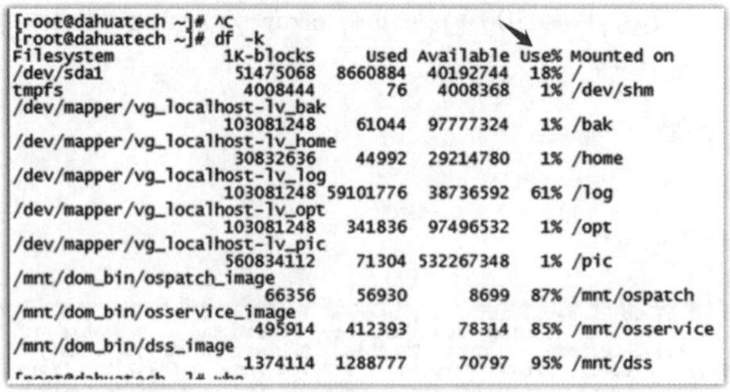

图 8-10　文件系统使用率检查

（8）僵尸进程检查

1）命令：# top

2）示例：如图 8-11 所示。

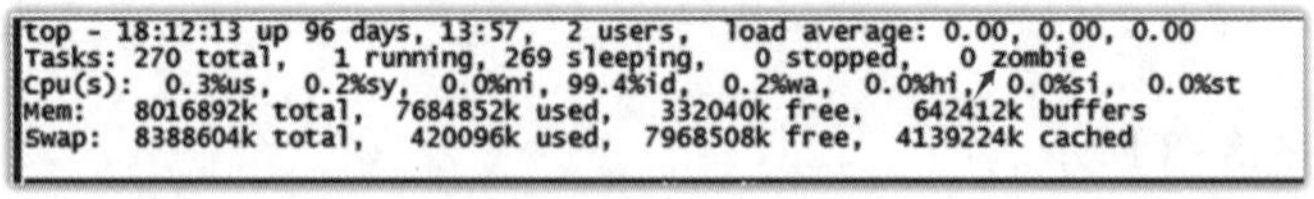

图 8-11　僵尸进程检查

3）结果判断：参照样例，第 2 行结尾显示 X zombie，X 表示当前僵尸进程数量。0 zombie 即没有僵尸进程，判断为正常，X 不为 0 即为存在僵尸进程，判断为异常。

4）扩展内容：僵尸进程解决方式。

① 使用命令"ps -A -ostat,ppid,pid,cmd│grep -e '^[Zz]'"定位僵尸进程以及该僵尸进程的父进程，如图 8-12 所示。图例中僵尸进程 ID：3457，父进程 ID：3425；僵尸进程 ID：3533，父进程 ID：3511。

② 使用"kill -HUP 僵尸进程 ID"命令杀死僵尸进程，但往往此种情况无法直接杀死僵尸进程，此时就需要杀死僵尸进程的父进程，即"kill -HUP 僵尸进程父 ID"，如图 8-13 所示，然后使用定位僵尸进程的语句查询该僵尸进程是否被杀死。

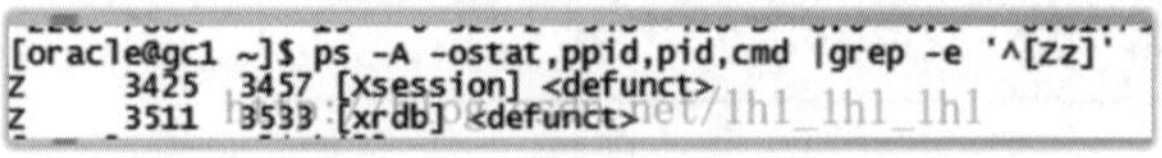

图 8-12　僵尸进程检查

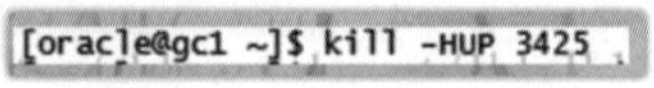

图 8-13　kill 僵尸进程

（9）网卡状态检查

1）命令：# ethtool 网卡名。

2）示例：如图 8-14 所示。

3）结果判断：参照样例，Link detected：yes 即为网卡已连接，判断为正常，反之判断为异常。

```
[root@dahuatech /]# ethtool eth0
Settings for eth0:
        Supported ports: [ TP ]
        Supported link modes:   10baseT/Half 10baseT/Full
                                100baseT/Half 100baseT/Full
                                1000baseT/Half 1000baseT/Full
        Supported pause frame use: No
        Supports auto-negotiation: Yes
        Advertised link modes:  10baseT/Half 10baseT/Full
                                100baseT/Half 100baseT/Full
                                1000baseT/Half 1000baseT/Full
        Advertised pause frame use: Symmetric
        Advertised auto-negotiation: Yes
        Link partner advertised link modes:  10baseT/Half 10baseT/Full
                                             100baseT/Half 100baseT/Full
                                             1000baseT/Full
        Link partner advertised pause frame use: No
        Link partner advertised auto-negotiation: Yes
        Speed: 1000Mb/s
        Duplex: Full
        Port: Twisted Pair
        PHYAD: 1
        Transceiver: internal
        Auto-negotiation: on
        MDI-X: on
        Supports wake-on: g
        Wake-on: d
        Current message level: 0x000000ff (255)
                               drv probe link timer ifdown ifup rx_err tx_err
        Link detected: yes  ←
```

图 8-14　网卡状态检查

（10）网络连接状态检查

1）命令：# ping IP 地址。注意，命令中需填入的"IP 地址"表示目标设备的真实 IP 地址，如 22.138.115.10。

2）示例：如图 8-15 所示。

```
PING 22.138.115.10 (22.138.115.10) 56(84) bytes of data.
64 bytes from 22.138.115.10: icmp_seq=1 ttl=64 time=0.099 ms
64 bytes from 22.138.115.10: icmp_seq=2 ttl=64 time=0.112 ms
64 bytes from 22.138.115.10: icmp_seq=3 ttl=64 time=0.247 ms
64 bytes from 22.138.115.10: icmp_seq=4 ttl=64 time=0.186 ms
64 bytes from 22.138.115.10: icmp_seq=5 ttl=64 time=0.074 ms
64 bytes from 22.138.115.10: icmp_seq=6 ttl=64 time=0.122 ms
64 bytes from 22.138.115.10: icmp_seq=7 ttl=64 time=0.214 ms
64 bytes from 22.138.115.10: icmp_seq=8 ttl=64 time=0.092 ms
64 bytes from 22.138.115.10: icmp_seq=9 ttl=64 time=0.095 ms
64 bytes from 22.138.115.10: icmp_seq=10 ttl=64 time=0.091 ms
64 bytes from 22.138.115.10: icmp_seq=11 ttl=64 time=0.252 ms
64 bytes from 22.138.115.10: icmp_seq=12 ttl=64 time=0.089 ms
64 bytes from 22.138.115.10: icmp_seq=13 ttl=64 time=0.162 ms
64 bytes from 22.138.115.10: icmp_seq=14 ttl=64 time=0.101 ms
64 bytes from 22.138.115.10: icmp_seq=15 ttl=64 time=0.187 ms
64 bytes from 22.138.115.10: icmp_seq=16 ttl=64 time=0.093 ms
64 bytes from 22.138.115.10: icmp_seq=17 ttl=64 time=0.225 ms
64 bytes from 22.138.115.10: icmp_seq=18 ttl=64 time=0.102 ms
64 bytes from 22.138.115.10: icmp_seq=19 ttl=64 time=0.138 ms
64 bytes from 22.138.115.10: icmp_seq=20 ttl=64 time=0.176 ms
64 bytes from 22.138.115.10: icmp_seq=21 ttl=64 time=0.092 ms
64 bytes from 22.138.115.10: icmp_seq=22 ttl=64 time=0.188 ms
64 bytes from 22.138.115.10: icmp_seq=23 ttl=64 time=0.070 ms
64 bytes from 22.138.115.10: icmp_seq=24 ttl=64 time=0.183 ms
64 bytes from 22.138.115.10: icmp_seq=25 ttl=64 time=0.246 ms
64 bytes from 22.138.115.10: icmp_seq=26 ttl=64 time=0.096 ms
64 bytes from 22.138.115.10: icmp_seq=27 ttl=64 time=0.084 ms
```

图 8-15　网络连接状态检查

3）结果判断：参照样例，连续观察 1 min 以上，无网络延迟、丢包等情况则判断为正常，反之判断为异常。

2. 网络设备日常维护

注意：以下内容均是基于 H3C-5560 型号交换机操作的，其他品牌、型号网络设备操作命令可能存在差异。

（1）设备面板指示灯状态检查

1）维护方法：现场观察设备的状态指示灯是否有红灯闪烁。

2）示例：如图 8-16 所示，以 H3C-5560 为例，对设备面板指示灯进行巡检时，巡检方框框住的部分是否存在红灯闪烁。

3）结果判断：若存在红灯，则设备系统存在异常；若不存在红灯，则设备系统工作正常。

图 8-16　指示灯状态检查

（2）远程网管地址网络可达检查

1）检查方法：登录核心设备 ping 测巡检设备。

2）结果判断：ping 可达判断为正常，ping 不可达则判断为异常。

（3）CPU 使用率检查

1）检查方法：使用命令"display cpu-usage"。

2）示例：登录交换机设备，输入上述命令查看网络设备的当前 CPU 利用率。图 8-17 所示为命令的回显结果，方框所标分别是设备的 5 s CPU 利用率、1 min CPU 利用率和 5 min 的 CPU 利用率。一般情况下，网络设备 CPU 利用率平均值<50%，最大值<70%，若超

图 8-17　CPU 使用率检查

出该范围，则网络设备存在异常情况，需要进行深一步的网络故障排查分析，以免影响现网业务。

3）结果判断：命令回显值一般为百分比，数值小于 70% 判断为正常，反之则判断为异常。

（4）内存使用率检查

1）检查方法：使用命令"display memory-usage"。

2）示例：登录交换机设备，输入上述命令查看网络设备的内存剩余率。图 8-18 所示为命令的回显结果，方框所标是网络设备的内存剩余率。正常情况下，网络设备内存剩余率>20%，若超出该范围，则网络设备存在异常情况，需要排查核实设备是否正常工作。

图 8-18　内存使用率检查

3）结果判断：命令回显值一般为百分比，大于 20% 判断为正常，反之则判断为异常。

（5）设备温度检查

1）检查方法：使用命令"display environment"。

2）示例：登录交换机设备，输入上述命令查看网络设备的当前工作温度。图 8-19 所

示为命令的回显结果，方框所标的是当前业务办卡的工作温度、警告温度以及报警温度。若当前温度超过 Warning 值和 Alarm 值，需要及时核实设备工作情况，以免设备板卡被烧坏。

```
<SW-SJHX-IRF-10504>display environment
 System temperature information (degree centigrade):
-----------------------------------------------------------------------
Chassis  Slot  Sensor       Temperature  Lower  Warning  Alarm  Shutdown
1        0     inflow    1  20           0      48       60     NA
1        0     hotspot   1  27           0      80       95     NA
1        0     hotspot   2  26           0      62       76     NA
1        0     hotspot   3  39           0      75       88     NA
1        1     inflow    1  20           0      48       60     NA
1        1     hotspot   1  25           0      80       95     NA
1        1     hotspot   2  24           0      62       76     NA
1        1     hotspot   3  31           0      75       88     NA
1        2     hotspot   1  29           0      80       97     NA
1        2     hotspot   2  35           0      80       97     NA
1        3     hotspot   1  27           0      80       97     NA
1        3     hotspot   2  34           0      80       97     NA
1        4     hotspot   1  27           0      60       70     NA
1        4     hotspot   2  32           0      88       100    NA
1        5     hotspot   1  29           0      60       70     NA
1        5     hotspot   2  40           0      88       100    NA
1        6     hotspot   1  37           0      68       80     NA
1        6     hotspot   2  47           0      88       100    NA
```

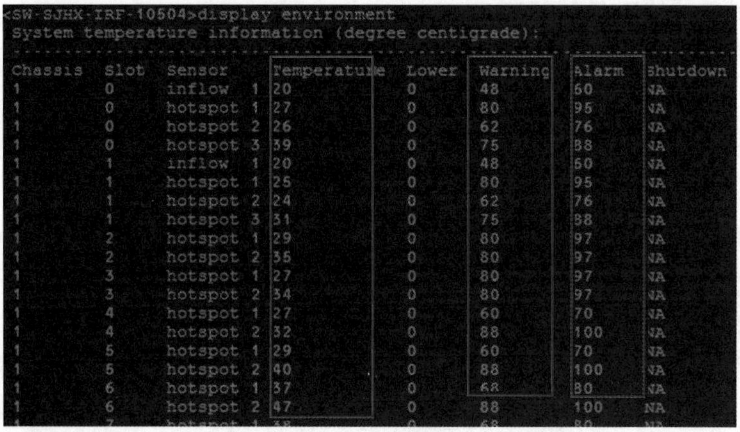

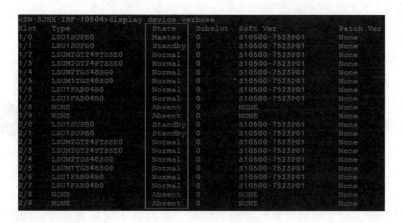

图 8-19　设备温度检查

3）结果判断：命令回显值为数字，若 Temperature 列数值小于 Alarm 值，判断该指标为正常；若 Temperature 列数值大于 Alarm 值，则判断该指标为异常。

（6）设备各槽位板卡状态检查

1）检查方法：使用命令“display device verbose”。

2）示例：登录交换机设备，输入上述命令查看巡检设备各槽位板卡工作状态。图 8-20 所示为命令的回显结果，方框所标的是当前网络设备板卡的状态，需要和现场设备的板卡情况进行核实。例如，整个交换机只有一块板卡的状态为 Master，其余板卡为 Standby 和 Normal 状态；若物理板卡存在却显示 Absent 状态，则需要核实设备情况，排查设备板卡离线原因。

```
<SW-SJHX-IRF-10504>display device verbose
Slot  Type              State    Subslot  Soft Ver          Patch Ver
1/0   LSU1SUPB0         Master   0        S10500-7523P01    None
1/1   LSU1SUPB0         Standby  0        S10500-7523P01    None
1/2   LSUM2GT24PTSSE0   Normal   0        S10500-7523P01    None
1/3   LSUM2GT24PTSSE0   Normal   0        S10500-7523P01    None
1/4   LSUM2TGS48SG0     Normal   0        S10500-7523P01    None
1/5   LSUM1TGS48SG0     Normal   0        S10500-7523P01    None
1/6   LSU1FAB04B0       Normal   0        S10500-7523P01    None
1/7   LSU1FAB04B0       Normal   0        S10500-7523P01    None
1/8   NONE              Absent   0        NONE              None
1/9   NONE              Absent   0        NONE              None
2/0   LSU1SUPB0         Standby  0        S10500-7523P01    None
2/1   LSU1SUPB0         Standby  0        S10500-7523P01    None
2/2   LSUM2GT24PTSSE0   Normal   0        S10500-7523P01    None
2/3   LSUM2GT24PTSSE0   Normal   0        S10500-7523P01    None
2/4   LSUM2TGS48SG0     Normal   0        S10500-7523P01    None
2/5   LSUM1TGS48SG0     Normal   0        S10500-7523P01    None
2/6   LSU1FAB04B0       Normal   0        S10500-7523P01    None
2/7   LSU1FAB04B0       Normal   0        S10500-7523P01    None
2/8   NONE              Absent   0        NONE              None
2/9   NONE              Absent   0        NONE              None
```

图 8-20　板卡状态检查

3）结果判断：命令回显 Master/Standby/Normal 则判断该指标为正常；命令回显

Abnormal 则判断该指标为异常；命令回显 Absent 则需要核实物理板卡是否存在。

（7）设备风扇状态检查

1）检查方法：使用命令"display fan"。

2）示例：登录交换机设备，输入上述命令查看网络设备的风扇是否正常工作。图 8-21 所示为命令的回显结果，方框所标为当前网络设备风扇的工作状况。风扇正常工作情况下为 Normal 状态，若风扇状态为 Abnormal，则说明设备风扇工作不正常，需要及时排查原因；若风扇状态为 Absent，表示该槽位未插入风扇或风扇未检测到。

3）结果判断：命令回显 Normal 则判断该指标为正常；命令回显 Abnormal 或 Absent 则判断该指标为异常。

（8）设备电源状态检查

1）检查方法：使用命令"display power"。

2）示例：登录交换机设备，输入上述命令查看当前网络设备电源的工作状况。图 8-22 所示为命令的回显结果，方框所标为当前设备电源的工作状况。正常情况下，设备电源为 Normal 状态；如果设备状态为 Abnormal，表示设备电源异常，需要及时排查核实原因；如果设备状态为 Absent，表示该槽位未插入电源或电源未检测到。

图 8-21　风扇状态检查　　　　　　图 8-22　电源状态检查

3）结果判断：命令回显 Normal 则判断该指标为正常；命令回显 Abnormal 或 Absent 则判断该指标为异常。

（9）设备时间同步状态检查

1）检查方法：使用命令"display clock"。

2）示例：登录交换机设备，输入上述命令查看当前网络设备的时间。图 8-23 所示为命令的回显结果，方框所标为当前设备的具体时间。若设备时间和实际时间保持一致，则设备时间正常同步；若时间不一致，则表明设备时间同步异常，需核实设备配置，保证时间的一致性。

图 8-23　时间同步状态检查

3）结果判断：命令回显值和当前时间相符，则判断该指标为正常；命令回显值和当前时间不符，则判断该指标为异常。

（10）设备端口状态检查

1）检查方法：使用命令"display interface GigabitEthernet 设备端口号"。

2）示例：登录交换机设备，输入上述命令查看设备核心端口的端口状态。图 8-24 所示为命令的回显结果，方框所标分别为端口链路带宽和数据包状况。需要格外留意的是，若存在大量 CRC、Error 或者异常的数据包，且数量包呈持续增加状态，则表示设备端口异常，需要及时排查核实物理链路是否存在异常。

图 8-24　端口状态检查

3）结果判断：命令回显无 CRC 错包则判断该指标为正常；命令回显有 CRC 错包则判断该指标为异常。

（11）设备告警日志检查

1）检查方法：使用命令"display logbuffer"。

2）示例：登录交换机设备，输入上述命令查看网络设备的当前日志情况。图 8-25 所示为命令的回显结果，方框所标为每条日志的告警级别。若出现级别为 1、2、3 等级的日志，则表明网络设备存在异常状况，需要及时排查并核实原因。

3）结果判断：未出现级别为 1、2、3 等级的日志，则判断该指标为正常，反之判断该指标为异常。

（12）设备堆叠状态检查

1）检查方法：使用命令"display irf link"。

2）示例：登录交换机设备，输入上述命令查看当前设备堆叠状况。图 8-26 所示为命令的回显结果，方框所标为堆叠端口的工作状态。正常情况下为 UP 状态，当显示 DOWN 状态时，表明设备堆叠端口异常，需要排查并核实设备堆叠接口。

图 8-25　告警日志检查

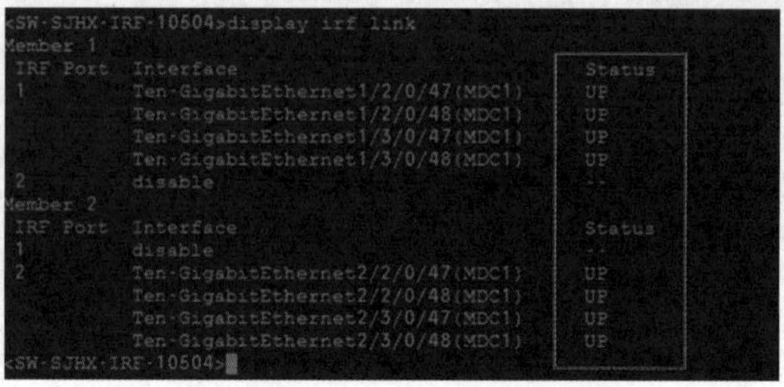

图 8-26　堆叠状态检查

3）结果判断：IRF 接口状态均为 UP，则判断该指标为正常；IRF 接口存在 DOWN 状态，则判断该指标为异常。

（13）设备用户检查

1）检查方法：使用命令"display local-user"。

2）示例：登录交换机设备，输入上述命令查看当前设备的用户配置情况。图 8-27 所示为命令的回显结果，方框所标为用户的等级，其中用户等级为 network-admin 或 network-operator 的是管理员用户，此类用户需要严格控制数量。一般保证每台交换机上有 1~2 个管理员用户即可，其余用户均为查看级别的普通用户。若管理员权限用户较多，则存在安全隐患。

3）结果判断：配置具备管理员权限的用户不超过两个，则判断该指标为正常；配置具备管理员权限的用户超过两个，则判断该指标为异常。

（14）设备 Telnet 和串口登录检查

1）检查方法：使用命令"telnet 设备 IP 地址"或通过串口 Console 登录。

2）示例：分别通过 Telnet 命令和串口登录巡检设备。其中使用 Telnet 命令登录设备，

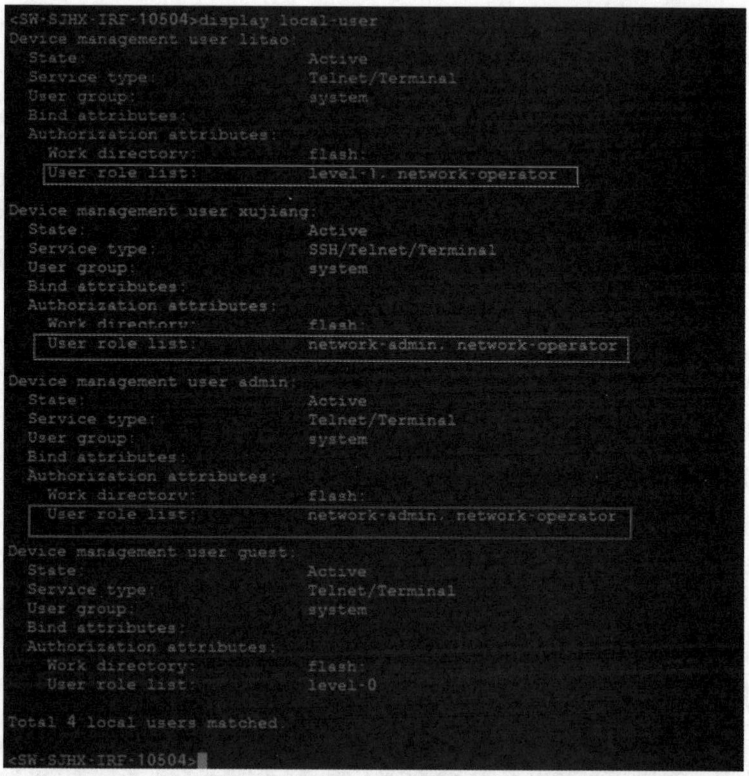

图 8-27　用户检查

须在保证网络可达的情况下，在本地计算机的 cmd 命令行中输入上述命令，系统提示输入密码，如图 8-28 所示。通过串口 Console 登录网络设备，系统提示用户输入用户名和密码。

图 8-28　Telnet 和串口登录检查

3）结果判断：提示输入用户名/密码，则判断该指标为正常，反之判断该指标为异常。

（15）设备光收功率检查

1）检查方法：使用命令"display transceiver diagnosis interface 端口号"。

2）示例：登录交换机设备，输入上述命令检查设备端口的光收情况。图 8-29 所示为命令的回显结果，方框所标为当前端口的光收情况。正常情况下，设备端口的光收值范围为-24～-4 dBm，若超出该范围，则说明设备光口收光异常，需要及时检查物理链路或光模块是否正常。

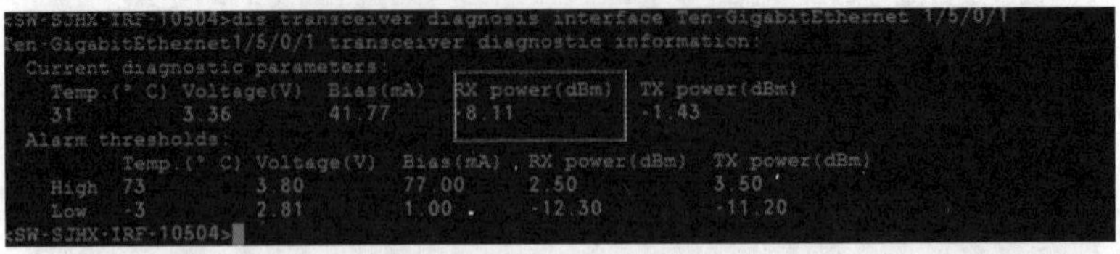

```
<SW-SJHX-IRF-10504>dis transceiver diagnosis interface Ten-GigabitEthernet 1/5/0/1
en-GigabitEthernet1/5/0/1 transceiver diagnostic information:
  Current diagnostic parameters:
    Temp.(° C) Voltage(V)  Bias(mA)  RX power(dBm)  TX power(dBm)
    31         3.36        41.77     -8.11          -1.43
  Alarm thresholds:
           Temp.(° C) Voltage(V)  Bias(mA)  RX power(dBm)  TX power(dBm)
    High   73         3.80        77.00     2.50           3.50
    Low    -3         2.81        1.00      -12.30         -11.20
<SW-SJHX-IRF-10504>
```

图 8-29　光功率检查

3）结果判断：命令回显值在-24～-4 dBm，则判断该指标为正常；命令回显值超过-24～-4 dBm，则判断该指标为异常。

（16）设备端口出入流量检查

1）检查方法：使用命令“display counters rate outbound/ inbound interface”。

2）示例：登录交换机设备，输入上述命令查看交换机设备端口出口/入口带宽流量使用情况。图 8-30 所示为命令的回显结果，方框所标为每个端口的带宽使用率。正常情况下，带宽利用率小于 80%；当超出该范围时，需要及时关注该端口，并安排端口扩容工作；当带宽利用率大于 90%，则需要排查端口带宽流量异常的原因。

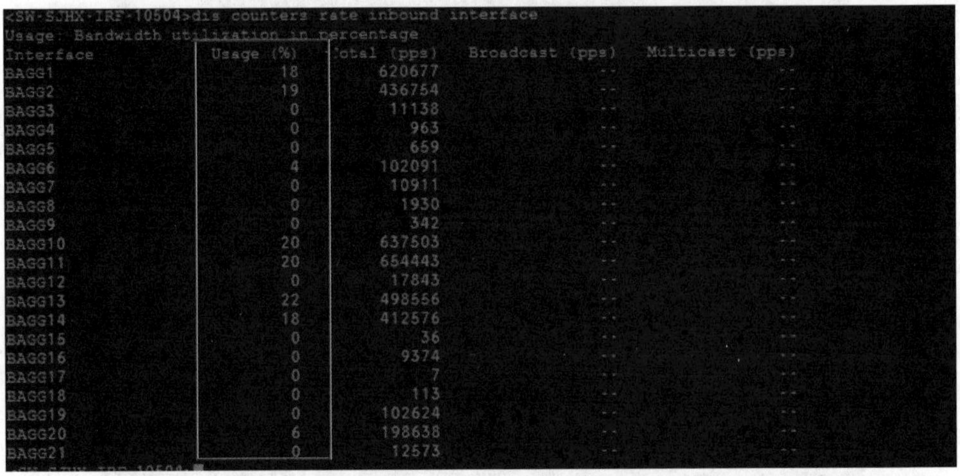

```
<SW-SJHX-IRF-10504>dis counters rate inbound interface
Usage: Bandwidth utilization in percentage
Interface         Usage (%)   Total (pps)   Broadcast (pps)   Multicast (pps)
BAGG1                    18        620677                --                --
BAGG2                    19        436754                --                --
BAGG3                     0         11138                --                --
BAGG4                     0           963                --                --
BAGG5                     0           659                --                --
BAGG6                     4        102091                --                --
BAGG7                     0         10911                --                --
BAGG8                     0          1930                --                --
BAGG9                     0           342                --                --
BAGG10                   20        637503                --                --
BAGG11                   20        654443                --                --
BAGG12                    0         17843                --                --
BAGG13                   22        498556                --                --
BAGG14                   18        412576                --                --
BAGG15                    0            36                --                --
BAGG16                    0          9374                --                --
BAGG17                    0             7                --                --
BAGG18                    0           113                --                --
BAGG19                    0        102624                --                --
BAGG20                    6        198638                --                --
BAGG21                    0         12573                --                --
<SW-SJHX-IRF-10504>
```

图 8-30　出入流量检查

3）结果判断：命令回显值小于 80%，则判断该指标为正常；命令回显值大于 80%，则判断该指标为异常。

（17）设备端口描述完整性检查

1）检查方法：使用命令“display interface brief description”。

2）示例：登录交换机设备，输入上述命令查看交换机设备端口描述信息是否完整。图 8-31 所示为命令的回显结果，方框所标为巡检设备的描述信息，巡检时需要关注 UP 端口的描述信息是否完整。

```
<B17_SW_5130>dis interface brief description
Brief information on interfaces in route mode:
Link: ADM - administratively down; Stby - standby
Protocol: (s) - spoofing
Interface            Link Protocol Primary IP      Description
InLoop0              UP   UP(s)    --
NULL0                UP   UP(s)    --
Vlan100              UP   UP       172.25.100.41

Brief information on interfaces in bridge mode:
Link: ADM - administratively down; Stby - standby
Speed: (a) - auto
Duplex: (a)/A - auto; H - half; F - full
Type: A - access; T - trunk; H - hybrid
Interface            Link Speed   Duplex Type PVID Description
GE1/0/1              ADM  auto    A      A    18
GE1/0/2              ADM  auto    A      A    18
GE1/0/3              ADM  auto    A      A    18
GE1/0/4              ADM  auto    A      A    18
GE1/0/5              DOWN auto    A      A    21
GE1/0/6              ADM  auto    A      A    18
GE1/0/7              ADM  auto    A      A    18
GE1/0/8              ADM  auto    A      A    18
GE1/0/9              DOWN 1G      F      A    18   To_GongAnWang_ShuangWangKa_PC
GE1/0/10             DOWN 1G      F      A    18   To_GongAnWang_ShuangWangKa_PC
GE1/0/11             UP   1G(a)   F(a)   A    18   To_GongAnWang_ShuangWangKa_PC
GE1/0/12             UP   1G(a)   F(a)   A    18   To_GongAnWang_ShuangWangKa_PC
GE1/0/13             UP   1G(a)   F(a)   A    18   To_GongAnWang_ShuangWangKa_PC
GE1/0/14             UP   1G(a)   F(a)   A    18   To_GongAnWang_ShuangWangKa_PC
GE1/0/15             UP   1G(a)   F(a)   A    18   To_GongAnWang_ShuangWangKa_PC
GE1/0/16             UP   1G(a)   F(a)   A    19   To_GongAnWang_ShuangWangKa_PC
GE1/0/17             UP   1G(a)   F(a)   A    22   To_GongAnWang_ShuangWangKa_PC
GE1/0/18             ADM  auto    A      A    1
GE1/0/19             DOWN auto    A      A    18
GE1/0/20             DOWN auto    A      A    24   To_DongHuanServer
GE1/0/21             DOWN auto    A      A    1
GE1/0/22             DOWN auto    A      A    24   To_JiFang_DongHuan
GE1/0/23             UP   100M(a) F(a)   A    24   To_ShiJuJiFangJianKong_POE_SW1
GE1/0/24             UP   100M(a) F(a)   A    24   To_ShiJuJiFangJianKong_POE_SW2
XGE1/0/25            UP   1G(a)   F(a)   T    1    To_10504_1/2/0/37
XGE1/0/26            DOWN auto    A      T    1
XGE1/0/27            UP   10G(a)  F(a)   T    1    To_B1_SW_1/0/27
XGE1/0/28            UP   10G(a)  F(a)   T    1    To_B3_SW_1/0/27
```

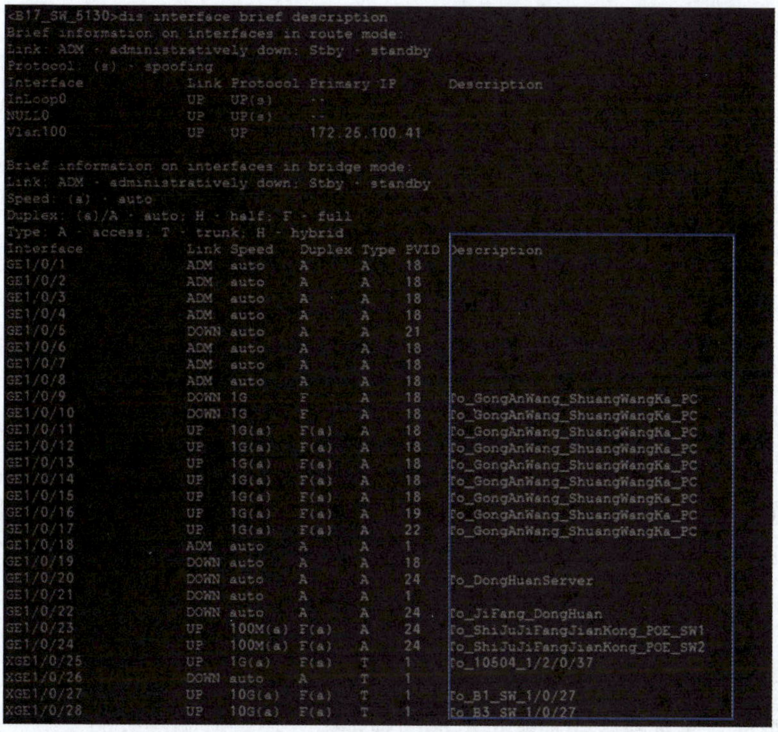

图 8-31　端口描述完整性检查

3）结果判断：接口存在描述词语，则判断该指标为正常，反之判断该指标为异常。

（18）设备配置备份检查

1）检查方法：查看设备配置备份信息是否完备。

2）示例：登录交换机设备，输入“display current-configuration”命令查看当前设备的配置情况，并将命令的回显结果按照日期命名并保存为记事本文件。需要对核心设备配置进行周期性备份，避免突发情况导致设备配置的丢失。

3）结果判断：有设备配置备份文档，则判断该指标为正常，反之判断该指标为异常。

任务 8-2　安全防范综合系统周期巡检

任务描述

微课 8-1
安全防范综合系统运维概述

安防系统巡检一般分为内场巡检和外场巡检。内场巡检的重中之重就是机房，其风险等级也最高，任何机房环境异常或故障若处理不及时都有可能引发重大事故，进而导致全业务系统的中断。所以对机房的巡检必须由专业技能人员完成，关注机房环境的指数变化态势，不放过任何机房环境安全隐患。外场巡检主要包括安防系统的外场摄像头等前端设备，这些设备一般数量多、分布广，大多安装在户外长期经受风吹日晒雨淋，普遍存在故障和风险发现困难，以及故障提醒滞后等问题，所以在日常运维过程中，要不定期按照巡检计划，周期性以点位逐一轮巡的方式，对外场设备及配套供电、供网设施进行检查。小黄作为项目负责人，需要在项目交付最后节点统筹检查整个项目实施情况，对整个项目进行内外场运维巡检，保证项目最终的高质量交付。

知识准备

1. 机房新风系统

机房设备属于高精密设备，对周边环境的要求非常高，如温度、湿度、电源等；但是人们往往忽略灰尘对机房设备的损害。如果机房内空气中有太多杂质，可能导致静电放电问题，进而损坏元器件。新风系统是解决这个难题的最好方法，所以安装机房新风换气系统是非常必要的，其主要有两个作用：一是给机房提供足够的新鲜空气，二是维持机房对外的正压差，避免灰尘进入，保证机房有更好的洁净度。

2. 烟感报警器

烟感报警器其实是烟感或烟雾报警器的别称，其通过监测烟雾的浓度来实现火灾防范，内部采用离子式烟雾传感器，是一种技术先进、工作稳定可靠的传感器，被广泛运用到各种消防报警系统中，性能远优于气敏电阻类的火灾报警器，如图8-32所示。

图8-32　烟感报警器

3. 网络接入设备ONU

光网络单元（Optical Network Unit，ONU），分为有源光网络单元（Optical Line Terminal，OLT）和无源光网络单元（Passive Optical Network，PON）两种。一般把装有包括光接收机、上行光发射机、多个桥接放大器网络监控的设备叫作光节点。PON使用单光纤连接到OLT，然后OLT再连接到ONU。ONU提供数据、IPTV（交互式网络电视）、语音（使用IAD，即Integrated Access Device，综合接入设备）等业务。ONU设备如图8-33所示。

图8-33　ONU设备

任务实施

1. 机房环境巡检

（1）机房烟感装置检查

1）检查方法：现场检查机房内部每个烟感装置状态。

2）示例：烟感装置现场如图 8-34 所示。

本页彩图

图 8-34　烟感巡检现场

3）结果判断：观察机房内所有烟感装置，若存在装置在动环系统中无数据显示、灯常亮或不亮，则判断该指标为异常，反之为正常。

（2）机房内清洁及工具检查

1）检查方法：进入机房后，现场观察整体卫生情况。数据机房须保持干净、整洁、无杂物，数据机房机柜外观无破损、无附尘，机柜内部设备无附尘。机房除放置机柜内设备、灭火器、绝缘手套、绝缘鞋、套件工具箱、鞋套、特种工具外，其他都属于杂物类。

2）示例：机房现场不达标情况示例如图 8-35~图 8-37 所示。

图 8-35　不合格场景 1

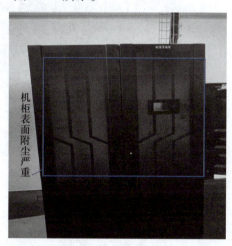

图 8-36　不合格场景 2

3）结果判断：

① 未发现人眼能够明显识别的积尘、粉状颗粒、散落的废料及垃圾。

② 机房内无杂物，且所有物品均按照指定位置有序摆放。

上述两条都满足则判断该指标为正常，反之为异常。

（3）新风系统检查

1）检查方法：现场检查机房内部新风系统是否运行正常，查看控制面板显示参数及颜色。

图 8-37　不合格场景 3

2）示例：新风系统面板如图 8-38 所示。

本页彩图

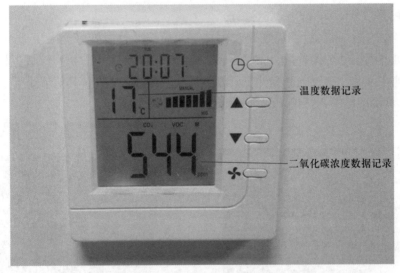

图 8-38　新风系统面板

3）结果判断：

① 查看新风系统控制面板上温度数据。

② 查看新风系统控制面板二氧化碳浓度显示数据是否在 500 ppm 以下。

③ 查看新风系统控制面板颜色显示（一般控制面板亮绿色为正常，一般在 1 ppm ～
499 ppm；控制面板亮橙色为二氧化碳浓度稍微超标，一般在 500 ppm ～ 900 ppm；控制面板
亮红色为严重超标，一般在 1 000 ppm 以上）。

上述 3 条都满足则判断该指标为正常，反之为异常。

（4）机房内部照明检查

1）检查方法：现场检查机房内部照明情况。数据机房内部须保持灯光照明充足、光
线柔和不刺眼、无照明死角、无灯光闪烁、无灯具损坏。

2）示例：机房内部合格照片如图 8-39 所示。

本页彩图

图 8-39 机房合格照明环境

3）结果判断：

① 机房内部光线充足不昏暗，光线柔和不刺眼，视野内清晰可见，无照明死角。

② 机房内灯具无闪烁、无损坏。

上述两条都满足则判断该指标为正常，反之为异常。

（5）机房内管线检查

1）检查方法：现场检查机房内部消防管线、精密空调冷媒出入管线、精密空调冷凝水排水管、精密空调加湿水进入管线等。对管线经过的房间或有开孔处使用防火胶泥进行封堵；检查精密空调冷凝水排水管、精密空调加湿水进入管线接头处是否有漏水、渗水现象。

2）示例：管线检查细则如图 8-40～图 8-43 所示。

消防水管管线的检查，一般要检查管身，重点检查接头法兰处。必须用手擦拭查看接头处，看是否有液体流出或者漏水的地方

图 8-40 检查细则 1

排水管线接头处必须进行
细致检查，发现有渗水现
象必须第一时间处理并且
通知客户及上级领导

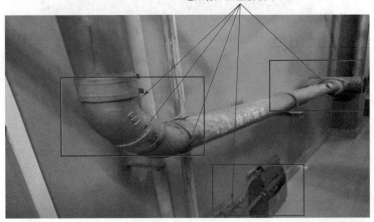

图 8-41　检查细则 2

冷媒管线分为高压管线
和低压回路管线，高压
管线一般较粗，温度一
般在 50℃ 左右；低压管
线较细，温度低，用手
触摸管线外层护套即可
分辨。重点检查弯曲处，
因弯曲处有焊点，设备
运行中长时间震动对焊
点影响较大，严重的会
震裂焊点，导致制冷剂
外漏，外漏的制冷剂一
般有白霜和冷冻油，很
明显

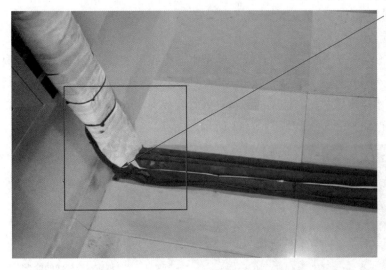

本页彩图

图 8-42　检查细则 3

3）结果判断：供排水管线及消防管线接头及管身有明显渗水，或者用手、干毛巾擦拭接头处有明显水渍，则判断该指标为异常。

（6）机房孔洞封堵检查

1）检查方法：现场检查内部线缆桥架等出入户处封堵情况。强弱电入户处必须使用防火胶泥进行整体封堵，内部出口可以使用防火胶泥或防火包进行封堵。

2）示例：孔洞封堵检查事项如图 8-44 和图 8-45 所示。

在精密空调加湿罐进水口，重点检查接头处是否有漏水现象，一般漏水都是由震动引起接头抱箍螺钉松动造成

加湿桶底部正中间为排水管，如果发现底部有漏水现象，关闭空调并停机拆除加湿桶，查看底部接口密封圈是否破损，如果破损需要更换新的密封圈。安装完毕后开机测试，并观察至少30分钟，看是否恢复正常

图 8-43　检查细则 4

电缆桥架出入户处，必须使用防火胶泥封堵，外侧及中间可以先使用防火包进行封堵，最后边缘缝隙再使用防火胶泥进行封堵

本页彩图

图 8-44　注意事项 1

3）结果判断：封堵处有明显透光，或没有实施封堵，判断该指标为异常，反之为正常。

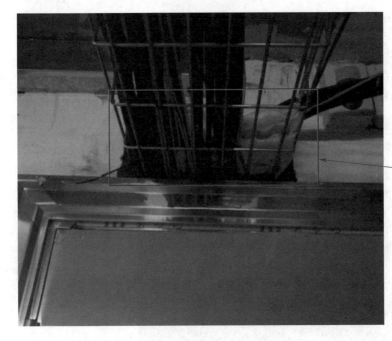

防火门外侧上端
电缆桥架封堵，
先使用防火包进
行封堵后，边缘
缝隙再使用防火
胶泥进行封堵

图 8-45 注意事项 2

2. 外场设备巡检

本页彩图

（1）相机出线口封堵检查

1）检查方法：现场观察。

2）示例：相机出线口视角如图 8-46 和图 8-47 所示。

图 8-46 相机出线口视角 1

图 8-47 相机出线口视角 2

3）结果判断：

① 若相机护罩出线口未使用防水格兰头封堵或格兰头破损，则判断该指标为异常。

② 若相机出线口线缆未加套管保护或保护套管破损，则判断该指标为异常。

以上情况均不存在则判断为正常。

（2）箱体内部设备指示灯检查

1）检查方法：现场观察。

2）示例：箱体内部结构如图 8-48 所示。

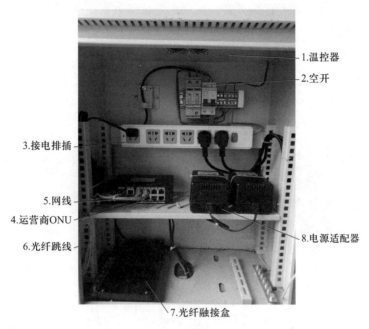

1.温控器
2.空开
3.接电排插
5.网线
4.运营商ONU
6.光纤跳线
8.电源适配器
7.光纤融接盒

图 8-48　箱体内部结构

3）结果判断：

① 交换机指示灯闪烁是否正常。

② 光猫指示灯：POWER、PON 灯常亮，WLAN 灯规则闪烁。

③ 以上条件均满足则判断该指标为正常，反之判断为异常。

本页彩图

（3）杆件箱体漏电检查

1）检查方法：采用检测工具（试电笔）实测。

2）示例：试电笔测试示例如图 8-49 所示。

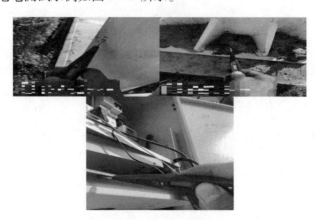

图 8-49　试电笔测试示例

3）结果判断：通过电笔接触箱体、杆体，检查是否带电，若电笔接触被测物体显示读数表示物体带电，判断该指标为异常，反之电笔无读数则正常。

（4）线路外观检查

1）检查方法：现场观察。

2）示例：不合格线路如图 8-50 所示。

图 8-50 不合格线路

本页彩图

3）结果判断：

① 检查取电整体线路有破皮损坏、线路老化（包括电表接口、进入杆件接口、配电箱内部接口等），判断为异常。

② 线缆接头是否牢固，接头处没有绝缘胶带保护，或绝缘胶带有破损，判断为异常。

③ 配电箱空开（漏电保护装置）接线端子有间隙，不牢固，判断为异常。

④ 直埋线缆没有穿管保护，线缆有外露，判断为异常。

无以上情况则为正常。

项目实训

公司某大型项目已经顺利完成交付，请参考本项目所学知识，完成相应运维操作，具体要求如下：

1）参照 Linux 操作系统日常维护知识点，动手完成一台 CentOS Linux 操作系统巡检，总结巡检结果。

2）参照网络设备日常知识点，动手完成一台 H3C 交换机巡检，总结巡检结果。

项目总结

通过本项目的学习，读者能够了解 Linux 操作系统和网络设备维护的常用命令，以及相关命令返回结果的识别和判断；掌握操作系统巡检方法，并能快速分析系统及设备运行健康状态。通过维护经验和知识积累，不断提升分析系统问题的能力。

课后习题

一、选择题

1. 以下（　　）文件不是 Linux 操作系统日志文件。

文本：参考答案

A. ／var／log／message

B. ／var／log／secure

C. ／etc／sysconfig／network-scripts／ifcfg-eth0

D. ／var／log／wtmp

2. Linux 操作系统远程连接可以使用协议（　　）。

A. FTP　　　　　　B. SSH　　　　　　C. MORE　　　　　　D. FDISK

3. 僵尸进程检查常用（　　）命令。

A. top　　　　　　B. df -k　　　　　　C. ifconfig　　　　　　D. uname

4. 网络设备 CPU 使用率检查命令是（　　）。

A. display interface　　　　　　B. display memory

D. display cpu-usage　　　　　　D. display power

5. 网络设备端口状态检查命令是（　　）。

A. display logbuffer　　　　　　B. display local-user

C. display memory　　　　　　D. display interface

6. 网络设备槽位板卡状态检查命令执行后的回显结果显示板卡状态为（　　）则判断为异常。

A. Abnormal　　　　B. Normal　　　　C. Master　　　　D. Standby

7. 下列描述错误的是（　　）。

A. Telnet 是明文传送；SSH 是加密传送，并且支持压缩

B. Telnet 的默认端口号为 22；SSH 的默认端口号为 23

C. Telnet 的默认端口号为 23；SSH 的默认端口号为 22

D. Telnet 和 SSH 都是连接远程计算机的连接协议，可以完成对计算机的控制

8. 下列描述错误的是（　　）。

A. 强弱电入户处必须使用防火胶泥进行整体封堵

B. 强弱电内部出口可以使用防火胶泥进行封堵或防火包进行封堵

C. 封堵处有明显透光，但透光孔不大，不需要处理

D. 对机房内部消防管线经过的房间或由开孔处使用防火胶泥进行封堵

9. 下列描述错误的是（　　　）。

A. 机房环境清洁需要保持机房内无杂物，且所有物品均按照指定位置有序摆放

B. 数据机房须保持干净、整洁、无杂物，数据机房机柜外观无破损及附尘，机柜内部设备无附尘

C. 机房除放置机柜内设备、灭火器、绝缘手套、绝缘鞋、套件工具箱、鞋套、特种工具外，其他都属于杂物类

D. 发现机房地面有附尘，但机柜内部没有附尘或积尘可认为结果合格，不用处理

10. 下列命令可以检查交换机端口出入流量的是（　　　）。

A. display counters rate inbound interface

B. display environment

C. display clock

D. display version

二、判断题

1. Linux 操作系统日志检查时，若系统日志文件出现 error 关键字内容，则判断为系统运行存在异常。　　　　　　　　　　　　　　　　　　　　　　　　　（　　　）

2. Linux 系统中发现僵尸进程后，不需要判断僵尸进程的父进程，直接使用"kill -HUP 僵尸进程号"命令杀死进程即可。　　　　　　　　　　　　　　　　（　　　）

3. 对 Linux 文件系统使用率检查发现只有一个文件系统使用率达到 90%，可认为是正常，不需要处理。　　　　　　　　　　　　　　　　　　　　　　　（　　　）

4. 网络设备面板的 PWR 灯若亮红灯，则表示设备存在异常，需要及时分析处理。
　　　　　　　　　　　　　　　　　　　　　　　　　　　　　　　　（　　　）

5. 网络设备温度检查时，若 Temperatuer 列显示的数值大于 Warning 或 Alarm 值，需要及时合适设备工作情况，以免设备板卡被烧坏。　　　　　　　　　（　　　）

6. 机房新风系统平时可以关闭，只要在人员进入机房时打开即可。　（　　　）

7. 机房内部必须保持灯光照明充足、光线柔和不刺眼、无照明死角、无灯光闪烁、无灯具损坏。　　　　　　　　　　　　　　　　　　　　　　　　　　　（　　　）

8. 触摸外场监控摄像机所在的杆体和配套箱体前，需要先用电笔接触检测是否带电。
　　　　　　　　　　　　　　　　　　　　　　　　　　　　　　　　（　　　）

三、简答题

1. 请列举至少 1 个 Linux 操作系统文件使用率检查的命令，并简述命令返回结果的判断标准。

2. 简述机房新风系统的必要性和作用。

参考文献

［1］西刹子．安防天下：智能网络视频监控技术详解与实践［M］．北京：清华大学出版社，2010．

［2］齐霞，周静茹．安全防范技术与应用［M］．北京：中国政法大学出版社，2018．

［3］公安部第一研究所，公安部科技信息化局．GB 50348—2018 安全防范工程技术标准［S］．北京：中国计划出版社，2018．

［4］全国安全防范报警系统标准化技术委员会．GB/T 37078—2018，出入口控制系统技术要求［S］．北京：中国标准出版社，2019．

［5］全国安全防范报警系统标准化技术委员会．GB/T 32581—2016 入侵和紧急报警系统技术要求［S］．北京：中国标准出版社，2016．

［6］都伊林．智能安防新发展与应用［M］．武汉：华中科技大学出版社，2018．